益海嘉里（天津）公司

　　益海嘉里集团所属天津公司包括嘉里粮油（天津）有限公司、嘉里油脂化学工业（天津）有限公司、益海嘉里食品营销有限公司天津分公司、天津丰苑物流有限公司、益海嘉里食品工业（天津）有限公司和益海嘉里生物科技（天津）有限公司合计6家公司（以下统称"天津公司"）。天津公司出资人均为新加坡丰益国际有限公司，丰益国际是集粮油加工、种业开发、仓储物流、内外贸易、油脂化工、大豆蛋白于一体的多元化侨资企业，生产企业和经营网络遍布20多个国家。

　　天津公司作为益海嘉里集团在中国北方重要的粮油及油化加工基地，自2002年开始建设至今，累计投资额1.95亿美元。目前，公司已形成了集约化、大规模、高品质的油品加工及综合贸易能力，饲料贸易业务遍布全国各区域，主要经营：美加力、能美健脂肪类产品。贸易品种经营（进口DDGS、棉籽、加拿大双低菜粕、棉粕、豆粕、棕榈粕、花生粕、麸皮、次粉等原料）均与国内规模化、集约化养殖集团建立了战略合作关系。

公司地址：天津港保税区津滨大道95号

联系电话：022－66271737　　　　传真：022－66271187

U0256094

美斯特

安迪苏专利创新产品

 一个产品

- 奶牛专用的高效蛋氨酸 **新** 来源

 二种功效

- 提供可代谢蛋氨酸: 平衡奶牛日粮氨基酸水平的关键原料。
- 提供瘤胃液蛋(HMB): 优化瘤胃功能并促进瘤胃微生物蛋白的合成。

三项收益

提高奶产量　　　提高乳蛋白　　　提高乳脂率

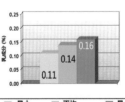
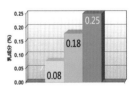

■ 最小　　■ 平均　　■ 最大

- 数据源自6个泌乳前期试验, 分别由位于法国Rennes和Nancy的国家农业研究所、美国的新罕布什尔大学和俄亥俄州立大学完成。

- 平均产奶性能: 39千克牛奶、3.75%乳脂和3.34%乳蛋白。

安迪苏 – 全球蛋氨酸的主要生产者, 全球饲用酶制剂的领导者, 全系列单体维生素的供应者。

 美斯特®　 罗迪美®　 罗酶宝®　 麦可维®

获取更多产品信息, 敬请垂询:
021-61696900
www.adisseo.com.cn

ADISSEO
A Bluestar Company

上海市浦东新区芳甸路1155号嘉里城1003-1006室　　邮编: 201204　　传真: 021-61696970

乳力健 ——

重构奶牛机体自然健康系统

★ 降低体细胞数、预防隐性乳房炎。
★ 提高产奶量、改善牛奶品质与风味。
★ 抗应激，快速激活免疫系统、少生病、牛好养。
★ 改善奶牛瘤胃pH为弱碱性，6个月后提高精饲料消化吸收率8%以上，
　提高粗饲料消化吸收率8%以上，减少粪便8%以上。

添加量和使用方法：第一个月30克/（头·天），第二个月20克/（头·天），第三个月及以后保持10克/（头·天）。
　　　　　　　　非常天气或疫情来临之前30克/（头·天），在闷热天气情况下60~100克/（头·天）。
注：进口奶牛隔离场使用50克/（头·天），缓解应激，减少死亡。

天津苜蓿

奶牛在运动场活动、休息

现代奶牛TMR加工厂

现代化牛舍

现代畜牧业生产实用新技术丛书

樊航奇　丁伯良　丛书主编

规模化奶牛场生产与经营管理手册

张学炜　李德林　主　编

中国农业出版社

内容提要

　　本书以天津市嘉立荷牧业有限公司等现代化、标准化、规模化奶牛养殖场多年生产、管理实战经验为素材，由长期工作在天津市奶业一线的教授、专家和奶牛管理者共同提炼、编写。全书共分奶牛场建设、育种与繁殖、饲料配制与质量控制、饲养管理、疫病综合防控及生鲜乳质量控制、疾病防治、粪污处理和经营管理8章。本书以简洁明了的语言、丰富翔实的图表、实用手册的风格和精美专业的编排系统展现当前奶牛饲养与经营管理中的最新实用技术，为现在已经和未来即将投身于奶牛规模化养殖事业的朋友提供全方位、最直接、可操作、可查阅的技术指导。本书适用于规模化奶牛养殖场的经营管理、饲养管理和兽医技术人员阅读，也可供国内外致力于奶业经济、生产、科研的相关学者和大专院校师生参考。

丛书编委会

CONGSHU BIANWEIHUI

本书编审人员

BENSHU BIANSHEN RENYUAN

主　编	张学炜	李德林
副主编	赵祥增	孟庆江
	刘连超	
编　者	张学炜	李德林
	赵祥增	孟庆江
	刘连超	吴周良
	张烜明	马　毅
	周　娟	张克强
	黄治平	曹学浩
	狄婷婷	诸葛增玉
	田雨泽	李治国
	潘振亮	王永颖
	赵　静	陈龙斌
	韩　静	
主　审	王福兆	

中国共产党第十八次全国代表大会提出了城乡居民人均收入翻番和美丽乡村建设目标，令人鼓舞，催人奋进。农业是实现这一宏伟目标的关键环节，而现代畜牧业作为农业的支柱产业之一，在农民增收和美丽乡村建设中肩负着非常重要的任务。

进入 21 世纪以来，我国畜牧业现代化建设步伐明显加快，成效显著，为保证畜产品有效供给和质量安全，增加农民收入等做出了巨大的贡献。但随着现代畜牧业的快速发展，资源短缺、环境约束、成本增加、疫病防控、食品安全等诸多挑战日益突出。如何依靠科技创新迎接挑战，加快现代畜牧业发展，是广大畜牧兽医工作者神圣的历史使命。

近年来，我国大中型城市周围涌现出一批现代畜牧业龙头企业，他们用现代市场理念经营，用信息化和智能化手段管理，用现代设施设备武装，用高新科技支撑，实行规模化集约化经营、标准化生产、产业化发展，走出了一条具有中国特色的畜牧业现代化发展之路，为全国畜牧业现代化提供了标杆，发挥了示范先导作用。为全面、系统地总结和推广近年来现代畜牧生产中成功的技术模式和管理经验，加速畜牧业现代化建设，进一步增加农民收入，2012 年天津市畜牧兽医局、天津市畜牧兽医学会组织全市（包括中央驻津科研单位）长期工作在畜牧兽医科研、教学、生产、管理一线，具有多年丰富实践经验的专家、教授、企业家和技术骨干，策划、编写了《现代畜牧业生产实用新技术丛书》，丛书共包括生猪、奶牛、蛋鸡、肉鸡和肉羊5个分册。

本套丛书的编写力求体现以下特点：

一、突出技术的先进性和措施的经济实用性。丛书筛选常年摸爬滚打在生产一线、具有多年丰富生产经营实践经验的专家及专家型企业家担任主编，组织编写团队，并在编写过程中结合近年国内外发达地区和天津都市型现代畜牧业建设的理论和实践经验，以天津嘉立荷牧业有限公司、天津宝迪农业科技（集团）股份有限公司、天津市宁河原种猪场、天津奥群牧业有限公司、大成万达（天津）有限公司、天津市梦得牧业发展有限公司等国内一流的现代企业为模板，以现代的管理理念、现代的生产技术、现代的设施装备、现代的生态环境为追求，系统挖掘、整理、提炼养殖企业最需要、最实用、最经济的饲养和管理新技术、新工艺、新设备，从而在内容上确保技术的先进性和措施的经济实用性。

二、突出技术的可操作性。本套丛书在编写风格上进行了新的探索。在编写内容上，抛弃以往小而全、理论叙述多的写作模式，突出养殖场最关键的技术措施，写实、写细、写得可操作。同时，对每项技术措施主要描述如何做，不写或少写为什么要这么做，并力求以朴实的语言、简练的文字、通俗易懂的表述方式，让读者易学、易懂、易做。因此，丛书适合不同层次的畜牧兽医专业技术人员学习使用，也可作为新型职业农民和饲养场（户）从业人员实用技术培训的参考书。

三、突出使用的便捷性。为方便读者使用，丛书根据生产流程需要，在力保内容完整的同时，对相关内容进行了适当集中和压缩融合。同时，各分册编者按照手册的编写方式，汇集自己多年的工作经验，将生产者需要经常了解和使用的数据、图表、标准和规程等各种资料进行了集成和合理的安排，便于读者查阅。

期待本套丛书的出版，能为推进我国畜牧业规模化、标准化、规范化、现代化建设，提高养殖者的收入和促进美丽乡村建设，推进畜牧业持续健康发展和党的十八大宏伟目标的实现做出贡献！

天津市畜牧兽医局局长

2014 年 3 月

当前，我国奶牛养殖业正处于由传统向现代转型的关键时期，各地兴建规模化牧场的进程不断加快，推进标准化养殖的意识也在不断增强。但是，对于规模化奶牛场的经营管理者和饲养、繁殖、兽医等技术人员，尤其是刚刚从事以及未来打算投身于现代化奶业的从业者，面对规模化牧场的建设、生产和经营管理中诸多纷乱复杂的头绪和重大难决的问题，难免心生迷茫和疑虑。

带着解决这样问题的使命，本手册设想以天津市嘉立荷牧业有限公司等现代化、标准化养殖场多年生产、管理的成功经验为模板进行提炼，总结一套从养殖场选址建设开始，覆盖生产、管理、经营各环节的技术指南和整体解决方案，满足基层读者的要求，以解他们的燃眉烧心之急，助收拨云见日之效。

两年来，编者们以"养明白牛，产放心奶，发展健康、高效、绿色奶业"为宗旨，辛勤耕耘，反复修改，终于不负众望，将本书呈现在读者面前。全书共分八章，包括奶牛场建设、育种与繁殖、饲料配制与质量控制、饲养管理、生物安全管理及生鲜乳质量控制、疾病防控、粪污处理和经营管理。本书力求内容创新和形式创新，以简洁明了的语言、丰富翔实的图表、实用手册的风格和精美专业的编排，展现当前规模化奶牛场建设、标准化饲养管理与现代化经营的最新成果和实用技术，为读者提供全方位、最直接、可操作、可查阅的技术指导。本书适用于规模化奶牛养殖场的经营管理、饲养管理和兽医技术人员阅读，也可供国内外致力于奶业经济、生产、科研的相关学者和大专院校师生参考。

在编写过程中，我们有幸得到多方领导、专家的支持和厚爱：天津农学院王福兆教授对本书编写作出指导，天津市嘉立荷牧业有限公司、天津市奶牛发展中心无私提供案例素材，本书中还引用了大量书刊文献资料，在此--并感谢。鉴于时间仓促和编者水平有限，书中疏漏在所难免，敬请读者批评指正。

编　者

2014 年 3 月

目　录

第一章

奶牛场建设

规模化奶牛场的建设要树立以下理念：适度规模、科学的选址和布局、精良的设施装备、流畅的饲养工艺、精细的管理、注重生态环保和食品安全。

第一节 选址与布局

一、场址选择

（一）选址原则

场址选择应符合本地区农业发展总体规划、土地利用发展规划、城乡建设发展规划和环境保护规划的要求。同时要考虑当地的地形、地势、交通、通信、供电、供水、排水、防疫以及气候因素。

（二）选址要求

1. 场址应遵守合理利用土地的原则，不能占用基本农田。对分期建设项目用地应按总体规划的需要一次完成，预留远期工程建设用地。

2. 奶牛场场址以平坦、地势高燥、背风向阳、排水通畅、环境安静、小于8%缓坡方块地为宜。

3. 场址应具备就地无害化处理粪尿、污水的能力和排污条件，应经过当地环保部门进行环境影响评价，出具评价合格报告。

4. 场址应满足卫生防疫要求，场区距铁路、高速公路、交通干线不小于1 000米；距一般道路不小于500米；距农药厂、化工厂、造纸厂等有毒有害产物散播的生产单位，以及其他畜牧场、兽医机构、畜禽屠宰场不小于2 000米；距居民区不小于3 000米，并且应考虑当地气象因素，如主风向和风力，一般选在村镇和居民区的下风处。

5. 场址应水源充足，水质应符合《无公害食品　畜禽饮用水水质》（NY 5027—2008）要求，排水通畅、供电可靠、交通便利，地质条件能满足建设要求。

6. 选址时按照每头奶牛所需占地面积的标准估算奶牛场占地面积，征用土地应按正式设计图纸计算实际占地面积。

二、规划布局

（一）规划布局原则

1. 充分利用场区原有地形、地势，在满足采光通风要求的前提下，合理安排建筑物的朝向。尽量使建筑物长轴平行排列，以减少建设费用。

2. 建筑模式类型要与当地气候、场区地势和奶牛生理阶段相匹配，因势利导、节约成本。

3. 根据奶牛场生产工艺要求，按功能分区，合理布置各个建筑物的位置，使奶牛场工作流程顺畅。

4. 奶牛场一般分为生活管理区、辅助生产区、生产区、粪污处理及病牛隔离区。

（二）各功能区布局

1. 生活管理区 生活管理区主要布置管理人员的办公用房、技术人员的业务用房、员工生活用房、人员和车辆消毒设施及门卫、大门和场区景观。生活管理区应位于场区全年主导风向的上风处或侧风处，并紧邻场区大门内侧集中布置。

生活管理区建筑模式宜选择楼房。办公可选择一层，二层以上为员工宿舍。办公楼前配置景观花园、篮球场等活动场所和群众健身设施。绿化以乔、灌木为主，点缀花草即可。生活管理区其他用房为平房即可。

2. 辅助生产区 奶牛场的辅助生产区主要布置水塔、变压器、锅炉房、车库、设备仓库及维修间、青贮窖、干草棚、精料库以及全混合日粮（total mixed ration，TMR）加工区等。该区应靠近生产区负荷中心布置，建筑模式在满足使用功能的同时满足生产流程的需要。

3. 生产区 生产区主要布置奶牛各阶段牛舍、挤奶厅和人工授精室。生产区与其他功能区之间要用绿化隔离带分开，在生产区人口处设人员更衣消毒室及车辆消毒池。

奶牛舍一般采用南北朝向，并以其长轴由北向南平行排列。犊牛舍之间至少相距5米，其他牛舍之间至少相距30米。

4. 粪污处理及病牛隔离区 位于生产区常年主风向的下风处和场区地势最

低处，主要布置兽医室、隔离牛舍、牛场废弃物的处理设施。该处与生产区间距应满足兽医卫生防疫要求，并设专用大门与场外相通，而且应设置绿化隔离带。

5. 场区配套

（1）场区道路　场区道路一般与建筑物平行或垂直布置，路面标高应低于牛舍地面标高 0.2～0.3 米。

净道与污道尽量减少交叉。无论净道或污道，凡与牛行走通道垂直交叉，则应设 1.2～1.4 米宽、与过道同长、深度 0.8～1.0 米漏缝井，井上覆盖直径 4.4 厘米的厚壁钢管箅子，以便奶牛顺利通过（图 1-1）。

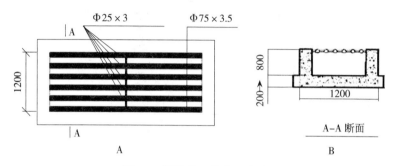

图 1-1　漏缝井（单位：毫米）
A. 平面　B. 横断面

净道路面宜用混凝土，也可采用条石。一般宽 3.5～6 米，横坡 1%～1.5%。污道路面材质可与净道相同，也可用碎石或工程土路面，宽度为 3～4 米，横坡 2%～3%。

（2）场区绿化　选择适合当地气候条件，对人畜无害的花草树木进行场区绿化。树木与建筑物外墙、围墙、运动场、道路和排水沟边缘的距离不小于 1.5 米。乔木不可过于密植，以成年树冠不相交为宜，灌木丛不宜高过 80 厘米。专用隔离带或小区景观绿化要经园艺工程技术人员专门设计，按图施工即可。

（3）供水（以 2 000 头奶牛场为例）　水源采用地下水或民用自来水，小时供水能力大于 60 米^3。由水源处地埋一条规格为 DN100 的干管，沿用水建筑物的端头闭合布置。各用户给水管规格为 DN32，分别从干管引出，枝状布置。管材一般采用聚乙烯（PE）或硬聚氯乙烯（PVC）系列塑料管。

（4）供电（以 2 000 头奶牛场为例）　根据奶牛场用电负荷配置相应供电系统。一般经场内变压器将来自场外 1 万伏高压电源变压至 400 伏，按奶牛场功能区用电负荷不同和距电源距离，一般采用五路三相四线干线组成场区供电外网。外网线路选材及截面积分别为 BV95 毫米^2、BV70 毫米^2、BV70 毫米^2、BV50 毫

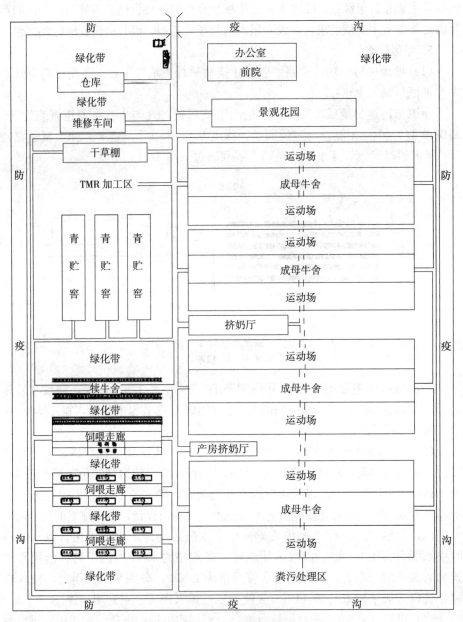

图 1-2 奶牛场平面布局规划

米²、BV50 毫米²；入户内网由建筑单体设计者根据用电需要进行设计。

　　为确保奶牛场用电安全，建议采取以下措施：①在配电室内配置 260 千伏安柴油发电机 1 台，②安装 250 千伏安备用变压器 1 台。

（5）供暖　办公区、宿舍及生活辅助区需要冬季供暖，采用 0.5 吨常压锅炉提供热源，可满足 2 000 米² 供热面积。

以上是牛场设计的基本原则，专业设计人员可根据实际情况作适当调整。图 1-2 为一个 2 000 头规模奶牛场平面布局规划示例：右上方为管理办公区，左上方为生产辅助饲料加工区，右下方为成母牛生活区，左下方为后备牛生活区，最下方为粪污处理区。奶牛场设计应随地区、地形、地块不同而异，此处仅供参考。

第二节　各功能区建筑设计及要求

一、牛舍设计

（一）设计原则

牛舍设计总体原则是流程顺畅、效率优先、资源节约、环境友好。具体要做到：建筑模式要与奶牛生理阶段相匹配，建筑规模要与奶牛群各阶段规模相匹配，建筑类型要与生产工艺相匹配，建筑风格要与营造奶牛各阶段所需要的小气候相匹配。

（二）技术要求

1. 犊牛舍设计技术要求

（1）0～3 日龄牛舍设计　在产房舍内或在产房附近背风向阳、安静、干燥、通风处设置可移动新生犊牛笼。其平面设计示意见图 1-3，设计模型见图 1-4，设计尺寸见表 1-1。每个犊牛笼上方安装 250 瓦取暖灯，笼底部铺设漏缝木板床，床上铺 10～15 厘米厚的优质褥草。

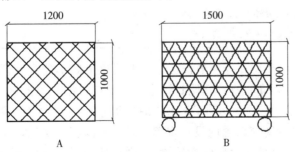

图 1-3　可移动新生犊牛笼平面设计（单位：毫米）

A. 正面　B. 侧面

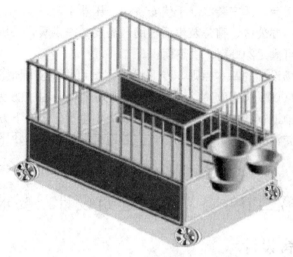

图 1-4　可移动新生犊牛笼立体模型

表 1-1　可移动犊牛笼尺寸

犊牛笼尺寸（0～3 日龄）	数值
面积（米²）	1.8
长（米）	1.5
宽（米）	1.2
笼高（米）	1.0
轮高（米）	0.2
采食口宽（米）	0.2
采食口高（米）	0.3
奶桶最小体积（升）	6
奶桶上缘与笼体上缘的距离（米）	0.5
吸吮头与笼体上缘的距离（米）	0.8

　　（2）3 日龄至 2 月龄犊牛舍设计　采用犊牛岛单独饲养模式或群体自动哺乳饲养模式。可布置在产房附近，也可布置在后备牛区北侧。

　　①犊牛岛建筑设计　采用坐北朝南单坡暖棚建筑结构，后墙要设 50 厘米×50 厘米的通气窗，舍内设置水槽、料槽和漏缝木板床，屋顶采用 7.5 厘米复合彩钢板或其他防太阳辐射的建筑材料。围栏外设收水沟及 2.5～3 米的作业通道（图 1-5 至图 1-7）。

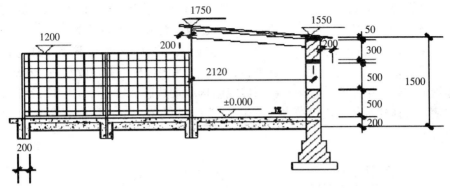

图 1-5 犊牛岛侧立面（单位：毫米）

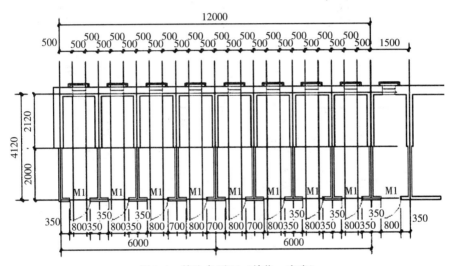

图 1-6 犊牛岛平面（单位：毫米）

正立面

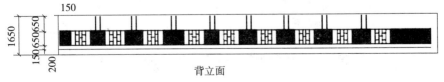

背立面

图 1-7 犊牛岛正、背立面（单位：毫米）

②群体自动哺乳牛舍建筑设计　犊牛自动哺乳饲养模式是以犊牛自动哺乳器为核心的智能化饲养模式。该饲养模式建筑配套共分两个部分。

第一部分是自动哺乳间。一般采用框架结构，内含哺乳平台（图1-8）、自动哺乳设备、水电配套。哺乳平台：地面用水泥硬化，并设收水井及相应的地埋下水管。第二部分是坐北朝南砖混结构单坡式暖棚（图1-9），内设卧床、水槽。整体建筑物四周设排水沟及相关道路，并有乔、灌木结合的绿化，以改善环境。

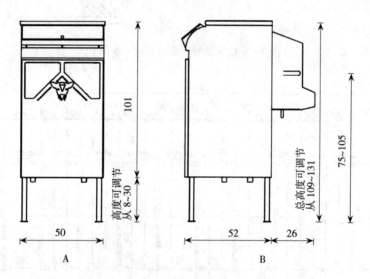

图1-8　犊牛自动哺乳平台（单位：厘米）

A. 正面　B. 侧立面

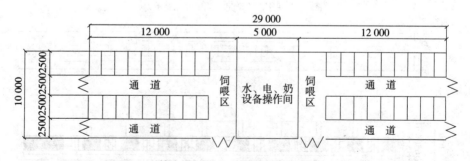

图1-9　群体自动哺乳牛舍平面布局（单位：毫米）

（3）3～6月龄犊牛舍设计　3～6月龄犊牛舍布置在后备牛饲养区的最北

侧，由休息舍和采食棚两部分组成（图1-10、图1-11）。采食棚应建于休息舍南侧，为南北朝向的框架结构罩棚，内设饲槽、颈枷、采食平台、饲喂走廊、照明。休息舍采用坐北朝南单坡屋顶3×N暖棚式结构，内设卧床、饮水槽。牛卧床位数与饲养头数相匹配，饲养头数（N）＝采食棚单侧长度（L，米）/牛间距L_N。休息舍与采食棚之间用硬化地面连接，并按月龄和体格大小纵向用围栏断圈。

图1-10　3～6月龄犊牛舍平面布局

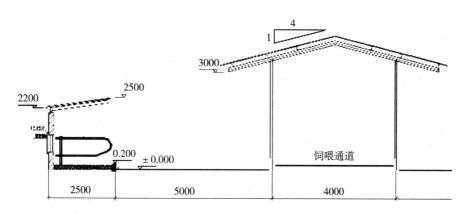

图1-11　3～6月龄犊牛舍立面（单位：毫米）

（4）7～13月龄育成牛舍设计　布置在3～6月龄犊牛采食棚的南侧。与3～6月龄使用同一采食棚，内设饲槽、颈枷、采食平台、饲喂走廊、照明；休息舍应建于采食棚南侧，采用头对头伞状卧床棚建筑结构，内设卧床、饮水槽。采食棚与头对头卧床之间以硬化地面连接，并按月龄和体格大小纵向用围栏隔开，如图1-12、图1-13所示。牛卧床位数与饲养头数相匹配，饲养头数＝采食棚单侧总长度/牛间距L_N。

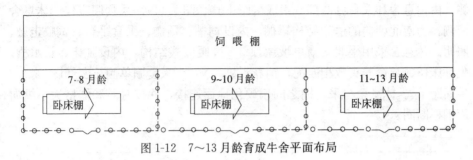

图 1-12　7～13 月龄育成牛舍平面布局

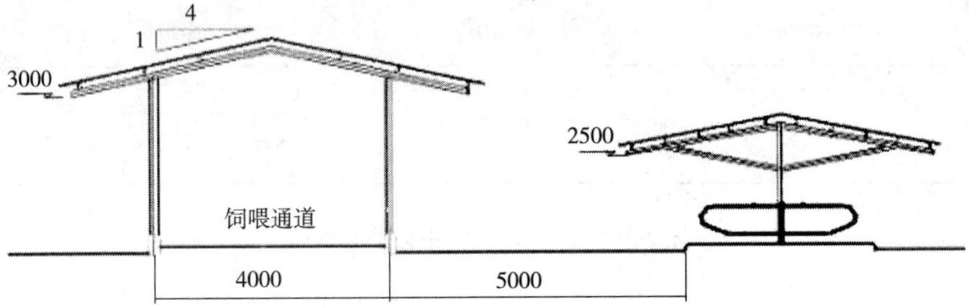

图 1-13　7～13 月龄育成牛舍立面（单位：毫米）

　　（5）14 月龄至产前 21 天青年牛舍设计　布置在 3～13 月龄后备牛区南侧。采食棚布置在两栋卧床棚中间，采用南北朝向的框架结构，内设饲槽、颈枷、采食平台、饲喂走廊、照明；休息舍布置在采食棚南北两侧，采用头对头伞状卧床棚建筑结构，内设卧床、饮水槽，采食棚的采食挡墙与卧床外沿之间用硬化地面相连接，如图 1-14、图 1-15 所示。牛卧床位数与饲养头数相匹配，饲养头数＝采食棚单侧总长度/牛间距 L_N。

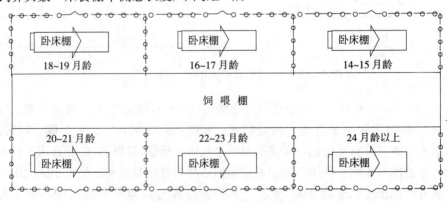

图 1-14　青年牛舍平面布局

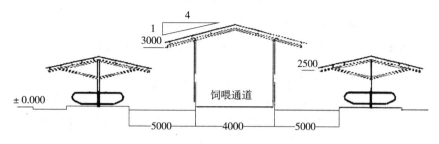

图 1-15　青年牛舍立面（单位：毫米）

总之，3 月龄以上后备牛的牛舍设计规则为：

①采食棚　统一尺寸，见图 1-16。

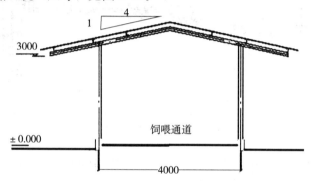

图 1-16　后备牛采食棚（单位：毫米）

②卧床棚　根据月龄大小有所变化，见图 1-17 至图 1-19，表 1-2。

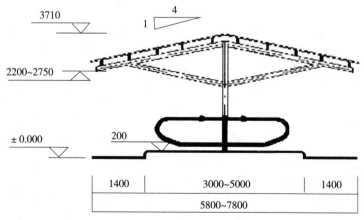

图 1-17　后备牛头对头伞状卧床棚（单位：毫米）

③运动场　后备牛不设土质地面的运动场。

④颈枷　按体格大小安装。见图1-19、表1-3。

⑤绿化带　每两栋牛舍之间为30米。具体平面布置见图1-2左下角。

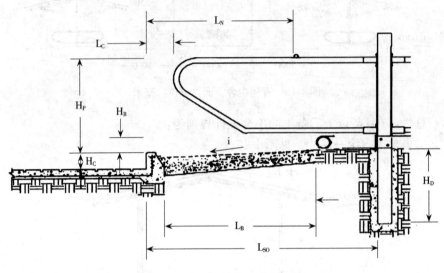

图 1-18　后备牛卧床

注：L_{SO}为头对头式牛床总长，L_C为隔栏末端切线距床外沿的距离，L_N为颈杆距床外沿的距离，L_B为挡胸板距床内沿的距离，H_P为牛床隔栏上杆距牛卧床水平线的高度，H_B为隔栏下杆距牛床水平线的高度，H_D为牛床基础深度，H_c为床沿高。

表1-2　卧床尺寸

体重（千克）		100～200	200～300	300～400	400～500	500～600	600～700	700～800
牛床总长（米）	L_{SO}	1.45	1.53	1.56	2.00～2.15	2.15～2.30	2.30～2.45	2.45～2.60
牛床高度（米）	H_P	0.65	0.78	0.86	1.07～1.12	1.12～1.17	1.17～1.22	1.22～1.32
	H_B	0.15						
隔栏宽度（米）	W_s	0.70	0.80	0.95	1.04～1.09	1.09～1.14	1.14～1.22	1.22～1.32
隔栏距床外沿距离（米）	L_c	0.20	0.20	0.30	0.30	0.30	0.35	0.35

体重（千克）		100～200	200～300	300～400	400～500	500～600	600～700	700～800
颈杆位置（米）	L_N	0.74	0.84	1.20	1.58～1.63	1.63～1.68	1.68～1.73	1.73～1.78
挡胸板位置（米）	L_B	1.23	1.46	1.57	1.63～1.68	1.68～1.73	1.73～1.78	1.78～1.83
牛卧床坡降	i	0.8%～1%						
卧床柱基础（米）	H_D	0.50	0.50	0.50	0.70	0.70	0.70	0.70
床沿高度（米）	H_C	0.15	0.15	0.15	0.20	0.20	0.20	0.20

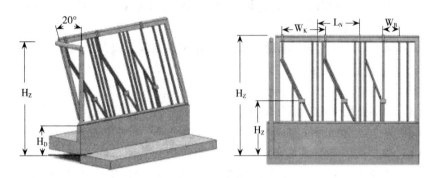

图 1-19 后备牛颈枷

表 1-3 颈枷尺寸

体重（千克）	100以下	100	150	200	300	400	500以上
饲喂挡墙高度（H_D，米）	0.4	0.45	0.45	0.5	0.5	0.55	0.55
颈枷总高（H_Z，米）	1.1	1.2	1.2	1.2	1.3	1.4	1.5
翻转轴高度（H_X，米）	0.8	0.81	0.83	0.85	0.87	0.9	0.92
牛间距（L_N，米）	0.3	0.35	0.4	0.5	0.55	0.6	0.65
颈锁闭合宽度（W_B，米）	0.17	0.175	0.18	0.185	0.19	0.195	0.2
颈锁打开宽度（W_K，米）	0.31	0.33	0.35	0.36	0.37	0.38	0.38
颈枷倾斜度（°）				15			

2. 成母牛舍建筑设计 成母牛舍宜采用 26.5～27 米跨度彩钢板或玻璃钢屋顶的钢结构牛舍，内设饲喂走廊、采食平台、颈枷、头对头卧床、饮水槽、风扇、喷淋、防滑活动通道、刮粪板及粪污管路设施设备（图 1-20 至图 1-22）。

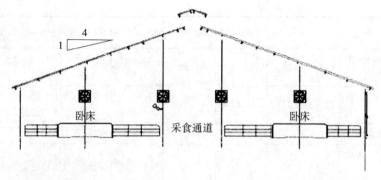

图 1-20　成母牛舍剖面

此结构牛舍几点说明：

（1）牛卧床位数与饲养头数相匹配　即饲养头数（N）＝卧床位数（N）＝采食棚单侧总长度（L，米）/牛间距（L_N）。

（2）风扇、喷淋宜用自动控制系统　相邻风扇间距以每台风扇末端风速不低于 2 米/秒为宜，安装净高度应在 1.8～2.2 米，风扇扇面与水平面有 65°～70°夹角。

（3）提倡使用颈枷（图 1-23 和表 1-4）。

（4）牛舍纵向地面应有 1‰～1.5‰坡度。

（5）华北、华南及华东地区牛舍粪污处理方式宜用循环水冲方式。

（6）粪污输送方式　循环水冲的粪污，进入直径 60～70 厘米地埋管道（平均坡降 1‰）至奶牛场的一端进行固液分离。

（7）牛舍地面做 1 厘米宽、1 厘米深防滑槽，间隔 10 厘米并与牛舍长轴平行排列。

（8）华北地区成母牛舍不设坎墙，冬季北侧围栏上设 2～2.5 米高挡风板即可。

表 1-4　成母牛颈枷尺寸表

项　　目	尺　　寸
饲喂挡墙高度（H_D，米）	0.5～0.6
颈枷总高（H_Z，米）	1.4～1.45
翻转轴高度（H_X，米）	0.92～0.95
牛间距（L_N，米）	0.65～0.7
颈锁闭合宽度（W_B，米）	0.2
颈锁打开宽度（W_k，米）	0.4
颈枷倾斜度（°）	20

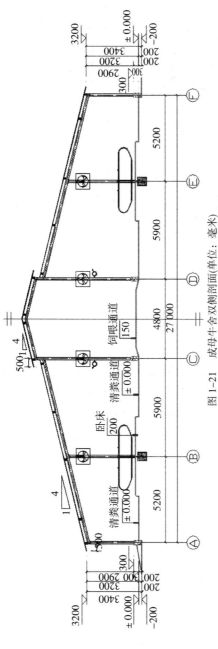

图 1-21　成母牛舍双侧剖面(单位：毫米)

图 1-22　成母牛舍实际效果

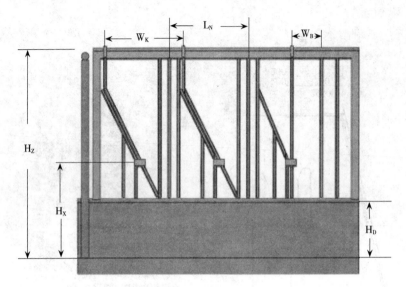

图 1-23　成母牛颈枷

二、挤奶厅设计

挤奶厅包括待挤区、挤奶台、挤奶坑道、挤奶设备、设备室、储奶间、更衣室和锅炉房等。挤奶厅的建筑面积应符合牛场的发展规模，挤奶机应从专业、正规厂家购入，挤奶机的数量及功能配备应符合牛群及行业发展的需要。待挤区面积适中，应有遮阳棚、喷淋、电扇等设施。设备室、储奶间、更衣室和热水供应系统应布局合理、面积适中。

（一）设计原则

1. 挤奶厅，应布置在泌乳牛舍中间或生产区南北两端头之一。

2. 挤奶厅挤奶规模大小要与全场泌乳牛数量、阶段分群规模、班次时间相匹配。

3. 挤奶厅建筑风格与牛舍建筑风格相匹配。

4. 奶库位置尽量接近场区门口，并有利于奶库安全防护。

5. 挤奶厅及附属设施要具备奶牛和牛奶管理中心的功能。

（二）技术要求

设施完善的挤奶厅应包括三部分，即待挤区、挤奶区和鲜奶储藏区。

1. 待挤区　建筑物采用框架结构，不设维护结构，内设服务区、回牛走廊、防暑降温系统、饮水槽、自动驱赶系统等基础设施。待挤区面积（米²）为泌乳牛最大圈舍头数乘以 2.5。防滑地面的防滑槽要与坡降平行，坡降不大于 3%。待挤区清粪方式为水冲式。

2. 挤奶区 挤奶区建筑物要与挤奶机械相匹配，并依据挤奶机厂家设计建设。内含真空泵、电气控制系统、机械平台、工作间及奶厅用品贮存间。

3. 鲜奶储藏区 该区设计依鲜奶降温方式不同而不同，就一般功能而言，应具备鲜奶降温与储存、挤奶器清洗系统、鲜奶初级化验和办公室、洗涤剂及热水贮备等空间。鲜奶降温与储存所需面积（米²）是鲜奶最大日产吨位数乘以 3。例如，每天 10 吨鲜奶，那么储存罐所占面积就是 30 米²，以此类推。另外，挤奶器清洗系统 30 米²，鲜奶初级化验和办公室 50 米²，洗涤剂及热水贮备间 20 米²。

4. 待挤区与挤奶区 以奶牛进出门相通，鲜奶贮存区与挤奶区以人行门相通。挤奶区和鲜奶储藏区要注意采光、保温、通风和防蚊蝇。挤奶区和鲜奶储藏区冬季室温不低于 5℃，夏季室温不高于 25℃（图 1-24、图 1-25）。

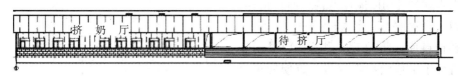

图 1-24　挤奶区轴立面

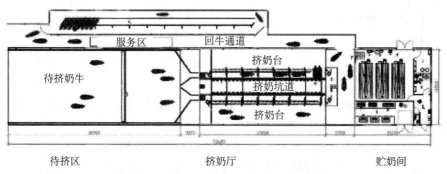

待挤区　　　　　　　挤奶厅　　　　　　　贮奶间

图 1-25　挤奶区平面图（单位：毫米）

三、草料库设计

（一）精料库（塔）

1. 设计原则 一要考虑奶牛精补料是自己加工还是购买，二要考虑 TMR

搅拌设备是固定的还是搅拌车的，三要考虑 TMR 搅拌设备有无软件功能，最后要考虑奶牛场规模。具体问题，具体分析，具体决定精料库的大小和模式。

2. 技术要求 列举实例进行说明：

假如奶牛混合群 2 000 头，其中成母牛 1 200 头，年均单产 10 吨。采用不带管理软件的固定式 TMR 搅拌设备，而且自配精补料。

该场精料库要同时具有三个功能：①精补料原料储存功能，②精补料原料加工功能，③精补料成品储存功能。

经计算各区所需要的面积为：原料储备区 792 米^2，加工区 240 米^2，成品料储存区 240 米^2，合计 1 272 米^2，该精料库至少需要 1 272 米^2（12 米×106 米），同时要求屋面防止太阳热辐射，通风良好，地面载重负荷大于 80 吨，配套电力设施。

另举一例。假如牛群规模和生产能力不变，采用配置有管理软件自走式的 TMR 搅拌设备，而且精补料来自饲料厂。该场将用精料塔代替精料库，将豆皮、甜菜粕及棉籽置存于干草棚一隅即可，方便使用，节约了精料库投入。具体布置见图 1-26 至图 1-28。

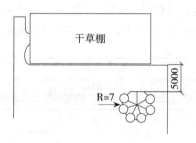

图 1-26　精料塔平面布局（单位：毫米）

（二）干草棚

1. 设计原则

（1）应在辅助生产区的一侧靠近青贮窖和场区主干道，地势干燥、排水良好。

（2）远离维修车间、高压电线、燃油罐，不能与外界荒草地相连，以免发生火灾。

（3）通风、防雨性能良好，采用 12 米以上跨度罩棚。

（4）不设任何电器线路，附近设防火栓或防火水池。

2. 技术要求 干草棚跨度以 12～18 米为宜，舍内不设支柱，下檐口高度应在 5～6 米，四周设高 1.2～1.5 米坎墙，或三面设 1.2～1.5 米坎墙，南侧敞开，坎墙基部每 6 米设通风口（50 厘米×80 厘米）一处，山墙设大门（4 米×4 米）。干草棚面向 TMR 加工区一侧檐下为组织排水。室内地面标高要高于附近道路 25～30 厘米。库容重按 300 千克/米^3 计算，并按照年或季需要量储足用量。具体设计如图所示（图 1-29、图 1-30）。

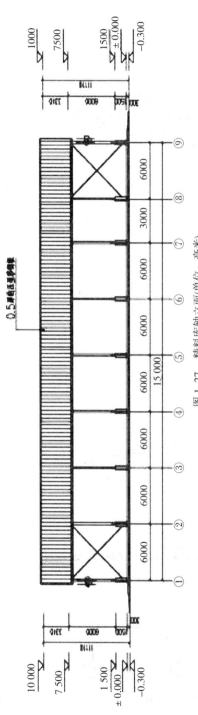

图 1-27　精料库轴立面(单位：毫米)

图 1-28　精料塔实际效果

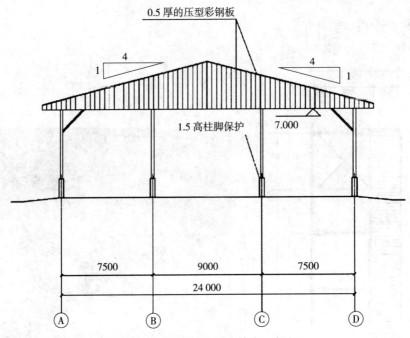

图 1-29 干草棚立面（单位：毫米）

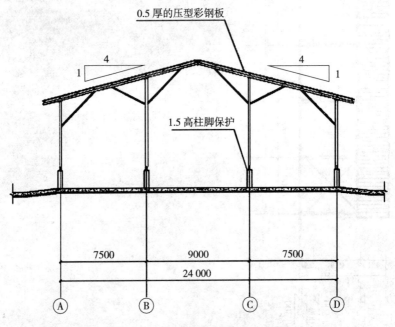

图 1-30 干草棚剖面（单位：毫米）

（三）青贮窖

1. 设计原则

（1）布置于辅助生产区一侧靠近干草棚和主干道路，排水良好、远离生活区和粪污处理区。

（2）按每 650 千克/米³ 鲜重计算贮量。

（3）宜窄不宜宽，挡墙宜矮不宜高，以每天掘进 70 厘米以上为好。

（4）有条件的牛场可采用平地堆贮方式。

2. 技术要求　青贮窖开口处窖底标高要与饲料贮存加工区道路标高持平。窖底中 1/3 段坡降为 0，两侧 1/3 段坡降为 0.2%～0.3%；地面承压 30 吨；窖墙高 2.5～3 米。内侧为混水墙，外侧为清水墙。两端开口，窖墙两个端头呈 45°抹角，开口并设收水井，内接收水管道（图 1-31、图 1-32）。

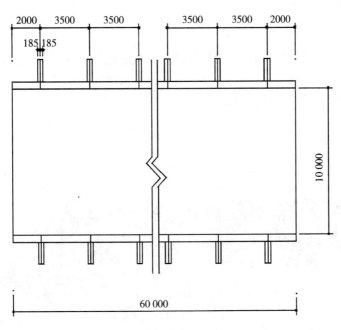

图 1-31　青贮窖平面布局（单位：毫米）

（四）TMR 加工车间

1. 设计原则　应布置于干草棚、精料库、青贮窖等建筑的中心位置，方便 TMR 原料的投放。仅适用于固定式 TMR 搅拌设备。

2. 技术要求　根据 TMR 搅拌设备大小设计 TMR 加工车间，一般采用简易彩钢框架结构，三面有围护结构，一面为敞开结构，并做组织排水。内设磅

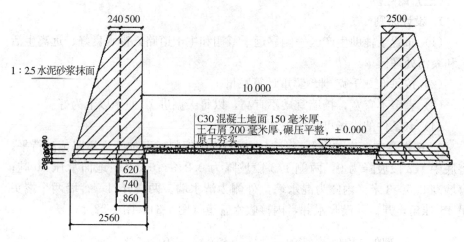

图 1-32 青贮窖侧立面（单位：毫米）

秤、上水、动力和照明等辅助设施设备。室内地面高于该区道路标高 20 厘米。具体设计尺寸由设备厂家提供（图 1-33）。对采用移动式 TMR 搅拌设备的奶牛场，可不考虑建设 TMR 加工间。

图 1-33　TMR 加工间效果

四、粪污处理系统设计

1. 设计原则　以成本为导向，以实用为根本兼顾效率优先的原则，落实减量化、无害化和资源化的粪污处理原则，积极探索资源节约、环境友好的奶牛场建设新途径。

2. 技术要求 奶牛场粪污处理分三部分：牛舍内粪尿收集、从牛舍至粪污处理区运送方式和粪污处理方式。

舍内粪污收集有拖拉机刮板、自动刮粪板和循环水冲刷3种方式。

粪污运送有以下3种方式：一是用小型装载机在牛舍端头装到运输车上，运至粪污处理区。二是以循环水为动力，通过地下管道将粪尿运至粪污处理区。三是利用地势和坡降，靠粪尿自压流至粪污处理区。

粪污处理有下列4种方式：一是粪场堆肥制有机肥或工厂化有机肥制作。二是固液分离，筛分或压榨的固体部分用于牛床垫料，液体一部分用于沼气制作，一部分自然沉降后，用于循环水，循环富余时灌溉附近农田。三是直接用于沼气制作，其沼渣可制作有机肥，可用于牛床垫料，沼液全部用于农田灌溉。四是三级自然沉降，定期打捞上浮固体部分用于农田消纳，或用于牛床垫料，液体部分用做循环水。

流程一：拖拉机刮粪尿至牛舍端头，利用小型装载机将粪污装入粪污运输车，运至粪污处理区。根据粪污含水率不同进行调制后堆成宽8～10米，高1～3米的梯形垛，自然沤制有机肥，由耕地进行消纳。

流程二：牛舍内自动刮粪板至地埋管道，并以循环水为动力将粪污运送至处理区。采用固液分离设备，固体部分制作牛床垫料，液体部分经三级自然沉降后，用于循环水，多余部分由附近农田消纳（图1-34）。

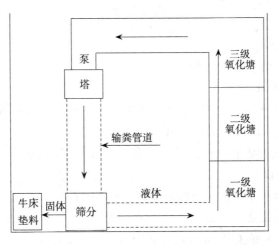

图1-34 粪污处理示意流程二

流程三：牛舍纵向地面1.5%造坡，在坡峰端安装循环水塔。在坡脚处设置粪污接收口，并用地埋直径60～70厘米层插输粪管道（0.5%～1%坡降）

与三级自然沉降池的第一级池相连接，粪污经过三级自然沉降池处理后，在第三级自然沉降池末端安装水泵，将水通过地埋管道送至水塔，水塔再通过专用阀门实现冲刷牛舍粪污的目的。该系统需要定期打捞三级沉降池中的上浮物，上浮物可作为牛床垫料或还田消纳（图1-35）。

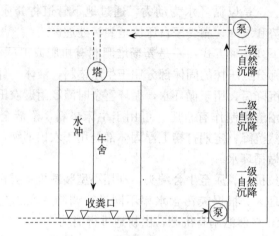

图1-35 粪污处理流程三级沉降

五、办公区设计

（一）设计原则

美观与实用相结合，兼顾资源节约。

（二）技术要求

1. 按照饲养规模1：40匹配员工人数，员工宿舍按已婚每户25～30米²，未婚每人按6～10米²的标准进行设计。

2. 按照员工人数10％匹配管理人员，设场长室，副场长室，会计室，畜牧室，大、小会议室。

3. 办公区及员工生活区以楼房为宜。具体配置如下：

（1）办公区设置（一层） 场长室、副场长室、会计室、畜牧室，平均40米²即可；会议室（100米²）、会客室（50米²）、盥洗室（40米²）、活动室（50米²）共计400米²，中间为2米走廊，两侧分间（图1-36）。

（2）宿舍（二层） 外置楼梯（侧置）；中间为2米走廊，两侧分间；单身宿舍设12间，每间3人，共36人（图1-37）。

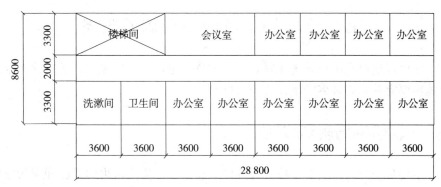

图 1-36 办公区首层平面（单位：毫米）

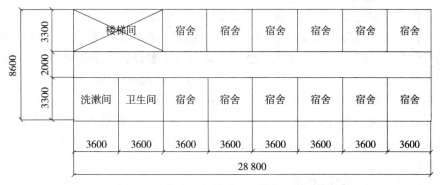

图 1-37 办公区二层平面（单位：毫米）

（3）宿舍（三层） 中间为 2 米走廊，两侧分间；可住夫妻 12 户，共 24 人（未计算孩子）（图 1-38）。

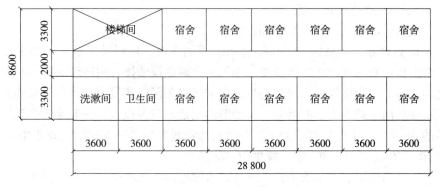

图 1-38 办公区三层平面（单位：毫米）

第三节　奶牛场附属设施及设备

奶牛场建设是一个系统工作，总体规划和主体建筑完成后，还有许多附属设施需要完善，有许多设备需要安装配套。

一、奶牛场附属设施

主要包括办公区附属设施、管理区附属设施、生产区附属设施和粪污处理区附属设施。

（一）办公区附属设施

包括食堂、洗浴、锅炉房等用房以及内、外景观。

1. 食堂、洗浴、锅炉房设计　食堂、洗浴、锅炉房一般采用砖混结构平房对应各自功能。食堂按员工人数 90％，每天三餐设计（操作室 50～60 米²，餐厅每人 2～3 米²）。浴室满足 10％全体员工人数同时洗浴即可。锅炉房主要是冬季供暖时使用，一般使用 0.5～1 吨水锅炉即可。

2. 办公生活区景观设计　①景观风格要朴实、新颖且不奢华，维护成本低廉。②花草、树木要适合当地气候条件，以绿化为主。③设置休闲、健身活动场地和设施。

（二）管理区附属设施

包括相关化验室、地磅房、机械库房、车库等。同样采用砖混结构平房对应各自功能。机械库房一般与维修间在一起，布置在管理区与生产区交界处。具体平面布置见图 1-2 所示。

（三）生产区附属设施

包括运动场、围栏、水槽和盐槽等。

1. 运动场　运动场一般在牛舍南北两侧建设，单列式牛舍运动场多设在牛舍南侧，双列式设在牛舍两侧。如果牛舍两侧设墙体，则运动场围栏与墙体之间应有 1 米距离隔开，以防奶牛粪尿或污水等污染和浸泡墙体。运动场的面积既要能满足奶牛生产的需要，又要节约用地，节省投入。一般为牛舍建筑面积的 3～4 倍，不同牛群运动场面积参数为：成乳牛 25～30 米²，青年牛 20～25 米²，育成牛 15～20 米²，犊牛 10 米²。

运动场地面总体要求平坦、干燥。地面可用沙土堆建，为利于排水，中央应有适当的隆起，四周稍低，并设排水沟。运动场靠近牛舍一侧 1/4～1/3 的面积可用水泥铺设，水泥地面和泥土地面用栏杆隔开。土质地面干燥时开放，雨天或泥泞时关闭。

运动场中间应设凉棚（图 1-39），棚顶高一般为 3.5 米左右，并应采用隔热性能好的材料。凉棚面积一般为成乳牛 4～5 米^2，青年牛、育成牛 3～4 米^2。

2. 围栏 运动场周围应设围栏，围栏包括横栏和栏柱，栏柱埋入地下 0.5～0.6 米，地上部分高 1.2 米，栏柱间距为 3 米。在栏柱地上部分 0.6 米和 1.15 米处各设一根横栏，以防奶牛越出。栏柱可用水泥柱，也可用废旧钢管，两种都比较耐用。围栏门通常用钢管横鞘，即大管套小管，作横向推拉开关。围栏门和牛舍门宽度基本一致。

图 1-39 带凉棚的运动场

3. 水槽和盐槽 在运动场靠近道路边的围栏附近应设水槽和盐槽，水槽一般宽 0.5～0.7 米，深 0.4 米；长度可按每头奶牛 0.15～0.2 米，每个水槽 3～5 米设立；水槽高 0.6～0.7 米。槽底应设排水孔。水槽一端设盛矿物盐的小槽，以供奶牛自由舔舐。水槽周围奶牛站立处地面要硬化。运动场较大的也可设盐槽，用于奶牛矿物盐和微量元素的补充，

图 1-40 运动场边的饮水槽及矿物补饲槽

也可将牛舍饲槽剩草放在补饲槽，让牛自由采食（图 1-40）。

（四）粪污处理区附属设施

1. 防疫消毒设施 牛场四周应建围墙，有条件的也可修建防疫沟或种植树木形成生物隔离带。

牛场大门和生产区入口都应分别建设入场车辆的消毒池及入场人员的消毒通道（消毒间）。消毒池的宽度为入场最大车辆的宽度，长度为最大车轮的周长。一般池长不少于 4 米，宽不少于 3 米，深 15 厘米左右。消毒池的建筑还

要能承载入场车辆的重量，耐酸碱、不渗水。牛场门口较宽的，消毒池两边至门两侧还应设栏杆，以防入场人员逃脱消毒。人员消毒间一般与门卫室并排建设，屋顶安装紫外线灯，地面设消毒池，池内铺吸水性较强的消毒垫，条件允许的也可设S形消毒通道。生产区入口的消毒间除设紫外线灯、消毒池外，还应设更衣间，以便入场工作人员更衣换鞋。

2. 粪污处理附属设施 包括集粪池、调节池、沼气发酵池、氧化塘、晒粪场和堆肥车间等。

3. 绿化 牛场的绿化，不仅可改善场区的小气候，净化空气、美化环境，还具有防疫及防火的作用。为此，必须与牛场的建设统一规划和布局。牛场周边设场界林带作为生物隔离带，可种植乔木和灌木的混合林，如杨树、旱柳、河柳、紫穗槐等。场界的西北侧林带应加宽，至少种5行，以防风固沙。场内各功能区之间设场区林带，以起到隔离和防火的作用，可栽种北京杨、柳、榆树等。场内道路两旁，可用树冠整齐的乔木或亚乔木树种，靠近建筑物时，以不影响采光为原则选种树木。运动场周围种植遮阳树，但不宜种植过大树木，以免引来鸟类传播疾病。

二、奶牛场设备

奶牛场作业种类繁多，设备配套也较复杂。主要包括青贮收获与制作设备、TMR制作与饲喂设备、挤奶贮奶设备、粪污处理设备等，需要根据奶牛场规模、奶牛群分群和资金情况选择购买相应规格的设备。

（一）青贮及牧草收获相关设备

青贮收获设备包括青贮粉碎机、拖斗卡车（运输）、轮胎拖拉机（碾压和推送）以及大型青贮收割设备等。牧草收获机械包括牧草收割机、牧草捡拾机和打捆机等（图1-41）。

A   B

图 1-41　青贮收获相关机械

A. 青贮窖旁粉碎玉米秸　B. 全株玉米直接收获粉碎　C. 克拉斯收割机

D. 克拉斯联合收割机　E. 苜蓿青贮收获　F. 燕麦青贮收获

G. 青贮碾压拖拉机　H. 牧草旋割机　I. 牧草捡拾打捆机　J. 牧草捡拾打捆

(二) TMR 加工及饲喂设备

TMR 饲料搅拌机集取料、切割、搅拌和饲料投放于一体，并采用计算机控制技术，保证了 TMR 的生产和使用。美国、以色列、加拿大、荷兰等奶业发达国家已普遍采用。我国起步较晚，但近年发展较快，目前在规模化奶牛场已有不少使用，效果显著。TMR 饲料搅拌机有固定式和移动式两种。

1. 固定式饲料搅拌机　固定式饲料搅拌机多采用卧式绞龙，整套搅拌设备埋置于地下，以方便原料投放（图 1-42 和图 1-43）。但搅拌制作好的成品 TMR 饲料需要传送装置提升到地面一定高度，装载在送料车上送往各个牛群。

图 1-42　小规模奶牛场单组固定饲料搅拌机

图 1-43　大规模奶牛场多组固定饲料搅拌机

从性能价格比考虑，投资小、经济实用，但自动化程度相对要低一些。

2. 移动式饲料搅拌机　分为牵引式饲料搅拌机和自走式饲料搅拌机两种（图 1-44）。移动式自动化程度高，使用方便，但投资比较大。目前饲料搅拌机有国外进口的，也有国内生产的。搅拌机的大小以奶牛的饲养数量而定。规格有 5 米^3、7 米^3、9 米^3、12 米^3、15 米^3、19 米^3 等可供选择。

图 1-44 移动式饲料搅拌机

（三）挤奶储奶设备

1. 挤奶设备　机器挤奶不仅可以降低劳动强度，提高劳动生产效率，而且可以提高牛奶产量和奶品质量。据调查，机械挤奶比人工挤奶可提高产奶量3％～5％。

挤奶机有推车式、提桶式、管道式、坑道式、转盘式和挤奶机器人六种。推车式、提桶式、管道式是最早应用的三种挤奶设备，安装位置随牛栏而定，不用建专用挤奶厅，投资较小，但设备自动化程度低，劳动生产率底，原料奶质量难以保证，特别是推车式、提桶式挤奶，原料奶要经过多次倾倒，受环境污染较大，牛奶细菌数高，且奶的浪费较大，目前使用得越来越少。推车式主要用于牧区散放饲养和农区 5～20 头的小规模奶牛饲养户。提桶式挤奶机适用于 70～80 头牛群挤奶。管道式适用于 100～200 头的牛群挤奶。

坑道式、转盘式、挤奶机器人三种是后来发展的挤奶设备，主要特点是单独设立挤奶厅或挤奶间，牛场的泌乳牛都集中在挤奶厅挤奶。优点是设备利用率和劳动生产率及牛奶质量大幅度提高。但需单独建挤奶厅，一次性投资较大。这三种饲养方式适用于牛群规模较大的奶牛场和奶牛小区使用，其中以坑道式挤奶设备比较多见。特大型牛场，多采用转盘式挤奶设备。挤奶机器人自动化程度最高，价格昂贵，现处于研究示范阶段。

2. 储奶设备　目前规模饲养的奶牛场、小区，绝大多数都采用全封闭卧式直冷罐储奶（图 1-45），专用奶罐车送奶。全封闭卧式直冷罐采用直通式大面积蒸发板直接冷却，通过自动控制传感系统，可快速将原料奶从38℃左右降到4℃，并使牛奶始终处于预设的保鲜温度状态储存。直冷罐的大小主要以牛场产奶量的多少而定，一般应比实际需求大 10％左右。

直冷降温系统由制冷机组、冰水箱、板式换热器、储奶罐、受奶槽、泵等设备组成。选择直冷罐时，要求压缩机制冷效果好，高效节能。罐体采用优质不锈钢材料，内表面光滑，不生锈，符合卫生标准。内桶和外皮之间的聚氨酯发泡剂绝热层，根据 ISO 标准停电后 10 小时内保持牛奶温度在 5℃，持续 18 小时温度增加不超过 1.5℃，而且绝热层冬天可防止牛奶冻冰。

图 1-45　全封闭卧式直冷储奶罐

3. 快速制冷和热能回收系统

目前现代标准化奶牛场开始将制冷降温罐改进为快速制冷和热能回收系统。该系统采用食品级的乙二醇和水混合作为冷媒，能够在很短的时间内将牛奶从 37℃ 冷却到 2～4℃，从而有效地保证鲜乳质量，并可节能环保，节约成本。

（四）饮水设备

饮水主要是水槽，普通水槽由水泥池或不锈钢卷制而成，构不成设备。然而，目前天津市奶牛场冬季普遍采用自制恒温饮水槽（图 1-46）。恒温饮水槽通常采用双层不锈钢板材料制成，双层之间空隙注入保温材料，一般外形为长方体，其规格长、宽、深分别为 4 000 毫米、500 毫米和 400 毫米。将 8 000 瓦、36 伏电加热管置于水槽水体底部，并通过温控器可将

图 1-46　电加热饮水槽

水槽中水的温度控制在 10～15℃。水槽水位控制是利用电磁阀控制器或浮子装置与进水管相连，确保水槽水体随时达到设定深度，满足奶牛饮用温水的需要。

（五）防暑降温设备

炎热地区夏季高温时节要在牛舍特别是通风欠佳的牛舍安装风扇和喷淋设备等降温设备。风扇一般采取直径 1 米的大风扇。安装位置和数量通常根据奶牛个体大小、饲喂通道和牛床位置确定。在 6～8 月炎热季节，现代化大型牛场还在牛床上方安装、开启一排大型风扇，扇面朝上，以加速舍内通风，防止有害气体在屋顶聚集。喷淋一般单独设管，架设在饲喂走廊稍后的上方，刚能喷淋到牛的背部而不弄湿牛床为宜，以确保防暑降温的效果和奶牛牛床的干燥（图 1-47）。

图 1-47 奶牛的防暑降温设施

A. 牛舍通风与照明　B. 牛舍喷淋

（六）粪污无害化处理设备

粪污无害化处理设备包括自动刮粪板或刮粪车等粪污收集设备、固液筛分或分离设备（图 1-48）、沼气发酵池（塔）、沼气发电设备、液体有机肥生产设备（图 1-49）以及固体堆肥翻晾设备等（图 1-50）。

图 1-48　牛舍粪污收集及分离设备

A. 自动刮粪循环系统　B. 人工刮粪车　C. 固液筛分系统　D. 固液分离系统

A B

C

图 1-49　奶牛粪污产沼发电设备

A. 沼气发酵系统　B. 沼气脱硫　C. 沼气发电系统

A B

图 1-50　奶牛场有机肥生产设备

A. 液体有机肥生产　B. 固体有机肥堆肥

第二章

育种与繁殖

第一节　品种及育种

一、奶牛主要品种

目前，我国养殖的奶牛品种主要有荷斯坦牛、娟姗牛和西门塔尔牛（表2-1）。

表 2-1　主要的奶牛品种

品种	原产地	生产性能	适应性
荷斯坦牛	荷兰，德国	产奶性能突出；一般年产奶量5 000～8 000千克（不同国家和不同地区有差异），高者达10 000千克以上，乳脂率3.4%以上，乳蛋白率2.9%以上	适宜环境温度范围为5～25℃；耐寒，适合在我国北方地区大面积饲养；环境温度过高会出现热应激反应，产奶量下降显著
娟姗牛	英吉利海峡南端岛屿	乳脂率和乳蛋白率性状突出，显著高于荷斯坦牛；一般年产奶量3 500～4 000千克（不同国家和不同地区有差异），乳脂率5%以上，乳蛋白率3.5%以上	耐热性强，在高温高湿环境下，对肢蹄病、乳房炎、流行热以及焦虫病等抵抗力明显高于荷斯坦牛；适宜在热带、亚热带地区饲养
西门塔尔牛	瑞士	乳肉兼用品种，乳、肉性能均较好；一般年产奶量为4 000千克左右（不同国家和不同地区有差异），乳脂率3.9%以上，乳蛋白率3.5%以上；生长速度与其他大型肉用品种相近	适宜环境温度5～30℃；对地形、海拔和湿度适应性强，耐粗放管理，分布范围极广

（一）荷斯坦牛

荷斯坦牛是最古老的乳用牛品种之一。起源于德国西北部和荷兰北部接壤处，属大型乳用牛品种，具有典型的乳用特征和特殊的体型结构。

1. 外貌特征

（1）荷斯坦牛体格较大，结构匀称（图2-1）。

图 2-1　荷斯坦牛

A. 荷斯坦公牛　B. 荷斯坦母牛

（2）毛色以黑白花为主，比例不一，也有少量黄白花或红白花。

（3）额部多有白星。

（4）皮薄骨细，头清秀狭长。

（5）眼大有神，鼻镜宽广，颌骨坚实，前额宽而微凹，鼻梁平直。

（6）皮下脂肪较少，被毛细短。

（7）乳房系统发达——乳房大而呈方形、乳静脉粗大弯曲、乳头大小适中。

（8）后躯较前躯发达，躯体轮廓呈“三个三角形”结构，具有典型的乳用特征，性情温驯。

2. 体尺与体重

（1）犊牛初生重为 40～50 千克。

（2）成年公牛体重为 900～1 200 千克，体高、体长、胸围、管围分别为 145～155 厘米、190～200 厘米、225～235 厘米、23～28 厘米。

（3）成年母牛体重为 650～750 千克，体高、体长、胸围、管围分别为 135～145 厘米、170～180 厘米、195～205 厘米、19～20 厘米。

3. 产奶性能

（1）荷斯坦奶牛是产奶量最高的奶牛品种，平均年产奶量为 5 000～8 000 千克（不同国家和不同地区有差异），高者达到 10 000 千克以上。

（2）乳脂率 3.4% 以上，乳蛋白率 2.9% 以上。

4. 繁殖性能

（1）母牛产后初次发情时间为 53 天，情期为 21 天，妊娠期为 280 天。

（2）青年母牛性成熟较早，适配年龄为 13～15 月龄，初产月龄 22～24 月龄；平均情期受胎率为 55％～60％；年总受胎率为 90％左右。

5. 适应性

（1）荷斯坦牛可以在－40～40℃的环境下生存，适应性较强，但耐热性能较差。

（2）适宜环境温度范围为 5～25℃。

（3）当温度超过最高适宜温度时，荷斯坦奶牛就会出现热应激反应，产奶量急剧减少。

（4）集约化奶牛场需要做好奶牛的防暑降温工作。

（5）该品种耐寒，适于在我国北方地区大面积饲养。

（二）娟姗牛

娟姗牛原产于英吉利海峡南端岛屿，是主要乳用牛中体型最小的品种之一，以乳脂率和蛋白率高而闻名，并具有抗热和抗病性强的特点，是畜牧业发达国家奶牛养殖的重要品种。

娟姗牛性情温驯，对高温高湿环境有较强适应性，性成熟早，饲料报酬高，在热带、亚热带地区备受青睐。我国广东、上海、新疆等地曾引入，杂交改良地方品种，效果良好。

1. 外貌特征

（1）娟姗牛属小型乳用牛（图 2-2）。

（2）毛色由银灰色至黑色深浅不一，以栗褐色居多，鼻镜、舌与尾帚为黑色，鼻镜上部有灰色圈。

（3）头小而轻，颈部凹陷，两眼突出，明亮有神，头部轮廓清晰。

（4）角中等大小，琥珀色，角尖黑，向前弯曲。

（5）颈曲长、有皱褶，颈垂发达。

（6）四肢端正，左右肢间距宽，骨骼细致，关节明显。

（7）乳房形状美观，质地柔软，发育匀称，乳头略小，乳静脉粗大而弯曲。

图 2-2　娟姗母牛

（8）后躯较前躯发达，体型呈楔形。

2. 体尺体重

（1）犊牛初生重 23～27 千克。

（2）成年公牛体重 650～750 千克。

（3）成年母牛体重 340～450 千克，体高 113.5 厘米，体长 133 厘米。

3. 产奶性能

（1）娟姗牛一般年均产奶量 3 500～4 000 千克，乳脂率平均为 5%～6%，个别牛甚至达 8%，乳蛋白率 3.5% 以上。

（2）娟姗牛乳脂肪颜色偏黄，脂肪球大，易于分离，是加工优质奶油的理想原料。

（3）娟姗牛乳蛋白含量比荷斯坦奶牛高 20% 左右，加工奶酪时，比普通牛奶的产量高 20%～25%。因此，娟姗牛有"奶酪王"的美誉。

4. 繁殖性能

（1）娟姗牛具有良好的繁殖性能，性成熟早，受胎率高，无难产。

（2）一般情况下，15～16 月龄即可开始配种，初产时间为 24～25 月龄。

（3）娟姗牛是顺产率最高的奶牛品种。

5. 适应性

（1）与荷斯坦牛比较，娟姗牛皮薄骨细，体重轻 25%～30%，单位表皮被毛少 47%，皮下脂肪薄 12%，基础代谢率较低。

（2）娟姗牛具有明显的耐热性能，在高热高湿环境下，娟姗牛对肢蹄病、乳房炎、流行热以及焦虫病等抵抗能力明显高于荷斯坦牛。

（3）因肢蹄病、乳房炎和繁殖疾病等导致的淘汰率明显低于荷斯坦牛。

（4）娟姗牛耐粗饲，单位体重采食量大，干物质采食量（DMI）可占体重的 4.5%，饲料报酬率高，在较热的地区饲养娟姗牛不失为一种好的选择。

（三）西门塔尔牛

西门塔尔牛原产于瑞士西部的阿尔卑斯山区。经过多年选育，现已分布在许多国家，成为世界上分布最广、数量最多的乳肉兼用品种之一。

1. 外貌特征

（1）西门塔尔牛为著名乳肉兼用型牛（图 2-3）。

（2）该牛毛色为黄白花或者淡红白花，头、胸、腹下、四肢及尾帚多为白色。

（3）皮肤为粉红色，头较长，面宽。

A   B

图 2-3　西门塔尔牛

A. 西门塔尔公牛　B. 西门塔尔母牛

（韩向敏）

（4）角细而向外上方弯曲，角端稍向上。

（5）颈长中等，体躯长，呈圆筒状，肌肉丰满。

（6）前躯较后躯发育好，胸深，尻宽平，四肢结实，大腿肌肉发达。

（7）乳房发育良好。

2. 体尺体重

（1）成年公牛平均体重为 800～1 200 千克。

（2）成年母牛平均体重为 650～800 千克。

3. 生产性能

（1）西门塔尔牛乳、肉性能均较好，平均产奶量为 4 200 千克，乳脂率 3.9％以上，乳蛋白率 3.5％以上。

（2）该牛生长速度较快，平均日增重可达 1.0 千克以上，生长速度与其他大型肉用品种相近。

（3）胴体肉多，脂肪少而分布均匀，公牛肥育后屠宰率可达到 65％左右，其肉质可与专门化的肉牛品种相媲美。

4. 繁殖性能

（1）西门塔尔牛较晚熟，初产月龄为 29 月龄。

（2）妊娠期较长，平均为 289 天。

（3）难产率低。

5. 适应性

（1）成年牛适应性强，适宜环境温度 5～30℃，耐粗饲。

（2）西门塔尔牛改良各地的黄牛，都取得了比较理想的效果。

二、荷斯坦奶牛选种选配

选种选配是育种工作的核心，奶牛场只有利用遗传评估技术，选出优秀的种牛，并制订科学选配方案进行选配，才能不断提高后代生产性能，延长使用寿命，持续提高经济效益。

（一）选种

1. 原则

（1）运用各种科学方法，选出符合要求的奶牛个体留作种用，增加其繁殖量，以尽快扩大种群及改进牛群品质。

（2）选种的理论主要是群体遗传学和数量遗传学的选择理论。

2. 技术要求

（1）母牛的选择

①系谱档案的建立　犊牛出生后及时按照登记格式建立系谱档案，填写基础数据，内容包括牛号、牛名、出生日期、毛色、出生体重、近交系数、血统及照片等。

▲牛号　牛只登记的统一编号由12位字符四部分组成（图2-4）。具体构成是2位省（自治区、直辖市）代码＋4位牛场号＋2位出生年度号＋4位牛只场内序号。牛场内部牛只管理编号由6位数字组成，即统一编号的后6位（2位出生年度号＋4位犊牛出生顺序号）。

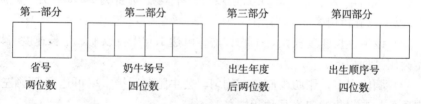

图2-4　奶牛登记牛号组成

▲照片　头部正面，身体左侧、右侧照片。

▲系谱　三代血统清楚，父亲的基本情况（牛名、牛号、精液号、出生日期、体型评分、育种值、遗传疾病等），母亲的基本情况（牛号、出生日期、体型评分及生产性能记录等）。

▲记录　按照规定时间及时填报数据。数据包括生长发育记录，防、检疫记录及治疗记录，繁殖记录，生产性能记录等。

②奶牛生产性能测定　奶牛生产性能测定又称为奶牛群遗传改良（dairy herd improvement，DHI），是对奶牛泌乳性能的测定技术，其测定结果是奶牛科学选种育种的基础，也是有效提高奶牛生产管理水平的重要工具。

▲生产性能测定流程　生产性能测定流程见图 2-5。收集奶牛系谱、胎次、产犊日期、干奶日期、淘汰日期等牛群饲养管理基础数据。每月采集一次泌乳牛的奶样，收集其当天产奶量，通过生产性能测定中心的检测，获得牛奶的乳成分、体细胞数等数据。对这些数据统一整理分析，形成生产性能报告。生产性能报告反映牛只及牛群配种繁殖、生产性能、饲养管理、乳房保健及疾病防治等方面的信息。牧场管理人员利用生产性能报告，能够科学有效对牛群加以管理，充分发挥牛群的生产潜力，进而提高经济效益。利用收集的大量准确数据，组织开展奶牛良种登记、种公牛后裔测定、遗传评估及选种选配等工作，达到提高种质遗传水平，加速遗传改良的目的。

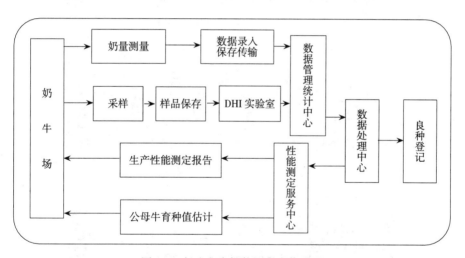

图 2-5　奶牛生产性能测定工作流程

▲待测牛群要求　参加生产性能测定的牧场要有完整的牛只资料，包括系谱和繁殖记录。具有一定生产规模，采用机械挤乳，并配有流量计等采样装置。

▲奶样采集的要求

△参加测定奶牛为产后第 5～305 天的泌乳牛。

△每个泌乳月测定 1 次，两次测定间隔一般为 26～33 天。

△每头牛的采样量为 40 毫升。具体的要求根据挤奶次数来决定。如果一天 3 次挤奶，取样方式按 4：3：3（早：中：晚）比例取样。如果一天 2 次挤

奶，取样方式有两种：一是按 6∶4（早∶晚）的比例取样，二是早晚交替取样（本次测定取早潮奶样，下个测定日取晚潮奶样）。

▲采样前准备

△采用牛奶专用取样瓶。测定中心配有专用取样瓶，瓶上有刻度标记，方便取样。

△每牛一瓶，按顺序号贴好牛只识别条形码。

△清点所用流量计数量、采样瓶数量、采样记录表等。

△挤奶前 15 分钟安装好流量计，安装时注意流量计的进奶口和出奶口，确保流量计倾斜度在±5°，以保证读数准确。

△在采样记录表上填好牧场号、班组号、产奶量。

奶样瓶、样品架和流量计如图 2-6、图 2-7 和图 2-8 所示。

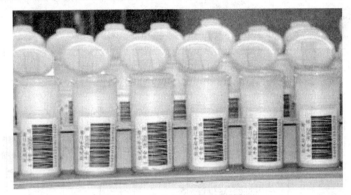

图 2-6　带有条形码的采样瓶

图 2-7　样品架

图 2-8　流量计及其悬挂方式

▲采样操作

△每头牛的采样量为 40 毫升，根据挤奶次数按比例取样。

△每次采样要准确读数，正确记录。

△读数时眼睛应平视流量计刻度（图 2-9）。

图 2-9　奶样采集

△发现流量计流量有明显出入时，应及时查明原因并予以处理。

△将奶样从流量计中取出后，应把流量计中的剩奶完全倒空，不能有叠奶现象。

△奶样放置于冷藏室（2～7℃），不可冷冻，或放在通风阴凉处，避免阳

光直射。

△采样记录表应填写取样日期、牧场名称、牛舍或筐（箱）号、牛号、日产奶量，核对后由取样人签名（图2-10）。

图 2-10　采集的牛奶样品

▲流量计的清洗

△每班次采样结束后应清洗流量计，置于干净安全的地方。

△完成一天的采样后，必须彻底清洗流量计，注意保护流量计的配件。

▲样品保存与运输

△样品保存　为防止奶样腐败变质，在每份样品中须加入重酪酸钾0.03克；在15℃的条件下可保存4天；在2～7℃冷藏条件下可保存一周。

△样品运输　采样结束后，样品应尽快安全送达测定实验室。运输途中须尽量保持低温，不能过度摇晃。

▲奶样测定

△牛奶样品送达实验室后，应尽快进行测定。

△测定主要内容包括乳脂率、乳蛋白率、乳糖含量、尿素氮、全乳固体和体细胞数（图2-11）。

▲生产性能测定报告　奶牛生产性能测定中心根据奶样测定的结果及牛场提供的相关信息，制作奶牛生产性能测定报告。测定报告中的项目包括：

△测定日产奶量　指泌乳牛测定日当天24小时的总产奶量。测定日产奶量能反映牛只、牛群当前实际产奶水平，单位为千克。

△乳脂率　指牛奶所含脂肪的百分比。

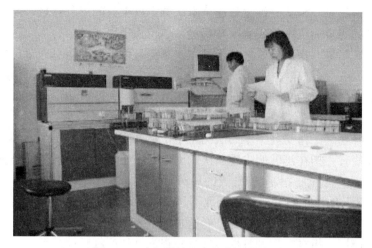

图 2-11　牛奶样品生产性能测定分析

△乳蛋白率　指牛奶所含蛋白质的百分比。

△乳糖率　指牛奶所含乳糖的百分比。

△全乳固体率　指测定日奶样中干物质含量的百分比。

△分娩日期　指被测牛只的产犊日期，用于计算与之相关的指标。

△泌乳天数　指从分娩到本次采样的时间，并反映奶牛所处的泌乳阶段。

△胎次　指母牛已产犊的次数。

△前次奶量　指上次测定日产奶量，用于和当月测定结果进行比较，用于说明牛只生产性能是否稳定，单位为千克。

△泌乳持续力　当个体牛只本次测定日奶量与上次测定日奶量综合考虑时，形成一个新数据，称之为泌乳持续力，该数据可用于比较个体的生产持续能力。

△脂蛋比　指测定日奶样的乳脂率与乳蛋白率的比值。

△前次体细胞数　指上次测定日测得的体细胞数。与本次体细胞数相比较后，可反映奶牛场采取的预防管理措施是否得当，治疗手段是否有效。

△体细胞数（SCC）　指每毫升牛奶样品中体细胞数量。牛奶体细胞包括中性粒细胞、淋巴细胞、巨噬细胞及乳腺组织脱落的上皮细胞等，单位为个/毫升。

△奶损失　指因乳房受细菌感染而造成的牛奶损失，单位为千克。

△奶款差　奶损失乘以当前奶价，即损失掉的那部分牛奶的价值，单位为元。

△经济损失　指因乳腺炎所造成的总损失，其中包括奶损失和乳腺炎引起的其他损失，即奶款差除以64%，单位为元。

△总产奶量　指从分娩之日起到本次测定日牛只的泌乳总量；对于已完成胎次泌乳的奶牛而言则代表胎次产奶量，单位为千克。

△总乳脂量　指从分娩之日起到本次测定日牛只的乳脂总产量，单位为千克。

△总蛋白量　指从分娩之日起到本次测定日牛只的乳蛋白总产量，单位为千克。

△高峰奶量　指泌乳牛本胎次测定中，最高的测定日产奶量。

△高峰日　指在泌乳奶牛本胎次的测定中，奶量最高时所处的泌乳天数。

△90 天产奶量　指泌乳 90 天的总产奶量。

△305 天预计产奶量　泌乳天数不足 305 天时为 305 天预计产奶量，达到或者超过 305 天时为 305 天实际产奶量，单位为千克。

△预产期　指根据配种日期与妊娠检查推算的产犊日期。

△繁殖状况　指奶牛所处的生殖生理状况（配种、妊娠、产犊、空怀）。

△成年当量　指各胎次产量校正到第 5 胎时的 305 天产奶量。一般在第 5 胎时，母牛的身体各部位发育成熟，生产性能达到最高峰。利用成年当量可以比较不同胎次的母牛在整个泌乳期间生产性能的高低。

▲生产性能测定记录附表　在生产性能测定时，需要附加一系列牧场牛群资料报表，包括采样记录表、牧场头胎牛资料报表、牧场经产牛资料报表、牧场淘汰牛资料报表等，报表格式分别见表 2-2、表 2-3、表 2-4 和表 2-5。

表 2-2　采样记录表

采样员：_____　日期：_____　牧场名称：_____　牧场编号：_____

序号	牛号	日产奶量（千克）	备注
1			
2			
3			

表 2-3　牧场头胎牛资料报表

牧场名称：_____　牧场编号：_____

牛号	出生日期	父号	母号	外祖母号	外祖父号	分娩日期	产犊难易	犊牛号	犊牛性别	初生重（千克）	是否留养

表 2-4　牧场经产牛资料报表

牧场名称：＿＿＿＿＿＿＿＿　牧场编号：＿＿＿＿＿＿＿＿

牛号	胎次	分娩日期	产犊难易	犊牛号	犊牛性别	初生重（千克）	是否留养

表 2-5　牧场淘汰牛资料报表

牧场名称：＿＿＿＿＿＿＿＿　牧场编号：＿＿＿＿＿＿＿＿

牛号	淘汰日期	淘汰原因

③体型线性鉴定

▲体型线性鉴定的意义

△奶牛的体型不仅与其健康水平和利用年限紧密相关，而且决定着本身的生产能力和生产潜力。

△具备良好功能体型的奶牛个体，其终身生产性能综合指数表现较高。

△通过对奶牛体型线性鉴定结果进行科学的数据分析，可以综合评价荷斯坦母牛群体型结构及线性性状存在的优缺点，评估种公牛对奶牛体型性状的遗传改良效果，从而制订科学的选种选配方案，以提高荷斯坦牛群群体品质、生产性能和经济效益。

▲评分方法

△体型线性鉴定各性状的评分主要依赖于鉴定员对该性状的度量和观察判断，在大多数情况下，不用量具进行测量，而是对性状在生物学状态两极端范围内所处的位置进行评价。

△目前我国对荷斯坦牛体型线性鉴定执行 9 分制评分方法。

△使用 9 分制鉴定方法将奶牛外貌的种种性状分开处理，打分。

△9 分制评分是将性状所表现的生物学两极端范围看作一个线段，将该线段分为 1～3 分、4～6 分、7～9 分三个部分，两个极端和中间三个区域。

△观察该性状所表现的状态在三个区域内哪个区域，再看其属于该区域中哪一个档次，而确定其评分分数。

▲鉴定的部位及描述性状　荷斯坦牛体型线性鉴定的主要部位分为：

△体躯结构与容量　包含有6个描述性状和9个缺陷性状。

描述性状：体高、前段、体躯大小、胸宽、体深、腰强度。

缺陷性状：面部歪、头部不理想、双肩峰、背腰不平、整体结合不匀称、肋骨不开张、凹腰、窄胸、体弱。

△尻部——包含有2个描述性状和6个缺陷性状。

描述性状：尻角度、尻宽。

缺陷性状：肛门向前、尾根凹、尾根高、尾根向前、尾歪、髋位偏后。

△肢蹄——包含有5个描述性状和7个缺陷性状。

描述性状：蹄角度、蹄踵深度、骨质地、后肢侧视、后肢后视。

缺陷性状：卧系、后肢抖、飞节粗大、蹄叉开张、后肢前踏或后踏、过于纤细、前蹄外向。

△泌乳系统——包含有9个描述性状和16个缺陷性状。

描述性状：乳房深度、乳房质地、中央悬韧带、前乳房附着、前乳头位置、前乳头长度、后乳房附着高度、后乳房附着宽度、后乳头位置。

缺陷性状：乳房前吊、乳房后吊、乳房形状差、前乳房膨大、前乳房肥赘、前乳房左右不匀称、前乳房短、前乳头不垂直、前乳头有副乳头、前乳房有瞎乳区、后乳房左右不匀称、后乳房短、后乳头不垂直、后乳头位置向外、后乳头有副乳头、后乳房有瞎乳区。

△乳用特征——包含有1个描述性状和1个缺陷性状。

描述性状：棱角性。

缺陷性状：肋间近。

△总体分为五大部位23个描述性状和39个缺陷性状。

▲评分标准与计算方法

△荷斯坦牛体型线性鉴定法的第一步，是评定人员在现场根据奶牛各个性状在生产实际中的表现，参比评分标准打出相应的线性成绩，即线性评分。

△第二步是将各线性评分结果转化为相应可计算的功能分。某性状功能分在最高时表示该性状在此线性分下处于最佳的生物学状态。该性状只有在此生物学状态下对奶牛的生产和健康的贡献最大。

各性状的具体评分方法按照中国奶业协会制定的《中国荷斯坦牛体型线

性鉴定性状及评分标准》进行，奶牛各部位及性状线性分与功能分对照见表 2-6。

表 2-6　奶牛各部位及性状线性分与功能分对照表

部位	性状/权重	评分	1	2	3	4	5	6	7	8	9
结构容量 18%	体高 15%	功能分	57	64	70	75	85	90	95	100	95
		加权分	8.6	9.6	10.5	11.5	12.8	13.5	14.3	15.0	14.3
	前段 8%	功能分	56	64	68	76	80	90	100	90	85
		加权分	4.5	5.1	5.4	6.1	6.4	7.2	8.0	7.5	6.8
	体躯大小 20%	功能分	55	60	65	75	80	85	90	95	100
		加权分	11.0	12.0	13.0	15.0	16.0	17.0	18.0	19.0	20.0
	胸宽 29%	功能分	55	60	65	70	75	80	85	90	95
		加权分	16.0	17.4	18.9	20.3	21.8	23.2	24.7	26.1	27.6
	体深 20%	功能分	56	64	68	75	80	90	95	90	85
		加权分	11.2	12.8	13.6	15.0	16.0	18.0	19.0	18.0	17.0
	腰强度 8%	功能分	55	60	65	70	75	80	85	90	95
		加权分	4.4	4.8	5.2	5.6	6.0	6.4	6.8	7.2	7.6
尻部 10%	尻角度 36%	功能分	55	62	70	80	90	80	75	70	65
		加权分	19.8	22.3	25.2	28.8	32.4	28.8	27.0	25.2	23.4
	尻宽 42%	功能分	55	60	65	70	75	79	82	90	95
		加权分	23.1	25.2	27.3	29.4	31.5	33.2	34.4	37.8	39.9
	*腰强度 22%	功能分	55	60	65	75	80	85	90	95	100
		加权分	12.1	13.2	14.3	16.5	17.6	18.7	19.8	20.9	22.0
肢蹄 20%	蹄角度 20%	功能分	56	64	70	76	81	90	100	95	85
		加权分	11.2	12.8	14.0	15.2	16.2	18.0	20.0	19.0	17.0
	蹄踵深度 20%	功能分	57	64	69	75	80	85	90	95	100
		加权分	11.4	12.8	13.8	15.0	16.0	17.0	18.0	19.0	20.0
	骨质地 20%	功能分	57	64	69	75	80	85	90	95	100
		加权分	11.4	12.8	13.8	15.0	16.0	17.0	18.0	19.0	20.0
	后肢侧视 20%	功能分	55	64	75	80	95	80	75	64	55
		加权分	11.0	13.0	15.0	16.0	19.0	16.0	15.0	13.0	11.0
	后肢后视 20%	功能分	57	64	69	74	78	81	85	90	100
		加权分	11.4	12.8	13.8	14.8	15.6	16.2	17.0	18.0	20.0

部位	性状/权重		评分	1	2	3	4	5	6	7	8	9
乳房 40%	泌乳系统 20%	乳房深度 30%	功能分	55	65	75	85	95	85	75	65	55
			加权分	16.5	19.5	22.5	25.5	28.5	25.5	22.5	19.5	16.5
		乳房质地 35%	功能分	55	60	65	70	75	80	85	90	95
			加权分	19.5	21.0	22.8	24.5	26.3	28.0	29.8	31.5	33.3
		悬韧带 35%	功能分	55	60	65	70	75	80	85	90	95
			加权分	19.5	21.0	22.8	24.5	26.3	28.0	29.8	31.5	33.3
	前乳房 35%	前房附着 45%	功能分	55	60	65	70	75	80	85	90	95
			加权分	24.8	27.0	29.3	31.5	33.8	36.0	38.3	40.5	42.8
		前乳头位置 20%	功能分	57	65	75	80	85	90	85	80	75
			加权分	11.4	13.0	15.0	16.0	17.0	18.0	17.0	16.0	15.0
		前乳头长度 5%	功能分	55	60	65	75	80	75	70	65	55
			加权分	2.8	3.0	3.3	3.8	4.0	3.8	3.5	3.3	2.8
		*乳房深度 8%	功能分	55	65	75	85	95	85	75	65	55
			加权分	4.4	5.2	6.0	6.8	7.6	6.8	6.0	5.2	4.4
		*乳房质地 12%	功能分	55	60	65	70	75	80	85	90	95
			加权分	6.6	7.2	7.8	8.4	9.0	9.6	10.2	10.8	11.4
		*悬韧带 10%	功能分	55	60	65	70	75	80	85	90	95
			加权分	5.5	6.0	6.5	7.0	7.5	8.0	8.5	9.0	9.5
	后乳房 45%	后房附着高度 23%	功能分	58	65	68	70	75	80	85	90	95
			加权分	13.3	15.0	15.6	16.1	17.3	18.4	19.6	20.7	21.9
		后房附着宽度 23%	功能分	58	65	68	70	75	80	85	90	95
			加权分	13.3	15.0	15.6	16.1	17.3	18.4	19.6	20.7	21.9
		后乳头位置 14%	功能分	55	60	65	75	90	75	70	65	55
			加权分	7.7	8.4	9.1	10.5	12.6	10.5	9.8	9.1	7.7
		*乳房深度 12%	功能分	55	65	75	85	95	85	75	65	55
			加权分	6.6	7.8	9.0	10.2	11.4	10.2	9.0	7.8	6.6
		*乳房质地 14%	功能分	55	60	65	70	75	80	85	90	95
			加权分	7.7	8.4	9.1	9.8	10.5	11.2	11.9	12.6	13.3
		*悬韧带 14%	功能分	55	60	65	70	75	80	85	90	95
			加权分	7.7	8.4	9.1	9.8	10.5	11.2	11.9	12.6	13.3

部位	性状/权重	评分	1	2	3	4	5	6	7	8	9
乳用特征 12%	棱角性 60%	功能分	57	64	69	74	78	81	85	90	95
		加权分	34.2	38.4	41.4	44.4	46.8	48.6	51.0	54.0	57.0
	*骨质地 10%	功能分	57	64	69	75	80	85	90	95	100
		加权分	5.7	6.4	6.9	7.5	8.0	8.5	9.0	9.5	10.0
	*乳房质地 15%	功能分	55	60	65	70	75	80	85	90	95
		加权分	8.3	9.0	9.75	10.5	11.3	12.0	12.75	13.5	14.3
	*胸宽 15%	功能分	55	60	65	70	75	80	85	90	95
		加权分	8.3	9.0	9.8	10.5	11.3	12.0	12.8	13.5	14.3

注：（1）表中的百分比是指性状或部位的加权系数。

（2）带"*"的性状是指在不同部位中重复参与计算的同一性状。

△第三步是计算各个部位的评分。

各部位评分＝∑（功能分×加权系数）－∑（缺陷性状扣分）

缺陷性状扣分：鉴定员根据缺陷性状的严重程度进行扣分，扣分范围0.5～3分。

△第四步是计算体型外貌线性评定总体评分。

体型总分＝∑（部位评分×加权系数）

△第五步是对外貌评分等级进行划分。奶牛体型外貌等级根据评分共划分为6个等级，依次分别为：

优秀（EX）———————90～100分

很好（VG）——————85～89分

好＋（GP）——————80～84分

好（G）————————75～79分

一般（F）————————65～74分

差（P）—————————65分以下

④母牛的综合选种　在拥有完整的奶牛系谱资料、奶牛生产性能测定和奶牛体型线性鉴定成绩的基础上，我们可以根据奶牛场选种选配需要，以系谱作为参考，根据生产性能测定成绩和外貌线性评定成绩对奶牛优胜劣汰。如果要满足育种要求，对母牛进行综合选种，则应当对母牛综合选种指数进行科学计算，最后以个体的育种值作为科学选择的依据（育种值计算方法可参见王福兆主编的《乳牛学》第二版或有关资料）。

（2）种公牛选择

①种公牛选择的意义

▲以种公牛的育种值为主要依据，选择出最优秀的公牛个体，通过冷冻精液，可将其遗传优势快速传递到全群。

▲个体公牛育种值主要是使用系谱信息、后代的表型信息及基因组信息来估计，因此是最准确的选择方法。

▲目前，我国种公牛选种主要坚持后裔测定和基因组选择相结合的方法。后裔测定虽世代间隔长，成本高，但测定方法可靠，测定基础雄厚。基因组选择用于早期选择虽速度快，节省培育成本，但是要求的技术水平高，且我国可用的参考牛群和基因信息尚有待积累，因此还不能完全取代后裔测定方法。随着家畜基因组测序技术、基因芯片技术的不断发展以及检测成本的下降，基因组选择有望成为种公牛选种的主流趋势。

②种公牛选择的方法

▲有后裔测定成绩公牛的选择　根据牛群需要改良的缺陷，选择改良效果突出的优秀种公牛，在选择公牛时要认真阅读、分析种公牛的资料，根据其各性状育种值，结合母牛群改良目标，选择最佳种公牛。

▲青年公牛的选择　青年公牛后裔测定结果还未出来，在使用青年公牛时，可依据基因组育种值选择公牛。基因组选择的准确性可达到70%以上，已接近传统的后裔测定，可加快群体的整体遗传进展。

▲种公牛选择注意事项

△部分公牛具有隐性遗传缺陷，应仔细阅读公牛谱系资料。

△控制隐性遗传病携带者之间进行交配，防止后代发生遗传疾病，造成不必要的经济损失。

（二）选配

1. 原则

（1）避免近亲交配

①奶牛场在制订选种选配计划时，首先要避免近亲交配。近亲交配容易使产生的后代发生一些遗传疾患，生长迟缓，生产性能降低，体型外貌差而降低奶牛的经济效益。

②为了防止近亲交配产生不良后果，近交系数应控制在4%以下。

（2）选择改良重点

①选择改良性状时，若母牛存在的缺陷较多，应先选择急需改良的重点，加大公牛改良效果的选择差，提高改良力度，加快改良速度，使其主要缺陷尽

快得到改良。

②若一次选择改良性状较多，将会使公牛改良效果的选择差变小，改良力度降低，改良速度变慢。

（3）注意事项

①在奶牛品质改良的过程中，所改良性状决不允许用一个极端性缺陷去改良另一个极端性缺陷，只能选择具有该性状最佳状态改良效果的公牛来改良母牛所存在的缺陷。

②严格禁止使用与母牛具有共同缺陷的公牛进行改良，防止缺陷的加剧。

2. 技术要求

（1）选配计划的制订

①牛群改良的重点　在对牛群状况和各项记录的技术资料进行认真分析的前提下，确定牛群存在的缺陷，确定出进一步改良的方向。改良的重点主要有以下两项：

▲生产性能　包括产奶量和牛奶质量，牛奶质量主要包括乳脂率、乳蛋白率和体细胞数。

▲奶牛体型外貌　奶牛的体型外貌直接关系到奶牛的健康水平、使用年限和产奶能力及产奶持续力，因而在重视奶牛生产性能改良提高的基础上，必须重视奶牛体型外貌的改良，真正做到平衡育种，提高经济效益。

②母牛群体的划分

▲奶牛场的牛群一般划分为两个群，核心育种群（约占整个牛群的60%）和商品奶生产群（约占40%）。

▲核心育种群选择具有后裔测定成绩的优秀种公牛进行交配，所产生的后代进一步扩充核心育种群。

▲商品奶生产群，选择后裔测定结果没出来的青年公牛进行交配，缩短世代间隔，加大遗传进展，加速改良速度，从其后代中选择优秀个体扩充核心群。

▲不合格的奶牛个体可以出售或做直接淘汰。

③选配的方式

▲群体选配　确定整个奶牛场牛群生产性能和体型外貌方面普遍需要改良提高的性状，选择种公牛进行改良。

▲个体选配　根据每一头牛需要改良的性状，选择改良效果好的相应种公牛进行改良。

④选配的方法

▲同质选配　为了进一步巩固和提高奶牛的某些优点，选择具有同样优点

的改良效果突出的种公牛进行交配，以达到进一步巩固和提高其优点的目的。

▲异质选配　针对奶牛存在的某些缺陷。选择对这些缺陷改良效果好的种公牛交配，达到改良缺陷的目的。

（2）选配计划的实施

①选种选配计划的制订，必须由育种技术人员对准备采购冻精的公牛进行严格考察分析，结合改良目标进行冻精采购，并制订逐头牛的选配计划。

②母牛选配计划制订后，下发到人工授精室，由人工授精员严格按照选配计划进行配种。

③每年度必须组织一次育种规划和育种计划落实情况检查。

第二节　繁殖机理与技术

一、繁殖机理

（一）母牛生殖系统

母牛的生殖器官包括卵巢、输卵管、子宫、阴道和外生殖器。

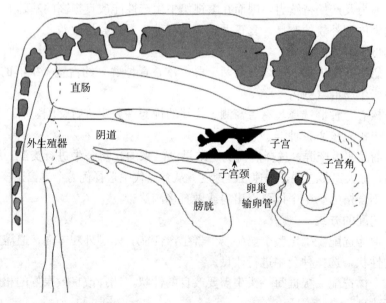

图 2-12　母牛生殖系统

1. 卵巢　正常母牛有一对卵巢，未妊娠母牛的卵巢呈椭圆形，长 4～6 厘米，直径 2～4 厘米。主要功能是产生卵子和分泌性腺类固醇激素（雌激素、孕激素）。

2. 输卵管　母牛的输卵管由两条组成，靠卵巢的一端成漏斗状结构称为输卵管伞。输卵管是卵子进入子宫的管道，同时为受精和受精卵卵裂提供适宜的环境。

3. 子宫　包括子宫体和子宫角，总长 40～45 厘米。是胚胎着床和胎儿生长发育的地方。

4. 阴道　将子宫颈与阴门连接起来，是自然交配时精液注入的地方。

5. 外生殖器　包括尿生殖前庭、阴唇、阴蒂等。

（二）发情周期

奶牛发情是指母牛在卵巢卵泡发育及性腺激素（主要为雌激素）的刺激下，爬跨其他牛只并接受其他牛只爬跨而表现的性行为。

奶牛的发情周期在 18～24 天，平均为 21 天。根据母牛性欲表现和相应的机体及生殖器官变化，可将发情周期分为发情前期、发情期、发情后期和间情期 4 个阶段。

（三）调控发情的生殖激素

母牛的生殖激素、分泌部位及其功能见表 2-7。

表 2-7　母牛的生殖激素及其功能

激素名称	产生部位	作　　用
促性腺激素释放激素	下丘脑	促使垂体释放促卵泡素和促黄体素
促卵泡素（FSH）	垂体	促使卵泡生长发育
促黄体素（LH）	垂体	促使卵泡成熟排卵及黄体的形成
雌激素	卵巢	促使子宫处于接受受精卵状态，促使发情征状的出现和 LH 释放
孕激素	卵巢黄体	维持妊娠
前列腺素	子宫	促使黄体萎缩和溶解

二、繁殖技术

（一）发情鉴定

发情鉴定是奶牛繁殖工作中的一个重要技术环节。通过发情鉴定，可以判断母牛发情是否正常，从而发现问题及时解决；发情鉴定还可以判断母牛发情阶段，以便确定适合的配种时期，从而提高受胎率。

1. 母牛发情征兆 根据奶牛的发情表现可将奶牛发情期分为发情早期、发情旺期和发情晚期三个阶段。

（1）**发情早期** 母牛开始表现紧张和不安，追赶其他母牛（图2-13），阴门出现轻度红肿，可见少量透明、稀薄的黏液。

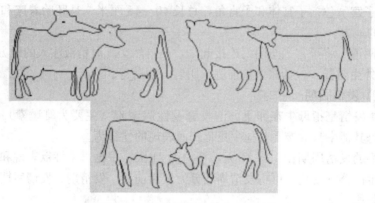

图 2-13　发情早期母牛追逐和尾随

（2）**发情旺期** 母牛除具备发情前期的特征外，主要表现为愿意接受其他母牛爬跨（图2-14），阴门处流出黏液，子宫颈呈现鲜红色并明显肿胀，外阴黏膜和阴蒂充血肿胀。在观察记录时一定要搞清楚哪头奶牛是真正发情的奶牛。一般地，下面被爬跨的奶牛是真正发情的奶牛。

图 2-14　发情旺期母牛追逐和爬跨

（3）发情后期 母牛由兴奋转入安静状态，不愿意接受爬跨，尾根上部的毛变得粗糙或被磨掉，表明其曾经受过爬跨。

2. 发情鉴定方法

（1）外部观察法 根据母牛发情征兆的表现来鉴定发情，是母牛发情鉴定最基本、有效的方法。

（2）直肠检查法 是用手伸入母牛直肠，隔着肠壁触摸卵巢和卵泡的形状、大小来判断母牛发情和发情程度的方法。

①摸到有黄豆大小的卵泡突出于卵巢表面，即可判定母牛已发情。

②摸到卵泡明显突出于卵巢表面，表面紧张且有波动感像熟透的葡萄，说明卵泡已经成熟，即将排卵。

③摸到卵泡已经破裂，感到有一小坑（卵窝），表明已经排卵，排卵6小时后，卵窝处可摸到面团状肉样柔软组织即黄体。

（3）发情鉴定笔涂抹法 用蜡笔和其他一些尾部涂料于傍晚对待测母牛尾根上部进行涂抹标识的方法。如果第二天早上检查时该牛尾部涂料被擦掉，表明夜间曾被其他母牛爬跨，则这头母牛可初步视为发情母牛，发情鉴定员再结合外部观察和直肠把握法，即可准确判断。此法简易、实用且成本低廉。

（4）计步器法 是一种通过在奶牛身体佩戴计步器来记录奶牛每天行走步伐，再利用电脑管理软件比对来估测出奶牛是否发情的方法。此法最大的优点是在大规模饲养条件下采用，可提高发情检出率，减少工作量。发情鉴定员再结合外部观察和直肠把握法，即可准确判断。奶牛发情各时期的表现及变化见表2-8。

表 2-8 奶牛发情各时期的表现及变化

期　别	发情初期 （不接受爬跨期）	发情盛期 （接受爬跨期）	发情末期 （拒绝爬跨期）
外观表现	母牛兴奋不安，哞叫，游走，采食量减少，产奶量降低，追逐、爬跨他牛，而他牛爬跨不接受，一爬即跑	母牛游走减少，它牛爬跨时站立不动、后肢张开，频频举尾，接受爬跨	母牛转入平静，它牛爬跨时，臀部避开，但很少奔跑
生殖器官变化	阴户肿胀、松弛、充血、发亮，子宫颈口微张，有稀薄透明黏液流出，阴道壁潮红	子宫黏膜增生，子宫收缩弹性增强而变硬实，壁厚充血，腺体分泌增强；子宫颈口红润开张，阴道壁充血，黏液显著增加，流出大量透明而黏稠的分泌物	子宫收缩减弱，腺体分泌减弱；黏液量减少，浑浊黏稠；子宫颈口紧闭，有少量浓稠黏液，阴唇消肿起皱，尾根紧贴阴门

期别	发情初期 （不接受爬跨期）	发情盛期 （接受爬跨期）	发情末期 （拒绝爬跨期）
卵泡变化	卵巢变软，光滑，有时略有增大	一侧卵巢增大，卵泡直径0.5～1.0厘米	卵泡增大，波动明显，泡壁由厚变薄

（二）人工授精

1. 母牛人工授精前准备　当经过发情鉴定确定母牛发情，一般在发情后10～16小时内对其进行人工授精。在进行人工授精前，必须对公、母牛的资料予以核实。

（1）检查母牛的编号和繁殖记录，以防错配。

（2）如果是初配牛，看体重是否达到成年牛的60%以上，且年龄是否达到13月龄以上。如果是经产牛，则看产后时间是否达到两个情期（42天）以上。

（3）如果母牛产犊后已配过种但又发情，必须检查子宫颈是否存在炎症。

（4）对发情以后阴道出血的母牛，尽可能不要进行配种，以免引起生殖道炎症。

（5）对假发情的母牛，绝对不要进行配种，以免引起生殖道炎症。

2. 人工授精器械准备　包括输精枪、一次性塑料护套、细管冻精专用剪刀、镊子、润滑剂、消毒纸巾、冻精解冻盒、温度计、输精枪、保温箱、液氮罐。

3. 冻精解冻操作规程

（1）操作前洗净双手。

（2）用35℃温水预热解冻盒。

（3）将解冻盒移近液氮罐。

（4）保持装冻精细管的提筒在霜线以下，迅速辨认冻精号码是否与所选公牛号相符。

（5）用镊子将冻精细管从液氮罐取出，迅速放至温水中。此过程不得超过5秒钟。

（6）让冻精细管在35℃温水中解冻至少40秒钟。

4. 细管冻精解冻后质量标准

（1）精子活率≥35%。

（2）呈直线前进运动精子数≥800万个/头份。

（3）精子畸形率≤18%。

（4）每毫升精液细菌数≤800个。

5. 冻精解冻注意事项

（1）冻精一旦解冻，则不能再次冷冻。

（2）要提前预热人工授精枪。

（3）用纸巾彻底擦干冻精细管。

（4）时刻注意保持冻精细管温度稳定。

（5）完全剪掉冻精细管的密封端，断面要齐。

（6）排出冻精细管内的空气。

（7）避免人工授精枪受温度变化和污染影响（放在保温器内或内衣与外衣之间）。

6. 人工授精操作

人工授精通常采用直肠把握输精法，其操作规程如下（图2-15）。

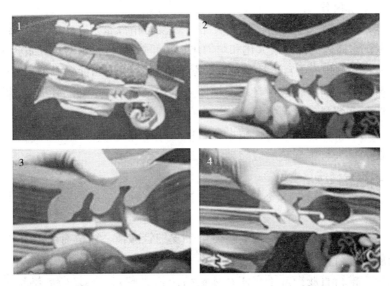

图 2-15　人工授精操作

（1）寻找及抓握子宫颈

①戴上及肩的一次性塑料手套，涂上润滑剂，站在奶牛后部一侧，手指形成一个圆锥形状，轻轻插入母牛肛门。

②手完全进入直肠后，如有必要，首先伸开手指清理直肠内的粪便。不要大幅活动手臂，这会使空气进入直肠，从而妨碍抓握子宫颈。

③轻轻将手掌从直肠上部向下部滑动，以摸到子宫颈。用手握住子宫颈，大拇指放在上面，其他四指放在下面。

（2）进枪操作

①用干净的纸巾将阴门处彻底擦拭干净，以避免内生殖道受污染和感染。

②以与肛门成 $40°\sim45°$ 的角度将授精枪斜插入阴门，直至碰触到阴道顶部。然后上提授精枪使之通过子宫颈的入口。此步骤可避免将授精枪插入位于阴道底部的尿道中。

③在通过阴道向前插入授精枪的同时，用握住子宫颈的手向前推子宫颈，使阴道内壁的褶皱舒展开来，以避免授精抢卡在阴道褶皱处或子颈口的盲袋处。此时，握住子宫颈的手指可引导授精枪的尖端进入子宫颈腔内。

④一旦授精枪前端进入子宫颈腔内，持授精枪的手稍微向前用力，同时用另一只手将子宫颈调整到授精枪的正前方。当授精枪前端通过子宫颈时，将食指放置在子宫颈腔的前端，以便于在目标位置触摸到授精枪前端。

（3）输精操作

①将精液推射入子宫体　抬起食指，缓慢将精液推射入子宫体（这样可以使精液在子宫体内的分布最大化和均匀化），同时要确保推射的位置始终无误。将精液推射入子宫颈或子宫角都会导致妊娠率低下，且有时可能会对子宫造成损伤。

②待推射入所有精液后，缓慢抽回人工授精枪和手臂，拆下护套和冻精细管。然后脱下塑料手套，打包并装进专门的垃圾箱内，洗净双手。

③常用酒精棉擦拭人工授精设备，保持干净卫生。

④在为每头母牛授精后应立即填写授精配种记录。

7. 人工授精注意事项

（1）一旦确定母牛未受孕且处于发情期，配种之前应首先检查该母牛的编号和繁殖记录。

（2）每头发情母牛，每次输精使用一支细管冻精。输精前，必须对同一批次精液质量进行抽检，质量不达标者不可使用。

（3）应推行直肠把握子宫体基部输精法。要做到输精适时和输精器适深，慢插、轻注、缓出，防止精液逆流。

（4）为了确保受胎率，常进行重复交配，即每一情期可输精 $1\sim2$ 次。即早晨检出的发情母牛，中午配种 1 次，下午再配种 1 次；下午检查出的发情母牛，傍晚配种 1 次，第二天早晨再配种 1 次。2 次配种间隔 $8\sim12$ 小时。一般一个情期配 2 次即可。研究表明，在母牛发情后 $18\sim24$ 小时或卵子刚刚排出后进行配种效果最好。

（三）同期发情

同期发情技术是指控制奶牛发情周期，使一群母牛在预定时间内集中发情的处理方法。奶牛的同期发情常用的方法主要是孕激素和前列腺素法。

1. 孕激素方法 母牛使用孕激素处理（饲喂或者埋置）会降低母牛受胎率，因此，目前较为少用。

2. 前列腺素及其类似物（PG）法 PG法是当今奶牛同期发情最为普遍应用的方法之一。它的优点是方法简单、安全、剂量小、效果明显。PG同期发情的方法有两种：

（1）**一次注射法** 在了解奶牛的发情周期的情况下，避开发情周期前期（0～6天），注射1次PG，48～72小时后母牛即可发情。一次注射法的优点是PG用量较少，缺点是同期化程度低。

（2）**两次注射法** 具体方法是间隔10～12天进行2次PG注射。大约70%的母牛在第一次注射后就会发情，而进行第二次注射时，这些母牛及第一次注射后未发情的母牛都处在对PG有反应的阶段。两次注射法的优点是发情反应率及同期化高，方法简便。

（四）超数排卵

自然情况下母牛每次发情只排一个成熟的卵子，超数排卵是使用外源促性腺激素处理，使母牛一次性排多枚卵的技术。

1. 超数排卵所使用的外源促性腺激素主要包括促卵泡素（FSH）和孕马血清促性腺激素（PMSG）。

2. 处理的时间通常在母牛发情周期的第9～12天。

3. 肌内注射孕马血清1 500～3 000国际单位（可同时注射人绒毛膜促性腺激素1 000～1 500国际单位）。

4. 第19或21天肌内注射氯前列烯醇0.12～0.24毫克。

5.48～72小时出现发情，一次可排卵7～10枚不等。

（五）胚胎移植

胚胎移植又叫借腹怀胎，是提高良种高产奶牛繁殖潜力的一个有效方法。

1. 胚胎来源 包括体内胚胎和体外胚胎。

（1）**体内胚胎生产** 是利用母牛体内正常妊娠的方法生产胚胎，即超排后，进行人工授精，受精7天后冲出胚胎（受精卵）。

（2）**体外胚胎生产** 是对母牛超排后，随即将卵子冲出，在体外环境下使精子获能，试管内与卵子结合，再通过体外培养形成胚胎。

2. 胚胎移植 胚胎移植过程包括供体牛和受体牛的准备，受精卵的收集、检查、培养、保存和移植等几个环节（图2-16）。

①供体母牛经过超排处理后，受体牛与供体牛同时进行同期发情处理。

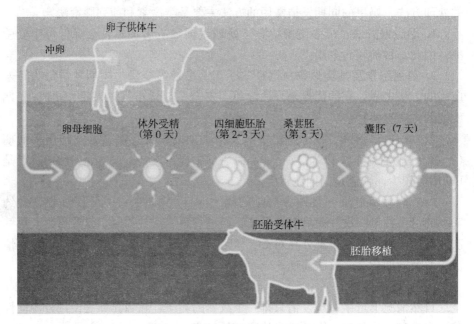

图 2-16　体外胚胎生产及移植流程图

②配种后第 7 天或体外受精 7 天后，回收胚胎，这时胚胎处于囊胚期，移植成功率较高。

③现在胚胎移植主要采用非手术法，利用胚胎移植枪将胚胎移入受体牛黄体侧的子宫角。

④如果是移植冷冻胚胎，受体牛也应该处于发情后第 7 天。

（六）胚胎分割

牛胚胎分割技术是通过对胚胎的显微外科操作，把一个胚胎分割成两个或多个，通过胚胎分割技术，可以人工制造同卵双胎或多胎，可成倍地增加胚胎数和产犊数，从而迅速扩大良种奶牛群，加速奶牛业的发展。胚胎分割技术流程如下：

1. 用分割针或分割刀将胚胎切开（图 2-17），吸出其中的半个胚胎。

2. 注入预先准备好的空透明带中，对其进行冷冻保存。

3. 也可以直接将无透明带包被的裸半胚胎移植给受体牛。

4. 在对囊胚阶段的胚胎进行分割时，要注意将内细胞团均等分割，否则会影响分割后胚胎的恢复和进一步发育。

5. 正常情况下，一头良种奶牛，一生约产犊 10 头，如用胚胎分割并进行胚胎移植，那么从一头良种母奶牛就能得到几百头良种奶牛。

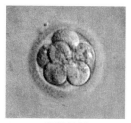
胚胎悬浮

吸取固定

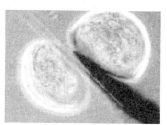
胚胎切割

图 2-17　胚胎分割过程

（七）性别控制

奶牛的性别控制有性控精液、性控胚胎等多种方法。目前，在生产上应用较多的是性控冻精的使用，性控生母犊率可以达到 95％以上。性控冻精的制作分两步：

1. 第一步是通过使用流式细胞仪通过严格程序将种公牛的精液进行 X、Y 精子分离，弃去 Y 精子而保留 X 精子（图 2-18）。

2. 第二步按照常规冻精制作程序制作成性控冻精。制作的细管性控冻精剂量也为每支 0.25 毫升，而有效精子数则为每支 200 万以上，低于普通冻精的每支 800 万以上有效精子数的标准。

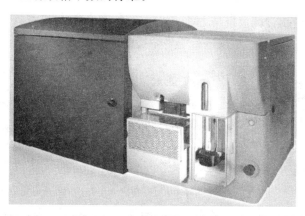

图 2-18　性控精液制作设备

（八）妊娠诊断

妊娠诊断有多种方法，但准确度高而生产上经常采用的方法有两种：

1. 直肠检查法　这是应用范围最广而且最早的方法，因此被定为奶牛妊娠鉴定的标准方法（图 2-19）。

(1) 直肠检查最早的确诊时间大约在配种 2 个月以后。

(2) 此时妊娠母牛子宫角表现不对称,孕侧子宫角明显增粗,有液体波动感。

(3) 非孕侧子宫角收缩力较强,而孕侧子宫角无收缩反应。

(4) 触摸孕侧卵巢,感觉体积变大,黄体明显突出卵巢表面。

(5) 非孕侧卵巢体积较小、无黄体。

(6) 直检判断奶牛妊娠的唯一标志是可触摸到胎儿及胎动。

图 2-19 奶牛妊娠诊断直肠检查法

2. B 超诊断法 B 超妊娠诊断法有如下特点:

(1) 配种后 28 天即可进行检查,妊娠诊断时间早。

(2) 非妊娠牛只检出准确性高。

(3) B 超妊娠诊断仪携带方便、操作简单、图像清晰、可充电,适合野外操作。

采用便携式兽用 B 超仪进行奶牛孕检的情况见图 2-20。

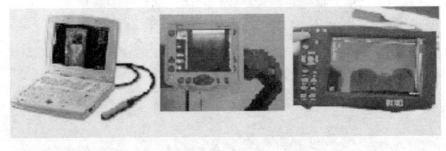

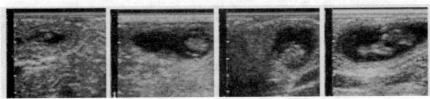

图 2-20 几种便携式兽用 B 超仪及奶牛孕检

第三节　牛群繁殖管理

一、繁殖指标体系

（一）常见繁殖学名词概念

1. 种牛　具有种用价值而作为繁殖用的奶牛，包括种公牛和种母牛。

2. 精子活率　直线前进的精子占总精子数的百分率。冻精解冻后精子活率必须在 0.35 以上。

3. 精子畸形率　形态不正常精子占精子总数的百分率。奶牛细管冷冻精液解冻后畸形精子比率必须≤18％。

4. 发情周期　未经配种的母畜，在正常情况下，每隔一定时间便开始下一次发情。从上次发情开始到下一次发情开始间隔的天数，称为发情周期。母牛的发情周期为 18～24 天，平均为 21 天。

5. 妊娠期　指母牛从配种受孕到分娩产犊所间隔的时间，荷斯坦母牛平均为 280 天（278～284 天）。

6. 初情期　公牛首次射精，母牛首次发情并排卵时的年龄。其特征是：能够产生并排出成熟的生殖细胞，出现规则的性行为。

7. 性成熟　生殖器官发育基本完成，开始具有正常繁殖能力的时期。荷斯坦母牛性成熟期一般为 12 月龄左右。

8. 适配年龄　是母牛首次参加配种繁殖的最适年龄。一般母牛的适配年龄为 13～15 月龄，此时，体高已达 124 厘米以上，体重 380 千克以上，为成年体重的 65％～70％。由于牛的骨骼、肌肉和内脏各器官得到进一步发育，繁殖器官及功能基本完善，可以很好地担负妊娠和产犊活动。

9. 受胎率　配种后受胎的母畜数占参加配种的母畜数的百分率，主要反映配种质量和母畜繁殖能力。年受胎率＝年受胎母牛头数/年配种母牛头数×100％。年情期受胎率＝年受胎母牛头数/年配种总情期数×100％。

10. 繁殖率　指年新生母犊数与年适配母牛总数的比率。

年繁殖率＝年实际产母犊头数/年初可繁殖母牛头数×100％

11. 产犊间隔　指此次产犊日与上一胎次产犊日相隔的天数。

平均产犊间隔＝年受胎母牛头数/年配种总情期数×100％

(二) 繁殖管理关键指标

1. 后备牛培育目标

(1) 初情　8～10 月龄。

(2) 性成熟　12～14 月龄。

(3) 初配　13～15 月龄，要求体重达 380 千克以上，体高 124 厘米以上。

(4) 初次产犊　23～25 月龄。

2. 成母牛繁殖管理目标

(1) 年情期受胎率 55%～62%（成母牛＋青年母牛）。

(2) 年总受胎率 90%～95%（成母牛＋青年母牛）。

(3) 年繁殖率≥90%。

(4) 半年以上未妊牛率≤5%。

(5) 年总流产率<5%（除去特殊疾病）。

(6) 因繁殖问题淘汰率≤10%。

(7) 胎间距<390 天。

(8) 情期细管冻精消耗量 1.7 支。

(9) 牛群年更新率 20%～25%。

二、繁殖管理措施

(一) 提高发情鉴定效率

发情鉴定效率低是影响可育母牛妊娠率的主要因素。发情鉴定的准确性与以下两种因素相关：

1. 管理人员不熟悉母牛发情规律，对发情牛的鉴定存在偏差，导致漏配或不必要输精。

2. 发情鉴定正确，但存在记录错误。

(二) 提高人工授精效率

一般来讲，对于健康的公牛和母牛采用自然配种，受精率几乎为 100%。如果采用人工授精，则受精率主要取决于输精人员技术、精液质量和母牛的健康水平。因此，授精人员要正确使用冷冻精液、确定正确的授精时间和保证精液放置到母牛子宫内。

(三) 建立母牛群繁殖指数

1. 繁殖指数　畜群繁殖状况的一些指标如空怀天数、分娩间隔期和发情记录等。如果有准确完整的繁殖状况记录，就可以计算出畜群的繁殖指数（表2-9）。

表 2-9　常用繁殖指数以及在理想条件下的数值范围

繁殖指数	最适范围	畜群存在严重问题
平均分娩间隔	12.5～13 个月	>14 个月
分娩后首次观测到母牛发情的平均天数	<40 天	>60 天
分娩后 60 天内观测到母牛发情的比例	≥90%	<90%
经产牛首次配种前空怀天数	45～60 天	>60 天
平均妊娠配种次数	<1.7	>2.5
青年牛情期受胎率	65%～70%	<60%
成母牛情期受胎率	50%～60%	<40%
妊娠配次不超过 3 次的母牛所占比例	>90%	<90%
畜群中母牛平均空怀天数	85～110 天	>140 天
空怀天数大于 120 天的母牛所占比例	<10%	>15%
干奶期平均天数	50～60 天	<45 天或>70 天
平均初产年龄	24 个月	<22 个月或>30 个月
平均流产率	<5%	>10%
因繁殖障碍淘汰的母牛所占比例	≤10%	>10%

2. 繁殖指数的作用

（1）帮助管理人员发现繁殖管理各个方面中需要改进的环节，从而制订符合牛场实际的繁殖管理制度。

（2）帮助管理人员检测繁殖进展并及时发现存在的问题。

（四）建立完善母牛个体档案

母牛个体档案应准确记录每头牛的谱系、出生及生产信息、繁殖信息和疾病治疗信息等。只有记录准确的个体档案计算出的繁殖指数才能真正代表畜群的真实繁殖状况。建立母牛个体档案具有如下优点：

1. 帮助计算繁殖指数。

2. 帮助预期畜群内将要发生的繁殖事件，如预产期和发情日期等。

3. 能够准确地预期饲养场内将要发生的繁殖事件。如在预期的发情日期加强观察可以提高发情鉴定率。

（五）加强妊娠母牛护理

1. 预产期计算　奶牛妊娠期为 280 天。要做好妊娠期的护理工作，首先要进行预产期的推算。其推算方法是配种月减 3 或加 9，日期加 6。

例如，某奶牛 2008 年 2 月 4 日配种，其预产期为：月份为 2，不够减则转而加 9，为 11。日期为 4 加 6 等于 10，则该牛预产期为 2009 年 11 月 10 日。

2. 预防胚胎早期死亡及流产 如果奶牛妊娠，卵巢上的妊娠黄体会持续分泌孕酮以维持妊娠并抑制新的发情，奶牛将不再出现发情征兆。受精卵于受精后 45 天完成着床过程。

在着床之前各种不良原因容易引起早期胚胎死亡，有 10%～20% 的妊娠中断是胚胎早期死亡引起。在妊娠早期，如果妊娠母牛长时期营养不良、中毒或因路面湿滑、鞭打导致奶牛受伤、感染布鲁氏杆菌病，则奶牛很容易发生流产。

一旦确定奶牛妊娠，应认真做好保胎工作：

（1）防止重复配种，以免造成人为流产。

（2）单独分群，加强营养。

（3）细心照料，防止应激。

（4）加强防、检疫，防止奶牛感染布鲁氏杆菌病及其他传染疾病。

3. 加强妊娠期饲养 妊娠期饲养可参见第四章。

4. 提高接产与助产水平

（1）接产 当发现奶牛有分娩征状，接产者应先用适度的洗涤剂洗涤母畜的外阴、尾根及尻部附近，并用干净毛巾擦干，然后等待母牛分娩。如果胎位正常，无须助产，只待胎儿娩出后做好犊牛和母牛的护理即可。

（2）助产 如果发现母牛努责 4 小时以上，胎儿仍不能露出，就要检查是否母牛难产，并及时予以助产。

（3）产后护理 奶牛产后，应立即采取护理措施。

①投喂特殊料 在奶牛分娩结束，尽早地给母牛灌服含有特殊营养的粥料，以恢复奶牛体力。其成分包括中草药如益母草、麸皮、食盐、磷酸氢钙等。

②健康监测 奶牛产后身体虚弱，应做好健康监测。包括采食量、体温、胎衣、恶露、牛奶、乳房、肢蹄、粪便等项目的监测。

每头奶牛出产房时应该达到下列标准：

▲食欲正常，日采食干物质 16 千克以上。

▲体温正常，连续 3 天平均体温保持在 38～39℃。

▲子宫及生殖道正常，外阴干净，无子宫炎和阴道炎。

▲乳房和牛奶正常，无乳房炎，牛奶各项指标正常。

▲奶牛行走正常，无肢蹄问题。

▲奶牛后躯干净，粪便正常。

▲奶牛精神状态正常，活动、反刍、休息规律。

③环境消毒与卫生维护　产后奶牛体质虚弱，抵抗力差，且由于恶露、胎衣排出频繁不断，极容易导致产房环境恶化。因此，产房工作一定要有严格的卫生标准和值班制度。勤消毒、勤打扫、勤通风。保证奶牛有一个干净、卫生、干燥、通风的优良环境。

第四节　奶牛繁殖技术操作规程实例

为了帮助规模化奶牛场建立奶牛繁殖管理制度，完善奶牛繁殖技术操作规程，现将天津市嘉立荷牧业有限公司奶牛繁殖技术操作规程介绍给大家，仅供参考。

一、围产期监护规程

(一) 围产前期 (产前 21 天至产犊) 监护规程

1. 把产前 21 天的干奶牛和产前 15～21 天的青年牛调入围产前期牛群。

2. 执行嘉立荷公司制订的围产前期日粮配方。

3. 饲养头数不超过牛卧床位数。围产前期牛群头均所占饲槽长度不得低于 70 厘米。

4. 给调入产前 21 天的奶牛一律肌内注射维生素 ADE10 毫升/头次或亚硒酸钠维生素 E10 毫升 (亚硒酸钠 10 毫克/头份＋维生素 E0.5 克/头份)。

5. 对乳房已经充盈的临产奶牛用乳头药浴液原液每天药浴乳头 1～2 次。

6. 对于过肥、过瘦的临产牛进行预防性治疗：给临产牛静脉注射 50％葡萄糖 500 毫升或 25％葡萄糖 1 000 毫升、5％氯化钙 500 毫升或 10％葡萄糖酸钙 1 000～1 500 毫升；或投喂灌服料 1 头份。预防性治疗隔日 1 次，直至产犊。

7. 围产前期牛群的福利待遇要优于所有其他牛群，卧栏必须日维护 3 次以上，日清理圈舍 2 次以上，冬季防寒保暖，夏季及时开启防暑降温系统，水槽、饲槽日清理 1 次。

(二) 产犊监护规程

1. 产犊监护包括接产、助产、产后监控、新生犊牛护理等工作。每个牧场应根据本规程制订有关产房工作制度，建立完整的记录体系，确保贯彻执行本规程。

2. 对要投入使用的产栏彻底清理，用2%火碱对地面进行消毒，干燥后铺设15厘米以上垫草。

3. 专人负责观察母牛，对有临产征兆的奶牛及时转移到分娩区。分娩区必须清洁、干燥、舒适。每天对分娩区进行消毒，采用2%火碱和0.5%过氧乙酸交替进行。

4. 提倡自然分娩。若确定不能自然分娩时应及时助产，正确助产操作（见本章末附件）。助产人员的手臂、器械和奶牛会阴部及尾部必须用0.1%新洁尔灭液进行消毒。

5. 遇产力不足、胎儿过大、胎位不正等难产情况时，按齐长明《奶牛疾病学》第四章第七节所述方法处理。

6. 对于产伤的处理方法：产道损伤时，按齐长明《奶牛疾病学》第四章第九节所述方法处理。

7. 确需进行剖宫产时，必须由有资质的人员进行。

（三）围产后期监护规程（产后0~21天）

1. 母牛产犊后应尽快让其站起来，以促使子宫复位，减少出血，防止产后麻痹；同时进行下述处理：

（1）对有产后疼痛症状的奶牛必须进行镇痛处理。

（2）对难产、产死胎、腐胎、多胎的奶牛，产后立即肌内注射催产素60单位（对干胎的奶牛进行PG 1毫克/头次和苯甲酸雌二醇10毫克/头次隔日肌内注射1次，直至干胎产出），同时进行抗生素治疗（头孢噻呋钠1克/头次或易速达20毫升/头份）及全身支持疗法（见本章末附件）。

（3）产后2小时内用瘤胃灌服器灌服嘉立荷公司配制的"灌服料"（1.5千克，加20千克水）1次。

2. 产后6小时内，观察母牛胎衣排出情况，对未排出的奶牛肌内注射催产素60单位。同时静脉注射5%氯化钙500毫升或10%葡萄糖酸钙1 000毫升、25%葡萄糖1 000毫升/头次。

3. 每天必须对产后牛进行体温监测1次（连续10天）；出产房时检测尿酮1次；每天观察、记录恶露排出情况1次，根据牛外阴流出的恶露及分泌物进行观察，有异常者记录；每天观察、记录奶牛采食、反刍、粪便情况。以上情况如果异常立即通知兽医处理。

4. 产后超过24小时胎衣不下的应采取下列措施：

（1）采取抗生素治疗，肌内注射头孢噻呋钠 1 克/头次，每天 1 次，直至奶牛康复；或肌内注射易速达 20 毫升/头次，5 天以后对未康复奶牛再肌内注射 1 次；或静脉注射克林美 25 毫升/头次，连续静注直至康复。

（2）引发全身症状时，除继续抗生素治疗外，还应采取全身支持疗法（见本章末附件）。

5. 调出产房的奶牛须同时符合下列标准：

（1）加州乳房炎检验法（California mastitis test，CMT）检测乳房炎呈阴性者。

（2）乳中抗生素残留检测合格者。

（3）体温监测连续 3 天正常者。

（4）酮体检测呈阴性者。

（5）日粮干物质采食量超过 16 千克以上者。

（6）无其他疾病的健康牛。

二、新产牛群（出产房至产后 45 天）处理规程

1. 每天观察、记录恶露排出情况一次；每天观察、记录奶牛采食、反刍、粪便、肢蹄、发情情况。

2. 对分泌物异常者肌内注射 PG0.6～0.8 毫克/头次，间隔 14 天再注射一次。对患有其他疾病的奶牛转至病牛群进行治疗。

3. 对产后 30 天的奶牛进行第一次产科检查。检查子宫恢复程度和卵巢情况。对产后 30 天产科检查异常者在产后 40 天进行第二次产科检查（见本章末附件）。

4. 产科检查：主要指以下疾病的检查和治疗。

（1）子宫内膜炎

①轻症子宫内膜炎　子宫灌注 10％澳富龙 50 毫升/头次，根据情况间隔一周重复一次。

②重症子宫内膜炎　肌内注射 PG0.6～0.8 毫克，在肌内注射 PG 后第 3～5 天子宫灌注 10％澳富龙 100 毫升/头次，在肌内注射 PG 后第 6～8 天子宫再次灌注 10％澳富龙 100 毫升/头次。在肌内注射 PG 后第 15 天检测子宫黏液，阳性者进行药敏试验，选择高敏性药物治疗。

（2）产后子宫炎检测。

（3）卵巢疾病　如产后 30～40 天产科检查发现持久黄体、卵泡囊肿、黄

体囊肿等，应请兽医及时治疗。

在产后 55 天对之前出现正常发情的母牛，做好发情记录，预测下次发情时间，争取自然发情并配种。

三、诱导发情规程

1. 对长期不发情或拟进行胚胎移植的奶牛要采取措施，进行诱导发情。进入诱导发情程序处理的牛，必须具备下列条件：

（1）子宫正常。

（2）体况评分 2.75 以上。

（3）无其他临床疾病。

2. 在产后 55 天对之前未发情的牛应进行直检，依直检情况进行相应处理：

（1）对卵巢上有黄体的牛，立即肌内注射 PG，发情后配种；对注射 PG 未发情的牛，间隔 14 天再次肌内注射 PG，发情后配种；未发情牛应进行程序方案 1 处理。

（2）对卵巢无黄体的牛，用程序方案 2 处理。

（3）准配的育成牛不允许采用诱导发情程序处理，对有黄体的准配育成牛，可肌内注射 PG0.4 毫克/头次，发情后配种。

（4）诱导发情程序方案　见方案 1 至方案 4。

方案 1

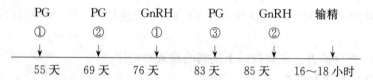

方案 2

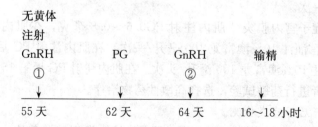

方案 3

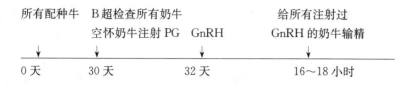

方案 4

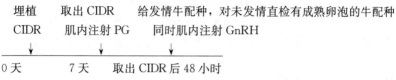

（5）采取"诱导发情程序"方案注意事项：

①在"诱导发情程序"处理结束后，16～18 小时给所有牛输精。

②输精前后及输精过程中严禁触检卵泡。

③在"诱导发情程序"处理期间出现正常发情时即可配种输精，结束程序处理。

④采取"诱导发情程序"时必须严格执行程序的要求。

（6）空怀牛的诊断与处理　妊娠检查时，对空怀牛的诊断与处理要求如下：

①采用直肠检查技术判定空怀与否必须在配种后 60 天进行；采用 B 超检查技术判定空怀与否必须在配种后 28 天进行。

②直肠检查确认空怀的无黄体且符合诱导发情程序条件的奶牛按程序 2 处理（处理时所处天数，按实际发生的天数安排程序处理）；对有黄体的牛且符合诱导发情程序条件的奶牛按方案 1 处理（处理时所处天数，按实际发生的天数安排程序处理）。

③B 超检查确认空怀牛肌内注射 PG 后按照方案 3 处理。

（7）对"诱导发情程序"1、2、3 方案处理无效的牛，可采用方案 4 进行诱导发情。配种 30 天后未妊娠的牛可以按照方案重复处理一次。

四、发情鉴定规程

1. 育成母牛开始参配条件是：满 13 月龄，体重达 380 千克以上，鬐甲高 124 厘米以上。

2. 成母牛第一次配种应在产后 50 天左右。

3. 发情鉴定

（1）外部观察法　通过母牛的外部表现征状和生殖器官的变化综合判断母牛是否发情和发情程度。母牛站立不动、接受爬跨是母牛发情的重要标志。

（2）直检触摸法　通过直肠检查卵巢，触摸卵泡发育状况，判断发情程度和排卵时间。

（3）活动量探测法　根据计算机对计步器数据进行分析鉴定。

（4）辅助标记法　即采用发情鉴定标记笔在尾根部涂抹染剂方法。

（5）其他方法　根据产奶量变化及奶牛发情记录预测判断发情。

五、人工授精规程

（一）输精前准备

1. 器具清洗与消毒　凡是接触精液和母牛生殖道的输精用具都应进行清洗和消毒。

金属输精器类洗净后，置电热干燥箱 120℃保持 1 小时，自然冷却后待用或用 75％的酒精擦洗消毒，待酒精挥发尽后方能使用；橡胶导管、注射器、针头类用高压蒸汽灭菌器 120℃，30 分钟进行消毒或煮沸 30 分钟干燥即可使用。

输精器外套管须保证始终无菌，防止剩余的外套管被污染。

2. 冻精活力检查　新购入的每批冻精由公司抽检冻精活力；奶牛场领取冻精后应在三日内检查其活力；活力不符合标准者停止使用。

3. 冻精解冻　采用 35～36℃温水直接浸泡解冻 30～40 秒钟。

4. 必须将输精器提前放进便携式"自动控温"的恒温袋中，在 35～36℃下保持 30～40 分钟后取出输精器迅速装入冻精细管，然后迅速放回恒温袋中等待输精。

5. 输精器装管　剪去冻精细管前端约 1 厘米，输精器推杆后退，细管装至输精器内，然后套上塑料外套管，输精器前推到头，顶紧外套管中固定圈，外套管后部与输精器后部螺纹处拧紧，全部结合要紧密。

6. 输精准备　输精前将奶牛适宜保定后，用手掏净直肠宿粪，用 20～25℃流水清洗，并用消毒后的干毛巾擦干或用纸巾擦拭母牛外阴部后输精。

（二）输精

1. 输精时间的确定 输精最佳时间为排卵前 12 小时。

（1）根据发情症状确定输精时间 应在接受爬跨后 12～20 小时进行输精；或在发情结束后（拒绝爬跨）的 8～12 小时配种。

（2）根据直检触摸法确定输精时间 卵泡壁薄、饱满而软、有紧张性和波动感明显时输精 1 次（不提倡此方法）。

（3）1 个情期输精 1 次，对发情持续的牛再择时补配 1 次。

2. 直肠把握输精法 将右手轻轻伸入直肠内轻轻下压将子宫颈握在手掌中，另一只手将输精器从阴道下口斜上方约 45°角轻轻插入，触到子宫颈口时抬平输精器，双手配合，输精器头对准子宫颈口，轻轻旋转插进，过子宫颈口螺旋状皱襞 2～3 道轮，感觉无阻碍时即到达输精部位后左手缓慢注入精液，先缓缓抽出输精器，再轻轻松开右手并抽出右手。

3. 输精部位 应到子宫体部（子宫角间沟分岔部），不准深达子宫角部位。

4. 输精前或输精结束后不可立即触摸卵巢。

六、妊娠诊断规程

（一）诊断时间

母牛输精后进行两次妊娠诊断。第一次妊娠检查经产牛在末次配种后 60 天（定胎上报），育成牛在末次配种后 45 天（定胎上报）；第二次妊娠检查经产牛在干奶前、育成牛在调入围产前期群时进行。

（二）诊断方法

1. 直肠检查法 配种后 60 天对母牛进行妊娠检查。

2. B 超检查法 配种后 30 天进行 B 超诊断。

附 繁殖技术操作规程

（一）子宫复旧标准

1. 位置 子宫角和宫体收缩恢复到骨盆腔。

2. 体积与形态 子宫体积大小适中，经产牛子宫不同程度垂入腹腔；左、右宫角基本对称，角间沟明显。

3. 宫缩 有节奏的收缩感，反应灵敏。

4. 性状 弹性良好，宫壁薄厚均匀，宫腔适中。

（二）产后奶牛全身支持疗法处方

静脉注射5％碳酸氢钠500～1 000毫升/头次，10％葡萄糖1 000毫升/头次，复方盐水2 000～3 000毫升/头次，维生素C2～4克/头次，安钠咖2～4克/头次或樟脑磺酸钠1～2克/头次，地塞米松20毫克/头次，每日1～2次，直至奶牛康复。同时投放瘤胃灌服料，隔天1次，连续3～5次。

（三）接产助产操作规程

1. 分娩预兆与分娩时间判断

（1）乳房　分娩前乳房迅速膨大，腺体充实，有的牛出现水肿、乳头变粗、可从乳房中挤出乳汁。若出现滴奶时，往往在数小时后就会分娩。

（2）外阴部　分娩前阴户柔软、肿胀、增大；阴唇上皱纹展平、皮肤变红，水肿会延伸到会阴、腹下；阴道黏膜潮红，子宫颈松软，开张。

（3）骨盆　产前一周，骨盆韧带开始松弛软化。临产前，尾根两侧荐骨韧带极度松弛。

（4）神态　神态不安，时起时卧，频频排尿排粪，出现阵痛后努责。

2. 接产

（1）接产人员发现产牛进入"胎儿产出期"，必须立即用0.1％新洁尔灭消毒液清洗母牛的阴户、肛门、尾根。

（2）分娩过程　产牛子宫收缩由弱变强，进行间歇性收缩，时间约从几十分钟至几小时不等，经产牛比初产牛短。经过多次阵缩努责后，胎儿进入产道。尿膜囊由阴户露出并破裂，接着露出羊膜囊，破裂后排出浓稠的微白色羊水。接着露出胎儿两前肢和胎儿嘴唇头等（倒生则露出两后肢，也可摸到胎儿尾巴），直到胎儿排出。

（3）母牛分娩时，胎儿两前肢夹着头俯卧出来为正常分娩，一般不需要人为助产。若是两后肢先出来（倒生），则有时需要人为进行助产。若是母牛阵缩超过2小时仍不见尿膜囊，或尿膜囊破裂2小时、羊膜囊破裂1小时仍不见胎儿外露，应及时作产道检查，判断胎位情况和子宫颈开张情况，以确定是否需要助产。

（4）进行产道检查时，接产员手臂必须用0.1％新洁尔灭进行严格消毒，同时还应消毒母牛阴户、肛门、尾根，防止产后产道感染。

（5）接产员不准擅自弄破尿膜囊、羊膜囊，并记录尿膜、羊膜的破裂时间。

（6）经产道检查发现异常者需要进行助产的，必须遵循无菌助产原则，做好手臂、器械及环境的消毒工作。

3. 助产

（1）对发现因胎位不正而致难产的牛只，要及时报告兽医，由兽医负责助产。

（2）助产时，视情况需要用牵引绳牵引。牵引前必须矫正胎位，胎位不正严禁牵引。牵引胎儿要和母牛努责规律一致并平衡用力。若牵引胎儿双腿时，一定要左右交替用力牵引，不准双腿同时用力牵引。

（3）助产牵引时用力方向应稍向母牛臀部后下方。

（4）助产时若发现产道羊水流尽，必须向产道灌注适量的润滑剂（石蜡油）。

（5）正确掌握最佳分娩时间，防止过早或过晚助产。过早宫口和产道开张不充分，过晚则羊水流尽，产道干涩，因此过早或过晚都会造成产道创伤。

（6）禁止粗暴助产或用滑轮牵引，助产人员要一次配齐，防止因人力不足，胎儿长时间卡在产道而致母牛韧带和神经损伤，造成产后瘫痪。

（7）助产时要防止子宫受细菌污染，凡进入产道的器械和手臂必须消毒。

第三章

饲料配制与质量控制

第一节　饲料原料

奶牛饲料一般分为精饲料、粗饲料和添加剂饲料三大类。这种分类是根据饲料的营养特性划分的，是一种传统而实用的饲料分类方法。

一、精饲料

精饲料主要包括谷实类能量饲料、饼粕类蛋白质饲料、食品加工副产品饲料和块根块茎类饲料等，具有易消化吸收、营养浓度高、纤维素含量低等特点。精饲料适口性好，奶牛喜食，但在瘤胃中发酵较快，过量使用易导致瘤胃内环境失衡和消化不良。

(一) 精饲料原料

1. 谷实类能量饲料　能量饲料是指每千克饲料干物质中消化能大于等于10.45兆焦以上的饲料，其粗纤维小于18%，粗蛋白小于20%。

(1) 营养特点

①无氮浸出物含量高，含量在60%～80%，主要成分是淀粉。淀粉在奶牛瘤胃的发酵速度随谷物的类型和加工方法的不同而变化。不同来源的淀粉按降解率大小排序为：燕麦＞小麦＞大麦＞玉米＞高粱，将谷物粉碎可提高淀粉的瘤胃降解率，热处理则可降低淀粉瘤胃降解率。

②蛋白质含量低，且对奶牛营养需要而言普遍存在氨基酸不平衡的问题，尤其是含硫氨基酸和赖氨酸含量低。

③矿物质含量不平衡，钙少磷多，数量和质量均与奶牛需求差距较大。

(2) 奶牛常用的能量饲料　主要是禾本科籽实，包括玉米、大麦、小麦、燕麦和高粱等，是奶牛精饲料的主要组成部分。

①玉米　玉米是重要的粮食作物又是重要的饲料作物。玉米是高能饲料，同时具有适口性好、易消化的特点。因此，玉米有"饲料之王"的美誉。

▲玉米的淀粉含量为 65%～75%，瘤胃降解速度快。

▲产奶净能平均为 8.16 兆焦/千克。

▲粗蛋白含量 7%～9%，蛋氨酸含量高达 2.07%，但赖氨酸含量 2.76%。

▲粗脂肪含量高（3%～4%）且不饱和脂肪酸较多。

▲维生素 B_1 含量高达 3.5 毫克/千克，维生素 B_2 和烟酸含量分别为 1.1 毫克/千克和 24 毫克/千克。

▲钙、磷含量分别为 0.02% 和 0.24%。

玉米可大量用于奶牛的精料补充料，比例可达 40%～65%。

②大麦

▲大麦的淀粉含量 52%～55%。

▲产奶净能平均为 7.55 兆焦/千克。

▲粗蛋白含量 12.2%，氨基酸组成与玉米相近，但赖氨酸含量相对较高。

▲粗脂肪含量 1.7%。

▲钙、磷含量分别为 0.14% 和 0.33%，稍高于玉米。

饲喂前须经过压扁或粉碎处理，在奶牛精料补充料中的用量以 20%～40% 为宜。

③小麦

▲淀粉含量为 66%～82%。

▲产奶净能平均为 8.15 兆焦/千克。

▲粗蛋白含量达 12% 以上。

▲粗脂肪 1.7%，略低于玉米。

▲微量矿物元素含量受种植环境的影响很大，但普遍高于玉米，钙、磷含量分别为 0.12% 和 0.39%。

小麦含有抗营养因子，主要是一些水溶性非淀粉多糖，但对反刍动物而言，由于瘤胃的作用，该因素对营养物质的消化吸收影响较小。小麦中的淀粉在瘤胃中的降解速度快、产乳酸多，因此在奶牛精料补充料中使用的比例应限制在 20% 以下。

与玉米、高粱、大麦和燕麦等相比，小麦在反刍动物饲料中的应用研究相对较少。这主要因为人畜争粮、资源短缺，价格相对较高。但是，当小麦价格低于玉米价格时，可以考虑用小麦作为奶牛饲料。

④燕麦

▲淀粉平均含量40%，产奶净能平均为7.30兆焦/千克。

▲粗蛋白含量达12%～18%，含有18种氨基酸并包含人体必需的8种氨基酸，其中赖氨酸含量是小麦、大米、玉米的2倍以上。

▲粗脂肪含量达到4%～7.4%，比其他类型禾谷类作物要高，脂肪中含有大量不饱和脂肪酸，其中亚油酸含量占燕麦籽粒重的3%左右。

▲无氮浸出物含量丰富，容易消化。

▲钙、镁、铁、磷、锌等矿物元素含量及维生素E含量均高于小麦和玉米。

燕麦的营养价值高，但燕麦的秕壳含量为20%～35%，粗纤维的含量10.8%，使用燕麦饲喂奶牛时要将其压扁或破碎。在奶牛精料补充料中使用的比例应限制在20%以下。

⑤高粱

▲高粱的淀粉平均含量55%。

▲产奶净能平均7.28兆焦/千克。

▲粗蛋白含量6%～9%。

▲粗脂肪含量1.6%～4.1%。

▲钙、磷含量分别为0.1%和0.31%。

对于反刍动物来说，高粱的营养价值约为玉米的95%，但高粱中具有抗营养因子，含有单宁0.2%～1.5%，适口性差，容易引起奶牛腹泻，应限量饲喂。一般在奶牛精料补充料中使用的比例应限制在20%以下。通过蒸汽压片、水浸、蒸煮、挤压和膨化等方法可以提高高粱10%～15%的利用率。通过蒸汽压片、水浸、蒸煮等方法，可以去除抗营养因子单宁，改善适口性。

2. 饼粕类蛋白质饲料 饼粕类蛋白质饲料是每千克饲料干物质中粗纤维的含量小于18%，粗蛋白质的含量大于或者等于20%的一类饲料。

（1）营养特点

①蛋白质的含量比较高，一般为35%～50%。

②钙少磷多，B族维生素含量比较丰富，维生素A和维生素D缺乏。

③含有抗营养因子，应注意加工工艺和饲喂方法。

（2）常用的饼粕类蛋白质类饲料 主要是大豆饼粕、棉籽饼粕、菜籽饼粕、花生饼粕、胡麻饼粕、葵花子饼粕等。

①大豆饼粕 大豆饼粕是大豆提取油后的剩余物。采取有机溶剂提取豆油之后剩余物为大豆粕；采用压榨法提取油之后的剩余物为大豆饼。大豆饼粕是

目前我国使用量最多、应用范围最广的植物性蛋白质饲料，广泛地用于畜禽的饲料中。

大豆饼粕营养特点：

▲蛋白质含量 38%～46%。

▲赖氨酸含量可达 2.5%～3.0%，在饼粕饲料中最高；蛋氨酸含量仅为 0.5%～0.7%，比菜籽饼粕和葵花子饼粕的低；色氨酸和苏氨酸含量分别为 1.85% 和 1.81%，高于其他饼粕饲料。

▲抗营养因子　大豆饼粕中含有胰蛋白酶抑制因子、红细胞凝集因子、尿素酶（脲酶）和皂角素苷等多种抗营养因子。这些抗营养因子会影响饲料的适口性、消化率及吸收利用。但这些抗营养因子经适当的热处理（加热 100～110℃，3 分钟）后就会失去作用。

去除抗营养因子后的大豆饼粕适口性好，在不影响日粮平衡的情况下使用量可以不受限制。

②棉籽饼粕　棉籽饼粕是以棉籽为原料，经脱壳或部分脱壳后，再以预压-浸提法或浸提法取油后所得饼粕，因加工工艺不同，棉籽去壳程度不同，其营养价值相差很大。棉籽饼粕是仅次于大豆饼粕的第二大植物蛋白资源，产量多，价格低。

棉籽饼粕的营养特点：

▲完全脱壳的棉籽饼粕蛋白质含量达 41% 以上，最高可达 45%。而不脱壳的棉籽饼粕蛋白质仅含 22% 左右。在生产实践中常见的棉籽饼粕蛋白质含量在 36%～40%。

▲棉籽饼粕赖氨酸含量在 1.3%～1.5%，约为大豆饼粕的一半；精氨酸含量 3.6%～3.8%，蛋氨酸含量 0.4%。

▲粗脂肪含量 1.5%～7.2%。

▲抗营养因子　棉籽饼粕中含有棉酚、环丙烯类脂肪酸、单宁、植酸等多种抗营养因子，游离棉酚含量是评价棉籽饼粕质量的重要指标。棉酚含量占棉籽饼粕 0.03%～2.0%；当棉籽饼含残油 4%～7% 时，环丙烯类脂肪酸为 250～500 毫克/千克；而含残油 1.5% 时，环丙烯类脂肪酸含量仅在 70 毫克/千克以下；植酸平均含量 1.66%；单宁平均含量 0.3%。

棉酚存在于棉花籽实中，尤其在棉仁中含量较多。棉籽中的棉酚在脱油过程中，一部分与蛋白质和氨基酸结合成为结合棉酚，其余的为游离棉酚。结合棉酚对畜禽没有毒害作用，而游离棉酚对畜禽有毒害作用，主要导致贫血、不育或流产、呼吸困难。

游离棉酚毒害作用程度与日粮的蛋白质水平、亚铁离子水平和钙离子水平有关。日粮中蛋白质水平高，畜禽耐受游离棉酚能力也高；日粮中亚铁离子可在消化道内与游离棉酚络合，使游离棉酚不被吸收而排出体外；钙离子可促进这个络合过程。所以，添加硫酸亚铁有解毒作用，添加钙有增效作用。

棉酚含量多少与棉花品种、棉籽饼粕加工工艺相关，机榨法与浸提法含游离棉酚低，土榨法含量高，所以在使用棉籽饼粕之前，要了解其棉花品种和加工工艺，并测定棉酚的实际含量［其测定方法见《饲料中游离棉酚的测定方法》（GB 13086—1991）］，以决定使用棉籽饼粕用量。虽然瘤胃微生物可以降解棉酚，使其毒性降低，但也应控制日粮中棉籽饼粕的饲喂量。

③菜籽饼粕　菜籽饼粕营养特点：

▲粗蛋白质含量 33%～40%。

▲蛋氨酸含量 0.4%～0.8%，赖氨酸含量 1.0%～1.8%，但精氨酸含量仅为 1.83%，所以用菜籽饼粕与棉籽粕配伍，可改善氨基酸间的平衡关系。

▲粗脂肪含量 2.1%～9.5%。

▲烟酸和胆碱含量高达 160 毫克/千克和 6700 毫克/千克，是其他饼粕类饲料的 2～3 倍。

▲抗营养因子　菜籽饼粕中含有硫代葡萄糖苷、芥子苷、单宁、植酸等抗营养因子，适口性差。菜籽饼粕中的毒素主要与硫代葡萄糖苷类化合物有关。硫代葡萄糖苷本身没有毒，但在一定水分和温度下，由芥子酶（硫代葡萄糖苷酶）酶解，可生成硫酸盐、葡萄糖、异硫氰酸盐和腈类。部分异硫氰酸盐经过环化，生成噁唑烷硫酮，最终导致动物甲状腺肿大，使营养物质利用率下降，生长和繁殖能力受到抑制。

随着科技进步，"双低"油菜（低硫代葡萄糖苷、低芥子苷）新品种被大面积播种，其生产的菜籽饼粕不仅含毒素少，芥酸含量小于 5%，硫代葡萄糖苷含量小于 40 毫摩尔/千克，而且双低菜籽饼粕含有大量的蛋氨酸和胱氨酸，适合反刍动物氨基酸的营养需要，常被用作高产奶牛的蛋白饲料。

④胡麻饼粕　胡麻饼粕的原料是胡麻子，又称亚麻子。胡麻饼粕的营养特点：

▲粗蛋白质含量为 33%～39%。

▲赖氨酸和蛋氨酸含量仅为 0.73% 和 0.47%，但精氨酸含量高达 3.0%，所以在使用胡麻饼粕时，要添加赖氨酸或与含赖氨酸高的饲料搭配使用。

▲胡麻饼粕中维生素 B_2 含量 4.1 毫克/千克，烟酸含量 39.4 毫克/千克，泛酸含量 16.5 毫克/千克，胆碱含量 1 672 毫克/千克。

▲钙、磷含量 0.63％和 0.84％。

▲硒的含量 0.18 毫克/千克。

▲抗营养因子　胡麻饼粕含有生氰糖苷、亚麻子胶和抗维生素 B_6 等抗营养因子。在亚麻籽实中，特别是未成熟籽实中含有生氰糖苷，在 pH5.0 时被酶水解生成氢氰酸，对畜禽产生毒害作用。其毒性大小取决于籽实成熟程度和加工条件（是否加热）。另外，胡麻饼粕中的毒素抑制维生素 B_6 的生理功能。

⑤花生饼粕　花生饼粕适口性好，奶牛喜欢采食。花生饼粕的营养特点：

▲粗蛋白质含量 40％～55％。

▲赖氨酸和蛋氨酸含量分别为 1.3％～1.5％和 0.3％～0.45％，在饲喂时可与菜籽饼粕相配伍。

▲粗脂肪含量 0.6％～8.3％。

▲花生饼粕易受霉菌污染产生黄曲霉毒素，使用时要注意黄曲霉毒素中毒问题。花生的含水量在 9％以上、温度 30℃、相对湿度 80％时，就会有霉菌污染繁殖。而其他饲料原料在相同条件下，含水量超过 14％后，才会有霉菌污染繁殖。黄曲霉毒素不仅使动物中毒，而且其中的黄曲霉毒素 B_1 可使人患肝癌，所以在使用时要检测花生饼粕中的黄曲霉毒素含量。

⑥葵花子饼粕　葵花子饼粕是向日葵籽经浸提或压榨提油后的残渣，经粉碎而成，其饲用价值主要取决于脱壳程度。葵花饼粕的营养特点：

▲脱壳的葵花子饼粕代谢能为 10 兆焦/千克，粗蛋白质含量 32％，粗纤维含量 12％左右；部分脱壳的葵花子饼粕代谢能仅为 5.94～6.94 兆焦/千克，而且粗蛋白质仅为 28％，粗纤维含量高达 20％。

▲赖氨酸含量仅为 1.1％～1.2％，低于棉籽饼粕、花生饼粕和大豆饼粕；蛋氨酸含量 0.6％～0.7％，高于大豆饼粕和棉籽饼粕。

▲烟酸含量在所有饼粕类饲料中最高（200 毫克/千克以上），是大豆饼粕的 5 倍；胆碱的含量较高，约为 2 800 毫克/千克。

▲抗营养因子　葵花子饼粕含有酚类化合物，主要是绿原酸，含量为 0.7％～0.82％，它经氧化后会变黑，是葵花子饼粕色泽灰暗的原因之一。绿原酸对胰蛋白酶、淀粉酶和脂肪酶活性有抑制作用。由于蛋氨酸和氯化胆碱能够部分抵消绿原酸的负面影响，对动物生产性能影响不大。

3. 食品加工副产品饲料

（1）糠麸类饲料　糠麸类饲料是谷物的加工副产品，制米的副产品称为糠，制粉的副产品称为麸。

①营养特点

▲其蛋白质含量比谷实类高出 50%。

▲富含 B 族维生素，特别是硫胺素、烟酸、胆碱、吡哆醇和维生素 E 含量高，但缺乏维生素 D 和胡萝卜素。

▲糠麸类饲料代谢能仅为谷实类的一半。

▲钙含量低。

▲吸水性强，易发霉变质。

②奶牛常用的糠麸类饲料主要是麸皮（小麦麸）与大米糠。

▲麦麸　麦麸是小麦加工出面粉后的副产品，由小麦种皮、外胚乳、糊粉层、胚芽及纤维残渣等组成，占麦粒总重量的 20%～30%。麦麸的营养价值与小麦品种（冬小麦比春小麦、红皮小麦比白皮小麦含蛋白质高）、加工工艺、制粉程度、出粉率不同而异。出粉率越高，则麦麸越少，粗纤维含量越高，代谢能值越低。麦麸粗蛋白含量 11.4%～18.0%，粗纤维含量 9.1%～12.9%，B 族维生素含量丰富，但维生素 B_{12} 缺乏。

▲大米糠　每 100 千克稻谷可加工稻米 72 千克、砻糠（稻壳）22 千克、大米糠 6 千克。砻糠因纤维含量高，营养价值低，一般不做饲料使用，但大米糠是良好的糠麸类饲料。大米糠代谢能值为 11.3 兆焦/千克，粗脂肪含量高达 15%。其粗脂肪含量在所有谷实类饲料和糠麸类饲料中最高。粗纤维含量在 9% 左右，粗蛋白质含量 12% 左右，大米糠的蛋氨酸含量高，是玉米的 1 倍，与大豆饼粕配伍较宜。

值得注意的是，大米糠的粗脂肪含量高，极易发生氧化酸败、发热、发霉，不易贮存。饲喂变质的大米糠可使动物中毒、发生腹泻，重者死亡。

（2）糟渣类饲料　糟渣类饲料的共同特点是水分含量高，不易贮存和运输。糟渣类饲料经过干燥处理后，一般蛋白质含量在 15%～30%，对奶牛是比较好的饲料资源。

①糖蜜　糖蜜是甜菜、甘蔗等制糖后的副产品，是一种褐色黏稠的液体，俗称糖稀。糖蜜营养特点：

▲糖蜜干物质含量一般为 40%～65%。

▲糖蜜属于能量饲料，富含糖类物质，如蔗糖、葡萄糖、果糖等，占干物质含量 40%～48%，产奶净能 8.9 兆焦/千克。在泌乳早期奶牛日粮中添加糖蜜后，由于代谢快、适口性好、吸收好，能降低能量负平衡的程度。

▲粗蛋白质含量 3%～6%，但多属于非蛋白氮类，如氨、酰胺及硝酸盐等，氨基酸态氮仅占 38%～50%，且非必需氨基酸如天门冬氨酸、谷氨酸含量较多，蛋白质生物学价值较低，但是奶牛瘤胃能很好地利用这些蛋白质。

▲糖蜜中含有丰富的维生素和微量元素，如烟酸的含量为300～800毫克/千克，肌醇含量5 000毫克/千克，锰的含量为20毫克/千克，钴的含量为0.5毫克/千克。

糖蜜由于能快速释放能量，又有良好的黏结作用和适口性，也常用来作为饲料厂降低粉尘或制作舔砖的原料。

由于使用糖蜜存在很多制约因素，使得在饲料工业中的应用受到限制。使用过程中须注意：

▲由于糖蜜是液体物质，运输极其不方便，处理不当非常容易出现发酵变质现象，所以在运输时应注意容器的温度及通风情况，不可密封过严。

▲在制作奶牛颗粒料或浓缩料添加过程中，应在特定温度下用特定喷雾干燥设备制备，在添加糖蜜时须注意温度和时间控制，以减少美拉德反应带来的糖蜜品质下降。

▲糖蜜因黏稠度大，搅拌车中添加时，须用水先稀释才能均匀喷洒。

▲糖蜜由于代谢快，产酸多，容易造成瘤胃酸中毒。

②啤酒糟　啤酒糟适口性较好，是高蛋白饲料，蛋白质和矿物质的消化率较高，干物质中粗蛋白质含量24％～26％，粗纤维含量16.9％～18.3％，粗脂肪含量4.4％～11.3％。同时啤酒糟含钙量低、钾低、有效磷高，所以适宜与含钙高、含钾高的苜蓿等粗饲料混合饲喂。饲喂时应注意：

▲要有合适的储藏环境，防止变质。

▲由于啤酒糟水分含量变异较大，配制 TMR 时，要经常检测水分含量。

▲要有稳定的货源。

4. 块根块茎类饲料

（1）营养特点　水分含量高，达70％～90％，有机物富含淀粉、糖和维生素，粗纤维含量低，无氮浸出物含量高，适口性好，消化率高，但蛋白质含量低。以干物质为基础，有些块根块茎类饲料的能值比籽实还高。

（2）常用的块根块茎类饲料　包括甘薯、木薯、胡萝卜等。

①甘薯　甘薯是红薯、白薯、山芋、红芋、红苕、地瓜的统称，干物质含量为27％～30％。干物质中淀粉占40％，糖分占30％左右，而粗蛋白只有4％。红色和黄色的甘薯含有丰富的胡萝卜素，含量60～120毫克/千克，钙、磷缺乏。甘薯味道甜美，适口性好，煮熟后饲喂奶牛效果较好，生喂过量容易造成腹泻。甘薯容易患黑斑病，若给奶牛饲喂患病的甘薯，可造成中毒。

②木薯　木薯水分含量约60％，风干木薯含无氮浸出物78％～88％，粗蛋白质含量2.5％左右，铁、锌含量高。木薯块根中含有苦苷，常温条件下，

在β-糖苷酶的作用下可生产葡萄糖、丙酮和氢氰酸。新鲜木薯根的氢氰酸含量在15～400毫克/千克。因此，使用时应做去毒处理。日晒2～4天可以减少50％的氢氰酸；煮沸15分钟可以去除95％以上的氢氰酸。

③胡萝卜 胡萝卜含有较多的糖分和大量的胡萝卜素（100～250毫克/千克），是奶牛理想的维生素A来源。胡萝卜以洗净后生喂为宜。

（二）精饲料加工

精饲料加工是指以提高饲料适口性、配合均匀性和奶牛消化率为目的，对饲料原料所进行的各种处理和操作。常用的方法有粉碎、压片、膨化等。

1. 粉碎 粉碎是用机械的方法克服固体物料内聚力而使物料破碎的一种操作。饲料原料的粉碎是饲料加工中的最主要的调制手段，由于操作简单易行又经济，是畜牧业生产中最常用的加工方法。目前饲料厂原料粉碎工艺流程见图3-1。

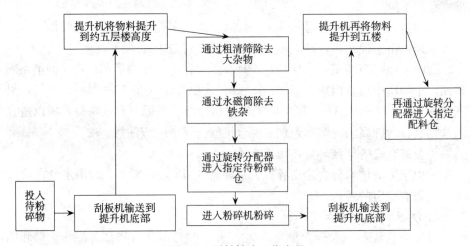

图 3-1 原料粉碎工艺流程

（1）**粉碎优点**

①粉碎可以增加饲料的表面积，有利于动物消化和吸收。

②粉碎使粒度相对整齐均匀，有利于提高混合均匀度，也有利于物料制粒等进一步加工。

（2）**粉碎程度评定** 粒度是表现粉碎程度的标志，一般用通过圆孔筛物料的百分比表示。奶牛精饲料原料粉碎粒度应为100％通过孔径2.5毫米的圆孔筛或85％通过孔径1.5毫米圆孔筛。其配合饲料粉碎粒度和混合均匀度的测定法见《饲料粉碎粒度测定 两层筛筛分法》（GB/T5917.1—2008）和《饲料产品混合均匀度的测定》（GB/T5918—2008）。

2. 蒸汽压片 蒸汽压片技术指将谷物经 100～110℃蒸汽调制处理 30～60 分钟，谷物水分含量达到 18%～20%后，再用预热的压辊（直径 0.5～1.2 米）碾成特定密度的谷物片，经干燥、冷却至安全水分后贮藏。

（1）蒸汽压片优点

①增加饲料表面积。

②破坏细胞内淀粉结合氢键，提高淀粉糊化度，改善消化道对谷物淀粉的消化和吸收。

③改变谷物蛋白质的化学结构，有利于反刍动物对蛋白质的利用。

（2）蒸汽压片品质评定 蒸汽压片加工处理的谷物，其品质通常以实验室测定谷物的容重和糊化度来评定。容重可采用 GHCS-1000 型容重器（漏斗下口直径为 40 毫米）测定，压片玉米最适容重 0.32～0.36 千克/升；糊化度可采用葡萄糖淀粉酶水解法测定，糊化度 60%～70%。

3. 膨化 膨化是对物料进行高温（110～200℃）、高压（2.45×10^6～9.8×10^6 帕）处理 3～7 秒后减压利用水分瞬时蒸发或物料本身的膨胀特性使物料的某些理化性能改变的一种加工技术。它分为气流膨化和挤压膨化两种。

气流膨化是在密闭容器里对物料施以高温高压蒸汽处理，然后减压；挤压膨化是利用螺杆、剪切部件对物料挤压升温增压，在出口处突然减压。饲料工业中的膨化通常指挤压膨化，分为干法和湿法两种，湿法是指蒸汽预调质后再膨化，干法是没有蒸汽预调质直接膨化。湿法比干法生产效率高，但需要蒸汽锅炉，投资要比干法大。

（1）膨化优点

①细胞壁破裂、蛋白质变性、淀粉糊化度提高，从而其营养物质消化利用率提高 10%～35%。

②饲料中脂肪从颗粒内部渗透到表面，提高饲料的适口性。

③杀灭细菌等有害微生物，同时破坏了胰蛋白酶抑制因子、红细胞凝集素、脲酶等抗营养因子的活性。

④经过高温膨化处理，瘤胃非降解蛋白比例提高（表 3-1）。

表 3-1 膨化对大豆粕瘤胃非降解蛋白的影响

加工方式	CP（%）	RUP/CP（%）	NE_L（兆焦/千克）
大豆粕	49.9	25	8.05
膨化大豆粕	43.0	45～50	8.21

资料来源：Michigan Dairy Review。CP 代表粗蛋白，RUP 代表过瘤胃蛋白，NE_L 代表产奶净能。

（2）膨化的缺点

①膨化过程中会有一部分氨基酸被破坏，加热最易受损失的是赖氨酸，其次损失的是精氨酸和组氨酸。

②过度膨化会促进美拉德反应，使蛋白质消化率降低。

二、粗饲料

（一）粗饲料原料

粗饲料主要包括各类牧草、作物秸秆以及树叶、秕壳饲料等。粗饲料是奶牛重要且不可缺少的食物来源。质量优良的牧草不仅营养价值丰富，而且较长的粗饲料可以提供有效纤维，促进奶牛唾液分泌和胃肠蠕动，对提高奶牛单产和乳脂率、维持奶牛健康具有重要作用。几种奶牛常见粗饲料的营养特性见表3-2。

表 3-2 几种常见粗饲料的营养成分（以干物质为基础，%）

牧草	成熟度	CP	NDF	ADF	Ca	P	Mg	K
苜蓿	孕蕾期	21	40	30	1.4	0.30	0.34	2.5
	早花期	19	44	34	1.2	0.28	0.32	2.4
全株玉米青贮	乳熟期	8	46	26	0.3	0.20	0.20	1.0
	蜡熟期	8	50	27	0.3	0.20	0.20	1.0
谷物干草	抽穗期	11	60	40	0.5	0.25	0.23	1.0
	蜡熟期	10	65	43	0.5	0.25	0.23	1.0

注：NDF 代表中性洗涤纤维，ADF 代表酸性洗涤纤维。资料引自《奶牛科学》（第4版）。

1. 牧草 牧草可分为豆科牧草和禾本科牧草两大类。

（1）豆科牧草 豆科牧草蛋白质、维生素和矿物质含量高，产量也高，而且适口性好。豆科牧草中具有代表性的是苜蓿草和三叶草。

①苜蓿 苜蓿属多年生豆科牧草，是人工栽培牧草中栽培历史最长、面积最大且在动物饲养中发挥作用最大的牧草。因营养丰富、产草量高、适应性强、生长寿命长等优良性状而享誉中外，被称为"牧草之王"。

苜蓿的营养特点：

▲干物质中粗蛋白质含量为 15%～25%，相当于大豆饼粕的一半。

▲干草消化率变化范围为 30%～65%，以营养期为最高。

▲初花期刈割制成的干草中粗蛋白含量可达 17% 左右，其中叶片粗蛋白质含量 23%～28%，茎秆粗蛋白质含量 10%～12%。干草中必需氨基酸含量比玉米高，其中赖氨酸含量比玉米高 5.7 倍。

▲钙含量 1.0%～2.5%、钾含量 2%～3%。

▲苜蓿还含有多种维生素和微量元素。如：青干草中胡萝卜素含量 50～160 毫克/千克、核黄素 8～15 毫克/千克、维生素 E 含量 150 毫克/千克、维生素 B_5 含量 50～60 毫克/千克、维生素 K 含量 150～200 毫克/千克。

奶牛采食大量鲜嫩苜蓿后，因苜蓿含有皂角素，可在瘤胃中形成大量泡沫样物质不能排出，引起瘤胃鼓气或死亡。

苜蓿干草从营养角度，在不影响日粮营养平衡的条件下，泌乳奶牛可自由采食，但由于价格较高而受到一定限制。

②三叶草　三叶草又名车轴草，属多年生豆科草本植物。三叶草茎叶细软，叶量丰富，粗蛋白含量高，以干物质计与苜蓿相当，每公顷鲜草产量可达30～60 吨。主要有 2 种类型，即红花三叶草和白花三叶草。

其营养特点：粗蛋白质含量 4.1%～5.1%，粗脂肪含量 0.6%～1.1%，粗纤维含量 2.8%～7.7%，有效中性洗涤纤维低，无氮浸出物含量 9.2%～12.4%，粗灰分含量 2.0%～2.1%。

三叶草新鲜饲喂时因含有皂角素，可在瘤胃中形成大量泡沫样物质不能排出，引起瘤胃鼓气或死亡。所以应限量饲喂，以每头每日不超过 15 千克为宜。

（2）禾本科牧草　禾本科牧草主要包括羊草、苏丹草、猫尾草、燕麦草、大麦草、小麦草和黑麦草等。禾本科牧草的生长条件比较宽泛，但干物质亩[*]产量较低。禾本科干草适口性、蛋白质和矿物质含量都低于相同生长时期收获的豆科牧草。

①羊草　禾本科牧草以羊草为代表。羊草是多年生禾本科草本植物，盛产于我国内蒙古东北平原和内蒙古高原东部以及华北的山区、平原和黄土高原。羊草叶量丰富，适口性好，反刍家畜喜食。从营养学和生物学产量角度看，羊草的最佳刈割期为抽穗期，一般栽培羊草干草产量在 3 000～4 500 千克/公顷，灌溉施肥条件下羊草干草产量在 6 000～9 000 千克/公顷。开花以后蛋白质含量快速下降，酸性洗涤纤维含量急剧上升，适口性显著下降。

抽穗期刈割的羊草的营养特性：粗蛋白含量 15.42%，粗脂肪含量 2.83%，粗纤维含量 32.39%，有效中性洗涤纤维高，无氮浸出物含量 30.60%，粗灰分含量 5.02%，产奶净能 4.71 兆焦/千克。

②黑麦草　黑麦草为禾本科黑麦草属，在春、秋季生长繁茂，草质柔嫩多汁，适口性好，是牛、羊的上好饲料。季节性强，供草期为 10 月至次年 5 月，

---

* 1亩＝667 米²。

夏天不能生长。黑麦草须根发达，但入土不深，丛生，分蘖很多；黑麦草喜温暖湿润土壤，适宜土壤 pH 为 6～7。该草在昼夜温度为 12～27℃时再生能力强，光照强，日照短，温度较低对分蘖有利，遮阳对黑麦草生长不利。目前，我国有许多地区已开展黑麦草大面积种植。

开花期收获的黑麦草营养特性：干物质中粗蛋白含量 13.8%，粗脂肪 3.0%，无氮浸出物 49.6%，粗纤维 29.8%，粗灰分 7.8%，产奶净能 5.19 兆焦/千克。

③燕麦草　燕麦草是燕麦属一年生草本植物，粮饲兼用。在我国主要分布于东北、华北和西北的高寒地区。燕麦草在抽穗期至乳熟前期收割，调制成干草。燕麦草口感甜，适口性好，拥有"甜干草"的美誉。

抽穗期至乳熟前期的燕麦草的营养特性：粗蛋白 7.7%，粗纤维 32.8%，粗脂肪 1.6%，无氮浸出物 47.3%，水溶性碳水化合物含量大于 15%，产奶净能 4.77 兆焦/千克。

2. 秸秆　秸秆是主要农作物收获之后剩余的茎叶部分，主要包括玉米秸秆、高粱秸秆、小麦秸秆、豆秸、稻草、谷草、红薯秧、花生秧等。我国作物秸秆的产量在 7 亿吨以上，但饲料化利用的还不足 30%，因此，秸秆用于牲畜养殖潜力巨大。

作物秸秆的营养成分因作物种类、品种和收获时期不同而有较大差异。但总的营养特点是纤维素含量高，随着收获期的延迟，木质化速度很快，严重影响秸秆资源的饲料化利用。秸秆饲料能值和蛋白质含量均较低，适口性因收获时期，保存、加工方法而有较大不同。奶牛生产上最受欢迎、用量最大的当属玉米秸秆，加工利用方法主要是碱化、氨化和青贮饲料制作。

（二）粗饲料的调制

1. 干草调制　干草调制大致分为自然干燥和人工干燥。

（1）自然干燥法　自然干燥法是指通过阳光曝晒、通风等自然条件使高水分鲜青草含水率达到 15% 以下的加工方法。其干草调制方法如下：

①牧草刈割后在原地或另选地势较高处晾晒风干，此时期水分含量为 40%～50%。

②当豆科牧草水分降至 35%～40%、禾本科牧草最好在含水率 30% 左右时用搂草机搂成草条继续翻晒。在多雨地区牧草收割时，用地面干燥法调制干草不易成功，可以在专门制作的干草架上进行晾晒。

③当干草水分达到一定要求时开始打捆，同时应考虑牧草品种和收获时当地气候条件。一般来说当田间的干草含水率 22%～25%，可打松散捆，密度

一般控制在 130 千克/米³ 以下，打好的草捆可留在田间继续干燥，待草捆含水率降至安全存放标准时再运回堆垛；当田间的干草含水率在 17％～22％时，可打出致密捆，草捆密度可在 200 千克/米³ 以上，这样的草捆不需在田间继续干燥，可立即装车运走、堆垛。捡拾打捆作业最好在早晨和傍晚时进行，以减少捡拾打捆时干草落叶损失。但空气湿度太大、露水较多不宜进行，否则易造成草捆发霉。

④草捆垛中间部分应高出一些，形成 15％～20％坡度，而且草捆垛长轴垂直于主导风向。

⑤在贮存期间通过阴干、拆捆、倒垛、通风等方式将含水率逐步降到 15％以下的安全存放标准，方可长期存贮。

（2）人工干燥法 人工干燥是利用鼓风机、烘干机等设备使高水分鲜青草含水率达到 15％以下的加工方法。人工干燥主要有常温鼓风干燥和高温快速干燥。

常温鼓风干燥是指利用鼓风机，通过草堆中设置的栅栏通风道，强制吹入空气，达到干燥。常温鼓风干燥适于干草收获时期，相对湿度低于 75％和温度高于 15℃的地方使用。在空气相对湿度高于 75％的地方，鼓风用的空气应适当加温。干草棚常温鼓风干燥的牧草质量优于晴天野外调制的干草。

高温快速干燥是将含水量 80％～85％的新鲜牧草经烘干机内数分钟，甚至几秒钟可使水分下降到 5％～10％。对牧草的营养物质含量及消化率几乎无影响。

2. 青贮饲料的制作

（1）青贮原理 在对新鲜青饲料进行青贮发酵时，最初几天好氧微生物的活动会将饲料中残留的氧气逐渐消耗，之后好氧微生物活动很快变弱或停止；随后厌氧性乳酸菌大量繁殖，形成大量乳酸，饲料的酸度增大，pH 降到 4 以下，各种微生物活动受到抑制而停止，从而饲料得以长期贮存。青贮发酵完成一般需 17～21 天，这时青贮料中除了少量乳酸菌外，还有少量耐酸的酵母菌和形成芽孢的细菌存活。

通常青贮饲料封窖后 3～7 天内颜色会发生变化，一般是由绿色变成黄绿色。青贮窖壁和表面青贮料色泽变化较慢，常呈黑褐色，品质较差。在青贮过程中，生物化学变化一般可造成占原料干物质 8％～10％的养分损失。

（2）调制优质青贮饲料应具备的条件

①适当的含糖量 一般青贮原料适宜的含糖量为鲜重的 1.0％～1.5％。在青贮过程中，为保证乳酸菌的大量繁殖，形成足量的乳酸，青贮原料的含糖

量必须满足发酵的最低需要。根据饲料的含糖量，可将青贮原料分为三类。

第一类：易于制作青贮的原料，如禾本科牧草、甘薯藤等，这类饲料中含有适量或较多可溶性碳水化合物。

第二类：不易于制作青贮的原料，如苜蓿、草木樨、三叶草等。此类牧草中碳水化合物含量较少，宜与第一类原料混贮。

第三类：不能单独制作青贮的原料，如南瓜蔓、西瓜蔓等。这类植物含糖量极低，单独青贮不易成功，只有将其与易于青贮的原料混贮，或者青贮时使用富含碳水化合物的添加剂或加酸才能成功。

②水分含量适中 一般青贮原料含水量为 65%～75%，而豆科牧草在进行青贮时其含水量则以 60%～70% 为最好。制作全株玉米青贮饲料时，如果水分含量低于 65% 时，收割时铡切长度控制在 1 厘米左右。如果原料水分含量不足，则不易压实，会藏有空气，从而引起霉菌、酵母菌繁殖，导致青贮发霉变质。如果原料水分含量高于 75%，则会导致原料中的水分下渗，一方面引起养分流失较多，另一方面引起丁酸梭菌繁殖，引起丁酸发酵，导致丁酸含量过高，影响青贮品质。

③厌氧的环境 厌氧环境利于乳酸菌生长繁殖而能抑制霉菌、酵母菌等好氧有害菌的繁殖，在青贮过程中一定要尽可能早地创造厌氧环境，这可通过将原料铡短、快装、压实、密封等措施来实现。一般情况下，原料铡短的长度不可超过 2 厘米，切得越短，越易压实，越易排除原料中的空气，使植物细胞渗出的汁液润湿饲料表面，有利于乳酸菌的繁殖和青贮饲料品质的提高。此外，切短还会减少开窖后的气体交换，减少二次发酵的危险，而压实和密封可以切断原料与外界空气的接触，减少发酵过程中升温，阻止窖内所产生的 CO_2 的泄漏，加速青贮窖内厌氧状态的形成。

（3）制作青贮的步骤和方法 在制作青贮饲料时，会因设备、原料特性以及添加剂种类等因素的不同，制作方法上存在一定差异，但是其制作步骤基本相同。其步骤如下：

①收割

▲收割时期 可以抽样检测玉米植株干物质含量，以此决定最适的收割时期。生产上也可以利用干物质含量与玉米籽实乳线之间的相关性来判断最佳收割时期。如果乳线在籽实的上 1/3 处，全株青贮原料干物质含量为 18%～22%；如果乳线在籽实的 1/2 处，全株青贮原料干物质含量为 22%～26%；如果乳线在籽实的下 1/3 处，全株青贮原料干物质含量为 26%～30%。

▲留茬高度 玉米植株下端茎秆很难被奶牛瘤胃消化，所以增加留茬高度

可以提高青贮玉米的质量。合适的留茬高度应该在10～15厘米（图3-2）。

图3-2　玉米收割留茬情况

▲每亩青贮产量所对应的产奶量和每吨青贮饲料所对应的产奶量　每亩青贮玉米干物质产量（吨/亩）×每吨青贮玉米干物质所对应的产奶量（千克/吨）＝每亩青贮玉米产量所对应的产奶量（千克/亩）。这样就将青贮玉米的产量和青贮玉米的质量联系到一起（表3-3）。

表3-3　每亩青贮玉米所对应的产奶量与每吨青贮玉米所对应的产奶量之间的关系

收割时的干物质 含量（%）	每吨干物质对应的 产奶量（千克/吨）	每亩青贮玉米所对应的 产奶量（千克/亩）
25	1 501.0	1 607.3
30	1 558.1	1 797.1
35	1 601.2	1 978.1
40	1 416.1	1 749.4
45	1 359.4	1 553.5

资料来源：UW Extension 数据库。

②切短　青贮原料收割后，应立即切短运至奶牛场青贮窖进行装填。

③装填　装填之前应将青贮窖打扫干净，并利用0.1%高锰酸钾或5%生石灰水对其进行消毒。然后，在窖壁四周铺以塑料薄膜，防止漏气透水。装填时从一头或中间以20°～40°斜面层层堆填，边填边压（图3-3）。青贮原料装填理想高度应超过窖壁60厘米以上。压实的标准以青贮容重650～700千克/米^{3}为宜。

④密封　当青贮饲料装填到理想高度时应马上进行封窖，边填边封。为了防止漏气透水，封顶时铺盖一层黑色塑料薄膜，再用废弃轮胎等物固定（图

图 3-3　青贮饲料铡切装填现场

3-4)，最后窖壁四周要用沙袋压住塑料薄膜。

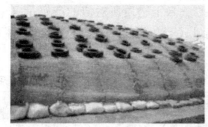

图 3-4　密封好的青贮窖

　　⑤管理　青贮窖密封后，为防止雨水渗入窖内，距窖四周约 1 米处应挖沟排水。此外，封窖以后应经常检查，当窖顶有裂缝时，应及时补盖塑料薄膜，用轮胎压实，防止漏气以及雨水的进入。青贮饲料的取料面不要面对主风的方向。同时在设计青贮窖时，要根据现有的牛群规模设计青贮窖的宽度（图3-5）。

图 3-5　青贮饲料取用管理

三、饲料添加剂

（一）矿物质饲料

1. 常量矿物质饲料 一般称动物体内含量高于 0.01% 的化学元素（主要包括钙、磷、钠、钾、氯、镁、硫等 7 种）为常量矿物质元素。能提供常量矿物质元素的饲料为常量矿物质饲料。

（1）钙源饲料 钙源饲料具有价格便宜，来源广泛，贮存方便的特点，但不同来源的钙源饲料要注意重金属超标和吸收率差异大的问题。奶牛常用的钙源饲料主要有贝壳粉和石粉等。

①贝壳粉 贝壳粉又称贝粉或牡蛎粉，是螺蚌贝壳加工粉碎而成，颜色为灰色或灰白色，其成分为碳酸钙，钙含量 33%～38%，使用时应注意掺杂砂石和泥土等杂质。

②石粉 石粉应由优质石灰石制成，钙含量为 34%～39% 以上，颜色为白色或灰白色，饲喂时要注意铅、汞、砷、氟超标问题。

③石膏 灰色或白色结晶粉末，钙含量 20%～30%，但磷酸工业副产品使用时要注意氟、砷、铝超标问题。

（2）磷源饲料 磷源饲料来源于天然矿源，奶牛常用的磷源饲料主要有磷酸氢钙、磷酸钙、磷酸氢钠等。使用时要注意磷源饲料氟及超标问题。

①磷酸氢钙 生产中多简称为氢钙。优质磷酸氢钙应含磷 18% 以上，含钙 21% 以上。磷酸氢钙为白色粉末状，是奶牛生产中最主要磷源饲料。

②其他磷源饲料 磷酸二氢钙为白色粉末，好的产品含磷 20% 以上，含钙 15%。磷酸三钙为灰白色或茶褐色粉末，含磷在 15%～18%，含钙 29% 以上。

（3）钠源饲料 钠源饲料主要是食盐和小苏打。

①食盐 为白色细粒，饲粮用的食盐多属于工业用盐，含氯化钠 95%，净盐含氯 60.3%，钠 39.7%，相对湿度达 75% 以上时食盐开始潮解。

②小苏打 白色结晶粉末，无味，略具吸潮性。含钠 27%，起缓冲作用，调节饲粮电解质平衡和胃肠道 pH。

（4）氯源饲料 氯源饲料主要是食盐、氯化钾和氯化镁。

①食盐 为白色细粒，精制食盐含氯化钠 99%，粗盐含氯化钠 95%，净盐含氯 60.3%，钠 39.7%，相对湿度达 75% 以上时食盐开始潮解。

②氯化钾 为白色立方结晶或结晶性粉末，有苦碱味，易溶于水，有吸湿性，主要功用是补钾、补氯，维持体液电解质平衡。

③氯化镁　无色颗粒或结晶粉末，无臭，有苦碱味，溶于水和乙醇，水溶液呈中性，加热失去水和氯化氢而变成氧化镁，极易潮解。

（5）钾源饲料　钾源饲料主要是氯化钾、磷酸氢二钾或磷酸二氢钾。

①氯化钾　为白色立方结晶或结晶性粉末，有苦碱味，易溶于水，有吸湿性，主要功用是补钾、补氯，维持体液电解质平衡。

②磷酸氢二钾或磷酸二氢钾　无色或白色结晶，无臭，易溶于水，水溶性呈微碱性，微溶于醇。有吸湿性。含钾分别为 33.5% 和 28% 以上。主要功用是补磷、补钾，调节动物体内的阴、阳离子平衡。

（6）镁源饲料　镁源饲料主要是氧化镁和氯化镁。

①氧化镁　氧化镁是奶牛饲粮中应用最广泛的无机镁源，是一种碱性物质，含镁量 54%，吸收率为 28%～49%。

②氯化镁　无色颗粒或结晶粉末，无臭，有苦碱味，溶于水和乙醇，水溶液呈中性，加热失去水和氯化氢而变成氧化镁，极易潮解。

2. 微量矿物质饲料　一般称动物体内含量低于 0.01% 的化学元素为微量矿物质元素。通常奶牛日粮中所需要添加的矿物质微量元素共 7 种，既铁、铜、锰、锌、钴、碘和硒。能提供微量矿物质元素的饲料称为微量矿物质饲料。在选择各种微量元素添加剂时，要考虑其来源、元素含量和理化性质（表3-4）。

表3-4　奶牛常用微量矿物质饲料

元素	来源	元素含量	理化性质
铁	$FeSO_4 \cdot 7H_2O$ $FeSO_4 \cdot H_2O$	≥19.7% ≥30.0%	$FeSO_4 \cdot 7H_2O$ 是蓝色或绿色结晶，加热 64.4℃ 后转为 $FeSO_4 \cdot H_2O$，300℃ 时成为硫酸亚铁。在干燥空气中易风化，在潮湿空气中易氧化
铜	$CuSO_4 \cdot H_2O$ $CuSO_4 \cdot 5H_2O$	≥35.7% ≥25.0%	五水硫酸铜有毒，使用时要避免与人眼和皮肤接触及吸入体内。长期贮存的硫酸铜易产生结块现象
锰	$MnSO_4 \cdot H_2O$ $MnCl_2 \cdot 4H_2O$ MnO	≥31.8% ≥27.2% ≥76.6%	硫酸锰为白色带粉红色的粉末状结晶，易溶于水，在高温高湿环境下易结块
锌	$ZnSO_4 \cdot 7H_2O$ ZnO	≥22.0% ≥76.3%	硫酸锌为白色结晶粉末，在干燥空气中易风化。氧化锌为白色至绿色或黑色粉末，应存放在干燥地方保管
钴	$CoSO_4$ $CoSO_4 \cdot H_2O$ $CoCl_2 \cdot H_2O$	≥37.2% ≥33.0% ≥39.1%	水溶性高，易吸湿结块，贮存时注意干燥

元素	来源	元素含量	理化性质
碘	$Ca(IO_3)_2 \cdot H_2O$ KIO_3 KI NaI	≥61.8% ≥58.7% ≥74.9%	碘化钾与碘化钠生物利用率好，但它们本身不稳定，碘酸钙生物利用率好，且性质稳定。在使用碘源饲料添加剂时要避免释放出游离碘，不要在高温高湿条件下装卸与混合
硒	亚硒酸钠 酵母硒	≥44.7% 有机形态硒 含量≥0.1%	亚硒酸钠外观是白色到粉红色细粉，易溶于水，有剧毒、腐蚀、亲水的特性。酵母硒属于有机硒，使用效果好，但价格偏高

（二）维生素类添加剂

奶牛需要维生素 A、维生素 D、维生素 E、维生素 K，但是只有维生素 A 和维生素 E 必须由饲粮供给，维生素 K 是由瘤胃和肠道微生物合成的。通过紫外线照射皮肤可合成维生素 D。随着奶牛饲养管理体系逐渐趋于舍饲化，动物接触到的阳光和新鲜饲草逐渐减少，为了发挥高产奶牛的产奶潜力，必须在日粮中添加维生素 A、维生素 D 和维生素 E。其奶牛常用维生素类添加剂见表 3-5。

表 3-5　奶牛常用维生素类添加剂

维生素	添加剂	单位换算	含　量	贮存条件
维生素 A	维生素 A 乙酸酯	1 国际单位＝0.344 微克维生素 A 乙酸酯	50 万国际单位/克	遇空气、热、光、潮湿易分解，原包装商品可存放半年
维生素 D_3	维生素 D_3	1 国际单位＝0.025 微克晶体维生素 D_3	50 万国际单位/克	褐色微粒，遇空气、热、光、潮湿易分解，细度为 95% 过 80 目筛，干燥失重小于 5%，原包装商品可存放 1 年
维生素 E	DL-α-生育酚乙酸酯	1 国际单位＝1 毫克 DL-α-生育酚乙酸酯	50%	白色或淡黄色粉末，遇光和潮湿不稳定。细度为 100% 通过 140 目筛。干燥失重小于 5%。原包装商品可存放 1 年

（三）奶牛常用其他饲料添加剂

1. 瘤胃调理剂

（1）莫能菌素（商业名瘤胃素）

功能：增加瘤胃中丙酸产量，减少蛋白质降解，降低甲烷产量，提高饲料利用效率，防治犊牛的球虫病，提高生长率，并且减少围产期母牛酮病和真胃变位的发病率。

用量：每头每日 50～300 毫克。

饲喂对象：犊牛和干奶母牛。

（2）酵母培养物和酵母

功能：促进纤维消化细菌活动，减少乳酸积聚，产生的代谢产物可减少有害微生物数量，稳定瘤胃环境。

用量：10~120 克，取决于酵母培养物的浓度。

饲喂对象：产前 3 周至产后 10 周，奶牛采食量低或应激期间应用。

（3）碳酸氢钠（小苏打）

功能：提高瘤胃 pH，增加干物质采食量，并作为钠的来源。由于对日粮阴阳离子差（DCAD）有负面作用，所以切忌饲喂干奶期母牛。

用量：100~300 克。

饲喂对象：泌乳期奶牛。

（4）氧化镁

功能：碱化剂，与钠剂一起使用（碳酸氢钠与氧化镁比例为 2~3：1），用来提升瘤胃 pH，增加乳腺血液代谢物摄取量，提高乳脂率。

用量：每头每日 45~90 克。

饲喂对象：泌乳期奶牛。

2. 代谢调节剂

（1）过瘤胃胆碱

功能：通过提供甲基供体产生极低密度脂蛋白（VLDL），增加肝脏的脂肪输出，从而降低脂肪肝和酮病的风险，同时增加奶产量。

用量：每头每日 10~20 克。

饲喂对象：产前 2~3 周至产后 2~3 周。

（2）烟酸（维生素 B_5、尼克酸）

功能：细胞内能量反应的一种辅酶，改善泌乳早期母牛的能量负平衡，防治奶牛酮病，促进瘤胃微生物生长。

用量：瘤胃未保护烟酸，围产前期每头每日 6 克、泌乳早期母牛每头每日 12 克；瘤胃保护烟酸，围产前期和泌乳早期母牛每头每日 3 克。

饲喂对象：围产前期和泌乳早期母牛。

（3）蛋氨酸羟基类似物

功能：减少脂肪肝形成，防治酮病发生，增加乳脂率和产奶量。

用量：每头每日 20~30 克。

饲喂对象：产前 3 周至产后 3 周。

（4）有机硒

功能：提高血硒水平，增加免疫功能，降低体细胞数，并减少胎衣滞留。

用量：每头每日 3～4 毫克。

饲喂对象：整个干奶期、新产母牛和泌乳母牛均可饲喂。

（5）丙二醇

功能：血液葡萄糖来源，通过瘤胃壁吸收，并由肝脏转化成葡萄糖。

用量：每头每日 350～500 克。

饲喂对象：产前 2～5 天开始灌服，直至产后检测尿液或血液中酮体为阴性。

（6）丙酸钙

功能：血液葡萄糖的来源(肝脏转化丙酸为葡萄糖)，并可作为可吸收的钙源。

用量：每头每日饲喂 120～133 克，或灌服 454 克。

饲喂对象：围产前期和泌乳早期母牛。

3. 蹄保健剂

（1）有机锌

功能：提高免疫反应，坚硬蹄壳，并降低体细胞数。

用量：每头每日饲喂有机锌 0.3 克。

饲喂对象：患有蹄部疾病、高体细胞数和接触潮湿环境的奶牛。

（2）生物素（维生素 B_7）

功能：减少蹄部溃疡、蹄裂或由于奶牛高产引起的其他蹄部疾患。

用量：每头每日饲喂 20 毫克。

饲喂对象：患有蹄部疾病的母牛连续饲喂，一般需要 6 个月的时间。产前 3 周饲喂，产后奶产量将有所提高。

第二节　饲料原料质量控制

饲料成本占奶牛养殖成本的 60％～70％，其品质不仅是保证奶牛健康和牛奶质量安全的先决条件，而且是影响奶牛场经济效益的重要因素。因此，必须做好饲料原料的质量控制工作。

一、奶牛饲料相关标准和规范

（一）饲料质量标准

1. 奶牛常用精饲料原料质量标准

（1）饲料用玉米　籽粒饱满、均匀、呈黄色或淡黄色，无异常气味、口感甜，水分%≤14%，粗蛋白≥8%，生霉粒%≤2%，杂质率%≤1%，容重、不完善粒为定等级指标（表3-6）。

表3-6 饲料用玉米等级质量指标

等级	容重［（克/升）］	不完善粒（%）
一级	≥710	≤5.0
二级	≥685	≤6.5
三级	≥660	≤8.0

（2）饲料用小麦 籽粒整齐，色泽新鲜一致，无发酵、霉变、结块及异味异臭。冬小麦水分不得超过12.5%，春小麦水分不得超过13.5%。不得掺入饲料用小麦以外的物质，若加入抗氧化剂、防霉剂等添加剂时，应做相应的说明。以粗蛋白质、粗纤维、粗灰分为质量控制指标，按含量分为三级（表3-7）。

表3-7 饲料用小麦质量指标及分级标准

质量指标	一级	二级	三级
粗蛋白质（%）	≥14.0	≥12.0	≥10.0
粗纤维（%）	<2.0	<3.0	<3.5
粗灰分（%）	<2.0	<2.0	<3.0

注：各项质量指标含量均以87%干物质为基础计算的。

（3）饲料用小麦麸 细碎屑状，色泽新鲜一致，无发酵、霉变、结块及异味异臭。水分含量不得超过13.0%。不得掺入饲料用小麦麸以外的物质，若加入抗氧化剂、防霉剂等添加剂时，应做相应的说明。以粗蛋白质、粗纤维、粗灰分为质量控制指标，按含量分为三级（表3-8）。

表3-8 饲料用小麦麸质量指标及分级标准

质量指标	一级	二级	三级
粗蛋白质（%）	≥15.0	≥13.0	≥11.0
粗纤维（%）	<9.0	<10.0	<11.0
粗灰分（%）	<6.0	<6.0	<6.0

注：各项质量指标含量均以87%干物质为基础计算的。

（4）饲料用米糠 淡黄灰色的粉状，色泽新鲜一致，无发酵、霉变、结块及异味异臭。水分含量不得超过13.0%。不得掺入饲料用米糠以外的物质，若加入抗氧化剂、防霉剂等添加剂时，应做相应的说明。以粗蛋白质、粗纤维、粗灰分为质量控制指标，按含量分为三级（表3-9）。

表3-9　饲料用米糠分级质量指标及分级标准

质量指标	一级	二级	三级
粗蛋白质（％）	≥13.0	≥13.0	≥11.0
粗纤维（％）	<6.0	<7.0	<8.0
粗灰分（％）	<8.0	<9.0	<10.0

注：各项质量指标含量均以87％干物质为基础计算的。

（5）饲料用大豆粕　浅黄褐色或浅黄色不规则的碎片或粗粉状，色泽一致，无发酵、霉变、结块及异味异臭。不得掺入饲料用大豆粕以外的物质，若加入抗氧化剂、防霉剂等添加剂时，应做相应的说明。技术指标及质量分级见表3-10。

表3-10　饲料用大豆粕技术指标及质量分级

质量指标	带皮大豆粕		去皮大豆粕	
	一级	二级	一级	二级
水分（％）	≤12.0	≤13.0	≤12.0	≤13.0
粗蛋白质（％）	≥44.0	≥42.0	≥48.0	≥46.0
粗纤维（％）	≤7.0		≤3.5	≤4.5
粗灰分（％）	≤7.0		≤7.0	
尿素酶活性（以铵态氮计）〔毫克／（分钟／克）〕	≤0.3		≤0.3	
氢氧化钾蛋白质溶解度（％）	≥70.0		≥70.0	

注：粗蛋白质、粗纤维、粗灰分三项质量指标均以88％或87％干物质为基础计算的。

（6）饲料用棉籽粕　黄褐色或金黄色小碎片或粗粉状，有时夹杂小颗粒，色泽均匀一致，无发酵、霉变、结块及异味异臭。不得掺入饲料棉籽粕以外的物质，若加入抗氧化剂、防霉剂等添加剂时，应做相应的说明。技术指标及质量分级见表3-11。

表3-11　饲料用棉籽粕技术指标及质量分级

指标项目	等级				
	一级	二级	三级	四级	五级
蛋白质（％）	≥50.0	≥47.0	≥44.0	≥41.0	≥38.0
粗纤维（％）	≤9.0	≤12.0	≤14.0		≤16.0
粗灰分（％）	≤8.0		≤9.0		
粗脂肪（％）	≤2.0				
水分（％）	≤12.0				

棉籽粕游离棉酚含量范围对应分级见表 3-12。

表 3-12 游离棉酚含量分级

项 目	分级		
	低酚棉籽粕	中酚棉籽粕	高酚棉籽粕
游离棉酚含量（毫克/千克）	FG≤300	300<FG≤750	750<FG≤1200

注：FG 为游离棉酚（free gossypol）。

（7）饲料用低硫苷菜籽饼粕 褐色或浅褐色，小瓦片状、片状或饼状、粗粉状，具有低硫苷菜籽饼粕油香味，无溶剂味，引爆试验合格，不焦不煳，无发酵、霉变、结块。低硫苷饲料用菜籽饼粕技术指标及质量分级见表 3-13。

表 3-13 饲料用低硫苷菜籽饼粕技术指标及质量分级

质量指标	低硫苷菜籽饼			低硫苷菜籽粕		
	一级	二级	三级	一级	二级	三级
ITC+OZT（毫克/千克）	≤4 000	≤4 000	≤4 000	≤4 000	≤4 000	≤4 000
粗蛋白质（%）	≥37.0	≥34.0	≥30.0	≥40.0	≥37.0	≥33.0
粗纤维（%）	<14.0	<14.0	<14.0	<14.0	<14.0	<14.0
粗灰分（%）	<12.0	<12.0	<12.0	<8.0	<8.0	<8.0
粗脂肪（%）	<10.0	<10.0	<10.0	—	—	—
水分（%）	≤12.0					

注：ITC 代表异硫氰酸酯，OZT 代表噁唑烷硫酮，ITC+OZT 质量指标含量以饼粕干重为基础计算，其余各项质量指标含量均以 88％风干物质为基础计算。

（8）饲料用花生粕 黄褐色或浅褐色，碎屑状，色泽均匀一致，无发酵、霉变、虫蛀、结块及异味异臭。不得掺入饲料花生粕以外的物质，若加入抗氧化剂、防霉剂等添加剂时，应做相应的说明。饲料用花生粕质量指标及分级标准见表 3-14。

表 3-14 饲料用花生粕质量指标及分级标准

质量指标	一级	二级	三级
粗蛋白质（%）	≥51.0	≥42.0	≥37.0
粗纤维（%）	<7.0	<9.0	<11.0
粗灰分（%）	<6.0	<7.0	<8.0

注：各项质量指标含量均以 88％干物质为基础计算。

（9）饲料用胡麻籽粕 浅褐色或黄色，碎片或粗粉状，具有油香味，无发酵、霉变、虫蛀、结块及异味异臭。水分含量不得超过 12％，不得掺入饲料胡麻籽粕以外的物质，若加入抗氧化剂、防霉剂等添加剂时，应做相应的说明。饲料用胡麻籽粕质量指标及分级标准见表 3-15。

表 3-15　饲料用胡麻籽粕质量指标及分级标准

质量指标	一级	二级	三级
粗蛋白质（％）	≥36.0	≥34.0	≥32.0
粗纤维（％）	<10.0	<11.0	<12.0
粗灰分（％）	<8.0	<9.0	<10.0

注：各项质量指标含量均以 88％干物质为基础计算。

（10）饲料用玉米蛋白粉　淡黄色至黄褐色，粉状或颗粒状，无发酵、结块、虫蛀。不得掺入饲料玉米蛋白粉以外的物质，若加入抗氧化剂、防霉剂等添加剂时，应做相应的说明。饲料用玉米蛋白粉质量指标及分级标准见表 3-16。

表 3-16　饲料用玉米蛋白粉质量指标及分级

项　目	等级		
	一级	二级	三级
水分（％）	≤12.0	≤12.0	≤12.0
粗蛋白质（％）	≥60.0	≥55.0	≥50.0
粗纤维（％）	<5.0	<8.0	<10.0
粗灰分（％）	<3.0	<4.0	<5.0
粗脂肪（％）	<2.0	<3.0	<4.0

注：一级饲料用玉米蛋白粉为优等质量标准，二级饲料用玉米蛋白粉为中等质量标准，低于三级者为等外品。

（11）饲料用石粉和磷酸氢钙质量标准　见表 3-17。

表 3-17　饲料用石粉和磷酸氢钙质量标准

品名	水分（％）	钙（％）	总磷（％）	其他质量指标
磷酸氢钙	≤3.0	≥21.0	≥16.0	氟≤0.18％，硝酸银检验合格，枸溶磷＝13％，铅≤30毫克/千克，砷≤10毫克/千克
石粉	≤1.0	≥37.0	—	铅≤20毫克/千克，砷≤20毫克/千克，盐酸不溶物≤0.2％，氟≤1800毫克/千克

2. 苜蓿干草质量评定

（1）感官评价　根据干草的感观评价标准对干草的颜色、气味、含水量和含叶量等感官指标进行评定。

· 103 ·

①干草颜色　这是干草调制好坏的最明显标志。胡萝卜素是鲜草所含各类营养物质中最难保存的一种成分。干草颜色越绿，表示干草中胡萝卜素含量越高，也表明其他营养成分含量也高。按干草的颜色，可将其分为4类（表3-18）。

表3-18　干草颜色与质量评判标准

颜色	质量评判标准
鲜绿	表示青草刈割适时，调制过程未遭雨淋和阳光强烈暴晒，贮藏过程未遇高温发酵，能较好地保存青草中养分，属优质干草
淡绿	表示干草的晒制与贮藏基本合理，未遭受雨淋发霉，营养物质无重大损失，属良好干草
黄褐	表示青草收割过晚，晒制过程中受雨淋或贮藏期间经过高温发酵，营养物质受严重损失，但还有饲用价值，属次等干草
暗褐	表明干草晒制与贮藏不合理，遭受雨淋、高温发酵、发霉变质，不宜再作饲用

②干草气味　干草的芳香气味，是在干草贮藏过程中产生的，可作为干草贮存是否合理的标志。

③干草含叶量　干草含叶多少是干草营养价值高低最明显的指标，叶片中蛋白质、维生素和矿物质等含量及消化性均高于茎秆。

④干草含水量　干草的含水量高低决定干草是否能够长期贮存。在生产现场测定干草含水量时，可以用手握一束干草，如轻微扭转即有破裂声而有断裂，即表示牧草含水量15%以下；如轻轻扭转，有破裂声但有弹性而不断，即表示牧草含水量在15%～17%；如能打成草绳而茎不开裂，即表示含水量在18%以上。

⑤干草不可食草或杂物含量　当干草不可食草或杂物含量不超过1%，且没有发霉变质，可直接喂养奶牛；当干草不可食草或杂物含量超过1%但没有发霉变质，则需要除杂处理，然后饲喂奶牛；当干草发霉变质，无论是否含有不可食草或杂物，都不可喂养奶牛。

（2）实验室评价　我国苜蓿干草捆质量分级表及美国西部市场苜蓿干草分级标准见表3-19和表3-20。

表3-19　我国苜蓿干草捆质量分级表

质量指标	等级			
	特级	一级	二级	三级
粗蛋白质（%）	≥22.0	≥20.0，<22.0	≥18.0，<20.0	≥16.0，<18.0
中性洗涤纤维（%）	<34.0	≥34.0，<36.0	≥36.0，<40.0	≥40.0，<44.0

（续）

质量指标	等级			
	特级	一级	二级	三级
杂类草含量（%）	＜3.0	≥3.0，＜5.0	≥5.0，＜8.0	≥8.0，＜12.0
粗灰分（%）	＜12.5			
水分（%）	≤14.0			

表 3-20　美国西部市场苜蓿干草分级标准（＜10％禾草，占干物质百分比）

级别	CP（%）	ADF（%）	NDF（%）	RFV（%）	TDN（%）
超特级	＞22	＜27	＜34	＞185	＞62
特级	20～22	27～29	34～36	170～185	60～62
一级	18～20	29～32	36～40	150～170	58～60
二级	16～18	32～35	40～44	130～150	56～58
三级	＜16	＞35	＞44	＜130	＜56

注：RFV（relative feed value）代表相对饲料价值，TDN（total digestible nutrient）代表总可消化养分。
资料来源：Dennis Cash，Paul Dixon，MSU Extension Service。

3. 青贮饲料品质评定

（1）**感官评定**　青贮饲料的感官评定包括颜色、气味、质地等指标，其评定标准见表 3-21。

表 3-21　青贮饲料感官评定

等级 项目	品质要求		
	优	中	劣
颜色	黄绿、青绿接近原色	黄褐、暗褐	黑色、墨绿
气味	芳香酒酸味，酸味浓	刺鼻酸味，酸味中	刺鼻臭味、霉味，酸味淡
手感	湿润松散	发湿	发黏、滴水
结构	茎、叶保持原状	柔软、水分较多	腐烂成块

资料来源：《中国学生饮用奶奶源管理技术手册》。

（2）**实验室评价**　实验室对青贮饲料进行营养指标、发酵品质、安全指标进行分析。

①营养指标测定　优质全株玉米青贮营养指标见表 3-22。

表 3-22　优质全株玉米青贮的营养指标（占干物质百分比）

测定项目	水分	CP	淀粉	脂肪	NDF	ADF	钙	磷
指标标准	65～75	7.0～9.0	≥25	≥2.0	≤55.0	≤30.0	≥0.45	≥0.10

②发酵品质 青贮发酵品质指标见表3-23。

表 3-23 青贮发酵品质评定标准

项 目	等 级		
	优	中	劣
pH	3.8～4.2	4.2～4.5	>4.6
乳酸含量（占干物质百分比）	8～14	3～8	<3
乙酸含量（占干物质百分比）	<1.0	1.0～2.0	>2.0
丁酸含量（占干物质百分比）	<0.2	0.2～0.5	>0.5
氨态氮（占总氮百分比）	<5	5～20	>20

③安全指标分析 青贮饲料干物质中霉菌及霉菌毒素允许含量见表3-24。

表 3-24 青贮饲料干物质中霉菌及霉菌毒素允许含量

项 目	允许含量
黄曲霉毒素	<20 毫克/吨
玉米赤霉烯酮	<300 毫克/吨
呕吐毒素	<600 毫克/吨
T-2 毒素	<100 毫克/吨
霉菌总数	$<3.0\times10^5$ CFU/克
乳酸菌	$>1.0\times10^5$ CFU/克
酵母菌	$<1.0\times10^5$ CFU/克

注：CFU 代表菌落形成单位。

资料来源：UI Extension 数据库。

（二）饲料卫生标准

《饲料卫生标准》是 2001 年国家颁布的强制性国家标准（GB 13078—2001），其后在 2003 年、2006 年、2007 年分别发布了 4 个修改单，相关单位必须严格执行。

（三）饲料添加剂安全使用规范

2009 年 6 月 18 日农业部发布公告第 1224 号，制定了《饲料添加剂安全使用规范》，其中"在配合饲料或全混合日粮中的最高限量"为强制性指标，奶牛企业和养殖单位必须严格遵照执行。

（四）饲料与饮水中禁用物质

1. 禁止在饲料和动物饮用水中使用的药物 农业部联合卫生部和国家药品监督管理局在 2002 年 2 月 9 日公布了《禁止在饲料和动物饮用水中使用的药物品种目录》，具体内容见农业部公告第 176 号文件。

2. 食品动物禁用的兽药及其他化合物清单 农业部在 2002 年 4 月 9 日制

定了《食品动物禁用的兽药及其他化合物清单》，见农业部公告第193号文件。

（五）关于禁止在反刍动物饲料中添加和使用动物性饲料的通知

2001年3月1日，农业部发布《关于禁止在反刍动物饲料中添加和使用动物性饲料的通知》，禁止在奶牛饲料中添加和使用肉骨粉、骨粉、血粉、血浆粉、动物下脚料、动物脂肪、干血浆及其他血液制品、脱水蛋白、蹄粉、角粉、鸡杂粉、羽毛粉、油渣、鱼粉、骨胶等动物源性饲料。

二、饲料生产中质量控制

（一）饲料原料采购管理

1. 采购基本原则　饲料来源上，产地无疫区，能批量稳定供应；质量上，水分含量适宜、营养稳定，便于计量、加工、贮藏；经济上，单位有效成分价格便宜，性价比高。

2. 供应商选择　供应商应具有合法的资质、较高的商业信誉、完善的生产工艺、先进的设施设备、稳定可靠的货源、良好的售后服务。

3. 合同签订　根据实际情况，签订一个供需双方认可的采购标准或采购原料规格以及特殊要求。合同条款主要包括：产品质量标准、质量承诺书、包装规格、标签、付款方式、物流方式等。

（二）饲料品控管理

饲料品控管理可分为感官品控和实验室品控。

1. 感官品控　通常采用眼、手、鼻和嘴等感官来进行。通过眼睛来观察原料的颜色、形状、有无霉变、虫蛀、结块、异物和掺杂物等；通过手握和手指研磨等触觉来辨别原料粒度大小、硬度、含水率，同时还可感知是否含有沙子、石子等掺杂物；通过嗅觉来鉴别饲料有无霉变、腐臭、氨臭等；通过味觉来辨别原料是否存在异味，判断是否加工过度或腐败变质。

2. 实验室品控　实验室品控不仅能对饲料常规营养成分进行分析，而且能够对原料是否掺假或污染进行检测，从而可为饲料的接收和使用提供技术保障。

饲料品种不同，品控项目有所差异。

（1）能量饲料　谷实类饲料检测项目包括总能、粗纤维、淀粉、霉菌毒素、农药残留等，油脂类饲料检测项目包括总能、酸价、碘价和皂化价、脂肪酸等。

（2）蛋白质饲料　检测项目包括蛋白质、非蛋白氮、氨基酸、抗营养因子、霉菌毒素等。

（3）矿物质饲料　检测项目包括灰分、矿物元素、重金属元素含量等。

（4）干草　检测项目包括水分、中性洗涤纤维、酸性洗涤纤维、灰分、粗蛋白、霉菌毒素、农药残留等。

（5）青贮饲料　检测项目包括水分、中性洗涤纤维、酸性洗涤纤维、淀粉、有机酸、霉菌毒素、农药残留等。

第三节　全混合日粮设计与制作

一、全混合日粮设计

全混合日粮要根据奶牛分群情况、营养需要、物料种类及质量、牛群生产水平及健康状况等相关信息进行设计。

（一）奶牛分群

合理的奶牛分群是实施 TMR 饲养工艺的前提和基础，对保证奶牛健康、提高产奶量以及科学控制饲料成本具有重要意义。奶牛场通常给成母牛群配制 6 种不同类型和营养水平的 TMR，即泌乳前期料、泌乳中期料、泌乳后期料、干奶前期料、围产前期料和围产后期料；后备牛群通常配制 2 种营养水平的 TMR，即育成期料（7～14 月龄）、青年期料（14 月龄至产前 21 天），犊牛不配制 TMR。

（二）营养需要

满足奶牛营养需要应参考美国 NRC 奶牛营养需要或中国奶牛营养需要，根据自身牛群实际情况设计 TMR。

现列出天津嘉立荷牧业有限公司奶牛不同阶段 TMR 标准（表3-25、表3-26）。

表 3-25　成母牛不同阶段 TMR 饲养标准

营养指标	泌乳前期	泌乳中期	泌乳后期	干奶前期	围产前期	围产后期
DMI（千克）	23～26	22～24	19～21	12～14	10～12	15～19
NE_L（兆焦/千克）	6.9～7.5	6.7～7.1	6.3～6.7	5.0～5.9	5.9～6.3	7.3～7.5
CP（%）	16.5～18	15～16.5	14～16	11～14	14～15	16.5～18
RDP（%）	60～66	62～66	62～66	75	68～70	60～65
RUP（%）	34～40	34～38	34～38	25	30～32	35～40
EE（%）	4.2～6.45	4.2～6.2	2.6～5.5	1.7～4.8	2.0～4.8	4.2～6.45

（续）

营养指标	泌乳前期	泌乳中期	泌乳后期	干奶前期	围产前期	围产后期
NDF（%）	35～45	41～48	43～50	50～70	45～55	35～40
ADF（%）	19～27	22～30	25～35	30～40	25～35	19～25
Ca（%）	0.85～1.25	0.85～1.25	0.70～1.15	0.5～0.8	0.5～0.8	1.0～1.25
P（%）	0.35～0.60	0.35～0.60	0.35～0.60	0.2～0.6	0.2～0.6	0.35～0.6
Mg（%）	0.28～0.34	0.25～0.31	0.22～0.28	0.16	0.2	0.28～0.34
K（%）	1.2～1.5	1.2～1.5	1.2～1.5	0.65	0.3～0.65	1.2～1.5
Na（%）	0.2～0.3	0.2～0.3	0.2～0.3	0.1	0.1	0.2～0.3
Cl（%）	0.25～0.3	0.25～0.3	0.25～0.3	0.2	0.2	0.25～0.3
S（%）	0.23～0.24	0.21～0.23	0.2～0.21	0.16	0.16	0.23～0.24
维生素 A（国际单位/天）	100 000	50 000	50 000	100 000	100 000	100 000
维生素 D（国际单位/天）	30 000	20 000	20 000	30 000	30 000	30 000
维生素 E（国际单位/天）	600	400	400	600	1 000	600

注：DMI（dry matter intake，干物质采食量），RDP（rumen degraded protein，瘤胃可降解蛋白），RUP（rumen undegraded protein，瘤胃非降解蛋白）。

表 3-26　后备牛不同阶段 TMR 饲养标准

营养指标	5～6 月龄	7～14 月龄	15～23 月龄	23～24 月龄
DMI（千克）	4.5～6.0	6～8	10～12	10.5～12.5
NE$_L$（兆焦/千克）	6.7～6.9	5.4～5.9	5.4～5.9	5.9～6.3
CP（%）	15～16	14～15	11～13	14～15
NDF（%）	30～33	30～35	30～35	30～33
ADF（%）	20～21	20～23	20～23	20～21
Ca（%）	0.41	0.41	0.37	0.48
P（%）	0.28	0.23	0.18	0.26
Mg（%）	0.11	0.11	0.08	0.2
K（%）	0.47	0.48	0.46	0.3～0.65
Na（%）	0.08	0.08	0.07	0.1
Cl（%）	0.11	0.12	0.10	0.2
S（%）	0.2	0.2	0.2	0.16
维生素 A（国际单位/天）	16 000	24 000	36 000	100 000
维生素 D（国际单位/天）	6 000	9 000	13 500	30 000
维生素 E（国际单位/天）	160	240	360	1 000

（三）各阶段典型日粮配方

奶牛场应根据生产水平和饲养模式等实际情况制订不同日粮配方，以实现饲料转化率最大化。天津嘉立荷牧业有限公司各阶段日粮配方见表 3-27 和表 3-28。

表 3-27　成母牛各阶段日粮配方

（单位：千克）

原料名称	泌乳前期	泌乳中期	泌乳后期	干奶前期	围产前期	围产后期
玉米	5.1	4.7	3.7	1.5	—	4
前期浓缩料	6.3	2.8	—		—	4.8
中后期浓缩料	—	3	4.8			
产前混合料					5.7	—
干奶浓缩料				2.2		
羊草	—	—	0.5	4.5		
国产首蓿	—	—	2.5			
进口首蓿	3.5	2.8	—	—		2.7
全株青贮	18	20	22	18	15	15
全棉籽	1.5	1.5	0.5		0.5	1.8
大豆皮	1.5	1.5	1.2	1	0.5	1
甜菜粕	2.8	2	2.2		0.5	2.2
燕麦草	1.5	1.5	1.5	1	3	1.5
啤酒糟	3.5	3.5	3.5		—	3.5

表 3-28　后备牛各阶段日粮配方

（单位：千克）

原料名称	0～2 月龄	3～4 月龄	5～6 月龄	7～14 月龄	14～23 月龄	23～24 月龄
玉米	—	—	—	0.8	1	—
后备牛浓缩料	—	—	—	1.8	2.2	—
犊牛前期配合料	自由采食	3.5	1.5			
犊牛后期配合料			2.5			
产前混合料						5.7
进口首蓿		1	1.5			
羊草	—	—	—	2.5	4	
全株青贮			4			15
秸秆青贮				15	22	—
燕麦草						3
大豆粕						0.5
甜菜粕						0.5
全棉籽	—	—	—	—	—	0.5

二、全混合日粮制作

（一）根据 TMR 配方设计"用餐单"

根据奶牛头数、饲喂次数、TMR 设备容量，按照 TMR 配方每日设计各群奶牛的饲喂方案，习惯称之为"用餐单"，如天津嘉立荷牧业有限公司泌乳牛 TMR 用餐单（表 3-29）。

表 3-29　（×××）奶牛场泌乳牛 TMR 用餐单

圈舍号	时间	头份	玉米粉	高产浓缩料	中低产浓缩料	甜菜粕	大豆皮	全棉籽	燕麦草	苜蓿	青贮	啤酒糟	糖蜜	水	TMR合计

（二）饲料的装入顺序

搅拌车的加料次序应考虑搅拌车种类及饲料品种。

1. 卧式饲料搅拌车加料顺序　先加精料，之后加入干草，搅拌数分钟后加入青贮饲料，然后再加入多汁饲料和液体饲料，最后再根据需要加水。

2. 立式饲料搅拌车加料顺序　先加长干草，搅拌数分钟后加入精料，接着加入切短的粗料和青贮玉米，再加入多汁饲料和液体饲料，最后根据需要加水。

（三）搅拌时间

掌握适宜搅拌时间的原则是确保搅拌后 TMR 中，至少有 15％的粗饲料长度大于 1.8 厘米。一般情况下，加入最后一种饲料继续搅拌 3～8 分钟，每车 TMR 从饲料加入到搅拌结束总的时间控制在 30 分钟以内。

（四）TMR 配制效果评价

1. TMR 营养成分评价　在饲槽纵向的不同部位取新鲜的 TMR 样品四个，合并为 500～1 000 克样品，密封后送到实验室分析其 DM、CP、EE、Ash、Ca、P、NDF、ADF 含量，建立奶牛场 TMR 监测数据库。用 TMR 品控值与 TMR 配方值进行比对，用来判断 TMR 制作过程及执行配方的精准性。TMR 主要营养成分监测值允许误差范围见表 3-30。

表 3-30　TMR 监测值允许误差

测定项目	允许误差（百分点）
DM	±5

测定项目	允许误差（百分点）
CP	±0.5
Ca	±0.2
P	±0.1
NDF	±2

2. TMR 物理形态评价

（1）粒度评定　利用 4 层式宾州分级筛，取新鲜 TMR 样品 800～1000 克置于最上层分级筛内，把分级筛沿每个方向用力晃动 5 次，循环 2 次，共计 40 次。计量每层饲料重量，并计算各层所占比例。若第一层所占比例高于标准，说明粒度过大，切割不充分；若第一层所占比例低于标准，说明粒度过小，切割过度。生产实践中一定要严格监控，认真执行粒度标准。宾州分级筛各层推荐比例见表 3-31 和图 3-6。

表 3-31　宾州分级筛各层 TMR 推荐参考重量比例

饲料种类	一层（%）	二层（%）	三层（%）	四层（%）
泌乳牛 TMR	10～15	20～25	40～45	20～25
后备牛 TMR	50～55	15～20	20～25	4～7
干奶牛 TMR	45～50	15～20	20～25	7～10

图 3-6　宾州分级筛筛完后情况

（2）混合均匀度评定　饲料混合均匀度影响 TMR 质量。通常在饲槽纵向 4 个不同部位取新鲜 TMR 样品各 1 个，单独用宾州分级筛测定各层比例，然后比较各样品的一致性。如果样品间同层变异低于 10%，说明 TMR 混合均匀；如果大于 10%，说明 TMR 混合不均匀，一方面会造成部分奶牛挑食过多的精料而引起瘤胃酸中毒或体况过肥；另一方面会造成部分奶牛采食不足精饲料而影响产奶量或体况偏瘦。

3. TMR 采食情况评价

（1）采食量评价　合格的 TMR 可刺激奶牛的食欲，从而保证奶牛每天的干物质采食量最大化。所以，可通过奶牛采食时的积极程度、实际的采食量以及饲槽中剩料情况来对 TMR 配方及制作效果进行评估。

过长的或者质量差的粗饲料对奶牛干物质采食量有抑制作用。其原因在于奶牛采食较多消化率低的日粮时，日粮在瘤网胃中发酵时间较长，瘤胃排空速度变慢，因此抑制奶牛的采食量；反之，加快瘤胃排空速度，促进奶牛采食，提高采食量。奶牛场应建立牛群采食记录制度，记录内容见表 3-32。

表 3-32　牛群采食量记录表

日期	牛舍号	投喂量（千克）	剩料量（千克）	采食量（千克）	牛数（头）	头日采食鲜重（千克）	水分含量（%）	干物质采食量（千克）	剩料情况

（2）瘤胃充盈度评分　瘤胃充盈度评分能够反映奶牛过去特定时间内的采食量。每天应定时定点随机从牛体左后面观察一定数量奶牛左侧肷窝状态来评价奶牛瘤胃充盈度。瘤胃充盈度由饲料采食量、消化速率和饲料被胃向小肠的流通速率等因素所决定，通常按 5 分标准评分，其瘤胃充盈度评分标准见表 3-33 和图 3-7。

表 3-33　瘤胃充盈度评分标准

级别	形态描述	说　　明
1分	腰椎骨以下皮肤向内严重弯曲，从腰角处开始皮肤皱褶垂直向下。从侧面观察，肷窝深度凹陷	这种牛可能由于突发疾病、饲料不足或适口性差，而导致奶牛至少 72 小时采食量过少或没有采食
2分	腰椎骨以下皮肤向内弯曲，从腰角处至最后一节肋骨开始皮肤皱褶斜向下。从侧面观察，肷窝凹陷	这种评分常见于产后第一周的母牛，由于应激，奶牛至少 48 小时采食量不足或没有采食。如果泌乳后期奶牛出现这种信号，则表明饲料采食不足或饲料流通速率过快
3分	腰椎骨以下皮肤弯曲不明显，从腰角处开始皮肤褶皱不明显。从侧面观察，肷窝刚刚可见	这是泌乳牛的理想评分，表明采食充足，而且饲料在瘤胃中停留时间适宜
4分	腰椎骨以下皮肤向外弯曲，从侧面观察，肷窝不明显	这是泌乳后期和干奶期奶牛的理想评分
5分	腰椎骨不明显，整个腹部皮肤紧绷，从侧面观察，肷窝充满	这是干奶期和围产前期奶牛适宜评分

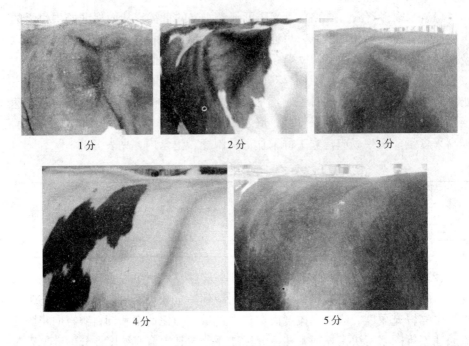

1分　　　　　　　　2分　　　　　　　　3分

4分　　　　　　　　　　　　5分

图 3-7　瘤胃充盈度评分

4. 奶牛粪便评价　成年母牛一天排粪 8～12 次，排粪量为 20～35 千克，在采食和瘤胃消化正常的情况下，奶牛排出的粪便落地有"扑通"声，落地后的粪便呈叠饼状，中间有较小的凹陷。

如果奶牛粪便普遍较稀，则提示日粮中含有过多的精饲料或缺乏有效的 NDF；如果奶牛粪便普遍过于干燥，厚度过高，则提示 TMR 纤维量过多或精饲料饲喂量过少；如果一个群体奶牛采食同一个 TMR，奶牛排出的粪便干稀不均匀，则提示日粮混合不均匀或粒度不合适，奶牛出现挑食行为，当然也提示奶牛处于疾病状态。

（1）**粪便颜色和气味**　粪便颜色因采食饲料种类不同而不同，一般正常粪便颜色为草黄色，而不正常的粪便颜色由草黄色逐渐变成褐色，也可变为黑色。奶牛正常粪便臭味较轻，而不正常的粪便臭味较重，甚至带有腥味或臭鸡蛋气味。

（2）**粪便评分**　通常根据奶牛粪便状态将其分为 5 个等级（表 3-34 和图 3-8）。1 分最干、粪坨最高，5 分最稀、粪坨最低。

表 3-34　粪便评分标准

级别	形 态 描 述	原　　因
1分	粪很干,呈粪球状,粪坨高度超过7.5厘米	日粮基本以粗饲料为主,缺水
2分	粪干,粪坨高度5~7.5厘米,半成型的圆盘状	日粮纤维含量高,精饲料少
3分	粪呈叠饼状,中间有凹陷,粪坨高度在2~5厘米	日粮精粗比例合适
4分	粪软,没有固定形状,能流动,粪坨高度小于2.0厘米,周围有散点	缺乏有效NDF,精饲料和多汁饲料喂量大
5分	粪很稀,排便时呈弧形下落,无法成坨	食入过多蛋白质、淀粉等精饲料,缺乏有效NDF,饲料原料霉变或应激

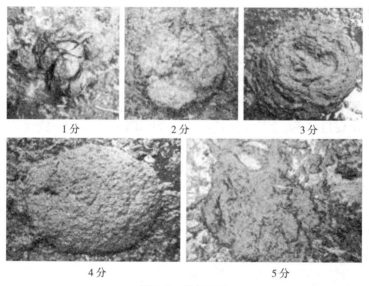

图 3-8　粪便评分

　　成年母牛任何阶段粪便评分3分时都是可以接受的状态,低于2分高于4分的粪便是不可以接受的。饲喂相同 TMR 的奶牛群粪便评分应该比较接近,如果群内个体间粪便评分差异较大,提示奶牛可能存在挑食现象,这时 TMR 专员要对搅拌效果进行评定,找出存在问题。

　　奶牛粪便评定也可以采用粪便分级筛方法进行（图 3-9）。粪便分级筛的评定标准为冲洗后各层粪便量占粪便总重量的比例：顶层比例＜20%,中层比例＜20%,底层比例＞50%。

5. 反刍评价 如果日粮配方设计合理，TMR 加工达到标准，奶牛就会有足够反刍，生理指标和生产状况就趋于理想。奶牛采食后 0.5～1 小时便开始反刍，每天有 7～10 小时进行反刍。反刍时，每咀嚼 1 千克干物质可以分泌 6～8 千克唾液，唾液中含有丰富的 Na^+、HCO_3^- 和其他无机物等缓冲物质，一头奶牛每天产生的

图 3-9 粪便分级筛

唾液量为 160～180 千克，缓冲作用相当于 1.2～1.4 千克碳酸氢钠，这可中和瘤胃内酸度，防止瘤胃 pH 急剧下降，维持瘤胃健康环境。

奶牛群休息时，如果反刍的奶牛达到 50％以上，说明这个牛群 TMR 混合均匀度、粒度及饲养环境适宜，奶牛瘤胃功能正常；如果反刍的奶牛低于 50％，说明 TMR 铡切过短、精料过多或饲养环境恶劣，奶牛可能患有瘤胃酸中毒，提示要跟踪评定 TMR 搅拌效果、重新评定 TMR 配方或要关注饲养环境。另外，还可以根据观察反刍次数、咀嚼时间来分析 TMR 精粗比是否合适。在一定范围内，饲料中物理有效纤维含量越高，奶牛咀嚼的时间就越长。

6. 奶牛生产性能评价 TMR 配制的根据之一就是奶牛的生产性能，包括产奶量、乳成分、牛奶尿素氮含量等指标，生产性能测定（DHI）结果可直接反映奶牛个体和群体生产性能。因此，可利用 DHI 测定数据来检验 TMR 配方和制作效果。

（1）产奶量 一般情况下，如果饲喂 TMR 后产奶量下降或没有达到预期的目标，可能存在两种情况：一是奶牛对饲喂的 TMR 不适应而影响采食量，提示要检查 TMR 生产过程、原料品质、TMR 水分含量、TMR 粒度等；二是 TMR 能量水平、蛋白质含量、能蛋比例、氨基酸组成等不合理，提示要重新优化 TMR 配方。一般要求奶牛的实际产奶量和 TMR 配方预期的产量之间的差异不应超过 3 千克。

（2）乳成分 奶牛采食 TMR 后，如果实际产奶量与 TMR 配方预计的产奶量一致或偏高，但乳脂率偏低，则可能是由于精粗比例过高，日粮 NDF 含量偏低或粗饲料粒度太细。如果乳蛋白偏低，则可能是日粮中可发酵碳水化合

物含量偏低，导致瘤胃微生物蛋白质合成不足，也可能是日粮中蛋白质品质差、氨基酸不平衡，导致小肠可消化氨基酸品质差和总量偏少，也提示采食量不足。

（3）**牛奶尿素氮含量** 牛奶中尿素氮（milk urea nitrogen，MUN）可反映体内氮代谢情况，进而反映日粮蛋白质水平、瘤胃能氮平衡和奶牛瘤胃对氮的利用率。

正常情况下牛奶中尿素氮含量在140~180毫克/升。

如果牛奶中的尿素氮含量高于上限，则有可能是以下原因：①日粮中蛋白质含量过高，②瘤胃蛋白降解率高，③日粮中非蛋白氮过多，④瘤胃快速降解碳水化合物不足，⑤能蛋不平衡。这些情况都提示 TMR 制作不合理或配方不合理。

7. 体况评分 体况评分即评定奶牛的膘情。主要是触摸臀部、尾根及背腰等部位，依据皮下脂肪的多少进行评分。奶牛的体况评分一般为 5 分制，奶牛的体况（膘情）随分数升高而升高，其评定标准和方法如表 3-35 和图 3-10。

表 3-35　奶牛体况评分标准

级别	形 态 描 述
1分	奶牛极度消瘦，呈皮包骨样。尾根和尻角凹陷很深，呈 V 形的窝，臀角显露，皮下没有脂肪。骨盆容易触摸到，各脊椎骨清晰可辨，腰角和尻角之间深度凹陷，肋骨根根可见
2分	皮与骨之间稍有些肉脂，整体呈消瘦样。尾根和尻角周围的皮下稍有些脂肪，但仍凹陷呈 U 形。骨盆容易触摸到，腰角和尻角之间有明显凹陷，肋骨清晰易数，沿着脊背用肉眼不易区分一节节椎骨。触摸时，能区分横突和棘突，但棱角不明显
3分	体况正常，营养合适。尾根和尻角周围仅有微弱的下陷或较平滑。在尻部可明显感觉到有脂肪沉积，须轻轻按压才能触摸到骨盆，腰角和尻角之间稍有凹陷，背脊呈圆形稍隆起，一节节椎骨已不可见，用力按压才能感触到椎骨横突和棘突
4分	整体看有脂肪沉积，体况偏肥。尾根周围和腰角明显有脂肪沉积，腰角和尻角之间以及两腰角之间较平坦，尻角稍圆，脊柱呈圆形且平滑，须较重按压才能触摸到骨盆，肋骨已经触摸不到
5分	过度肥胖。尾根深埋于脂肪组织中，皮肤被牵拉，即使重压也触摸不到骨盆和其他骨骼结构。牛体的背部体侧和尻部皮下为脂层所覆盖，腰角和尻角丰满呈圆形

定期评定奶牛体况，可以及时发现饲养管理中存在的问题。生产实践中可根据体况评分结果对奶牛日粮进行调整或调群。对泌乳牛可在产后 60 天、产后 120 天、干奶前 60 天和干奶时各评定一次体况。如要监控干奶期饲养管理效果，还应在产犊时进行体况评定。育成牛应至少在 4 月龄、配种前和产犊前 60 天各评定一次。

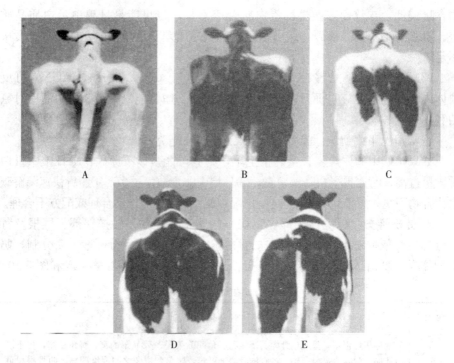

图 3-10　体况评分标准
A. 1 分　B. 2 分　C. 3 分　D. 4 分　E. 5 分

　　合理的日粮应该保证奶牛在各个时期都能达到相应的体况评分值。参照国外 5 分制评分标准体系，奶牛各时期适宜的体况评分如表 3-36。

表 3-36　奶牛各时期适宜体况评分

牛别	评定时间	体况评分
成母牛	产犊	3.25～3.75
	泌乳高峰（产后 21～90 天）	2.5～3.0
	泌乳中期（90～120 天）	2.5～3.0
	泌乳后期（干奶前 60～100 天）	3.0～3.5
	干奶时	3.0～3.5
后备牛	6 月龄	2.5～3.0
	第一次配种	2.5～3.0
	产犊	3.25～3.75

　　饲喂合适日粮的奶牛群其体况评分应达到适宜值。如果低于适宜值 0.25 分，

说明日粮可利用能量不够、采食量不足或有疾病；如果高于适宜值0.25分说明日粮能量浓度过高。如果体况不均匀，提示调群不及时或牛群存在繁殖障碍问题。

（五）饲喂 TMR 注意事项

1. 确定饲喂次数 夏季成母牛每天投料3次以上，后备牛2～3次；其他季节成母牛每天投料2～3次，后备牛每天投料1～2次。成母牛要保证每次挤奶后有新鲜的饲料可供采食。

2. 饲喂量调整 TMR 专员应到牛舍观察奶牛日粮投放均匀度、采食及剩料情况、根据上次采食剩料量和天气情况来决定本次的制作量。如果日剩余量占投喂量3％～5％，则说明 TMR 投喂量适宜。如果少于3％，则说明投喂量不足，应该适当增加。如果超过5％，则要按超过的数量递减。调整制作量时要以日粮配方来调整，即按头份调整，决不能只增减某种 TMR 原料。

3. 每天要估测 TMR 剩料的数量和品质，每周至少应称重1次，每2周取剩料样品送化验室检测营养成分。

4. 每天至少清槽1次。夏季每周至少刷槽1次，并用0.2％高锰酸钾溶液对食槽进行消毒。

5. 确保饲槽22小时不空槽。定时推扫 TMR，一般1～2小时推一遍。

6. 奶牛 TMR 水分低于50％时应加水至50％，后备牛 TMR 水分低于55％时，应加水至55％。

7. 每头每日 TMR 采食量超过设定采食量10％时，应及时调整 TMR 配方；TMR 原料干物质变动超过3个百分点时，须及时调整奶牛用餐单。

第四节　饲料贮存与使用

奶牛场的饲料如玉米、大豆饼粕、棉籽饼粕等饲料为全年供应原料，可根据牛群规模、分群等情况计算精料使用量，并根据供货周期、原料行情等因素考虑其库存量。而干草、青贮、全棉籽、甜菜粕等季节性供应饲料，应根据牛群规模、分群等情况制订年度饲料计划，通常在收获季节进行集中储备，保证全年稳定、均衡饲料供应。

一、精饲料贮存与使用

（一）库存管理

1. 贮存准备工作 贮存饲料的仓库应当选择地势高、干燥、阴凉、通风良好和排水方便的地方，要注意防雨、防潮、防火、防冻、防霉变、防发酵及防鼠、防虫害。饲料不能与地面、墙壁接触，须准备好木板，用来垫放饲料，防止地面返潮。

2. 控制含水量 水分的高低直接影响饲料的贮存效果。水分高，饲料易发生氧化、发热、结块和霉变。饲料含水量为13.5％时，易发生虫害；饲料含水量达15％时，易发生霉变。因此，长期贮存饲料时应控制饲料含水量，北方应小于14％，南方应小于12％。

3. 控制温度、湿度和通风 低温、低湿和通风可防止饲料氧化与霉变，有利于饲料的贮存。高温高湿不利于饲料的贮存，气温在30℃以上且湿度高于50％时易造成饲料霉变和氧化。所以，要求饲料贮存仓库的相对湿度要小于50％，温度小于25℃，并保持良好通风。

4. 设计存贮空间 根据饲料原料数量和理化特性设计原料存贮空间。用量较大的原料应设置较大的存贮空间，用量较少的原料可留置较小的存贮空间，维生素预混料应放在低温通风的环境，容易吸水变潮的饲料应放在干燥通风的环境。

5. 同一种原料分等级贮存 由于产地和生产工艺等的不同，同一种原料不同采购批次之间可能存在较大差异，如DDGS的脂肪含量分布6％～12％，应分等级贮存，以方便使用。

6. 遵循先进先出的原则 饲料使用遵循先进先出的原则，某种原料入库时，在其贮存区按入库的先后顺序依次存放，出库时按相同顺序依次取用。如此可使原料从入库到使用的时间间隔最短，保证原料的新鲜度。

7. 及时灭鼠杀虫 鼠咬和虫蛀不仅可造成饲料浪费，还可传播疾病。另外，老鼠能在墙壁及屋顶上掏洞，造成雨水由鼠洞灌入库房，使饲料被水浸泡或受潮而发霉变质，所以应当用防鼠板（图3-11）防鼠或采用防鼠器械定期进行灭鼠。对易于生虫的饲料，应定期用磷化铝（1克/米³）方法进行薄膜覆盖熏蒸。

8. 饲料堆放 饲料应堆放整齐，标识鲜明。标示内容包括原料的名称、供应商、数量和入库时间等，此外，还可对优先使用和贮存备用的同类原料用不同颜

图3-11　防鼠板

色的标识牌予以区别。使用袋装贮存时，若气温大于 10℃，堆码高度不应超过 12 包；若气温低于 10℃，堆码高度不应超过 14 包。采用散装贮存时，若水分超过 13%，堆高不应大于 2.5 米；水分低于 13%，堆高一般在 2.5～4.0 米。对于易氧化变质的饲料，应定期进行倒垛或倒袋，以加强通风，防止饲料自身发热。另外，贮存新料时应将旧料彻底清理干净。精料库的贮存与管理情况见图 3-12。

图 3-12　精料库贮存与管理

（二）精饲料贮存主要问题及贮存措施

以玉米、花生粕、米糠和啤酒糟为例，分别阐述谷实类饲料、饼粕类饲料和食品加工副产品饲料贮存主要问题及贮存措施。

1. 玉米

（1）贮存主要问题

①易吸水　玉米籽粒胚部大，呼吸强，所含蛋白质和矿物质等亲水基团多。

②易氧化酸败　玉米籽粒胚部脂肪含量高，易氧化酸败。玉米脂肪酸值超过 4 毫克/克，表明已发生氧化酸败。

③易霉变、易虫蛀　玉米籽粒在干燥过程中，种皮易出现细微裂纹，真菌和害虫易从裂纹或胚部感染或侵蚀，导致霉变或虫蛀。

（2）贮存主要措施

①严把水分含量　生产中，玉米按不同季节、不同地区入库可规定不同的

安全水分值。一般入库含水量不应超过 14%，当库房温度低于 −15℃可放宽到 18%进行贮存，当库房温度高于 −5℃应进行烘干、晾晒处理至 14%以下，超过安全水分值的玉米禁止入库。

②处理陈杂、虫蛀玉米 玉米入库前，应先进行机械去杂、除尘处理，玉米杂质不得超过 1%。对虫蛀玉米单独存放，以便采取熏蒸等处理措施。

③严禁霉变玉米入库 当玉米霉菌毒素超标时，不能作为饲料使用，应严禁入库。

④注意通风 通风时机应把握在粮温高于气温、仓内湿度高于仓外空气湿度的天气，雨天、露天不宜通风。

2. 花生粕

（1）贮存主要问题

①易霉变 花生粕因原有的种皮和结构被破坏，营养物质裸露在外，极易吸潮和霉变。

②易受虫害 花生粕质地松散，适口性好，营养丰富，极易受害虫的侵蚀，导致营养物质损失。

③易结块 花生粕为松散片状，流动性差，时间长了会黏结在一起，不便使用。

（2）贮存主要措施

①严把水分含量 入库时将水分控制在 12%以下。

②防潮防霉 货位底部垫高 10～20 厘米，防止吸潮导致底层结块、霉变。

③通风控温 贮存在干燥通风处，料温控制在 25℃以下为宜。高温多雨季节不能贮存。

④加强日常检测工作，便于及时发现和处理。

3. 米糠

（1）贮存主要问题

①易吸潮霉变 稻谷经加工后，其米糠结构疏松，孔隙大，吸湿性强，易霉变。

②易氧化酸败 米糠脂肪含量高，一般为 17%～18%，有的高达 22%，易被脂肪酶分解为游离脂肪酸，酸价升高，氧化酸败。

③易生虫害 米糠质地松散，营养物质外露，在温、湿度适宜的条件下，极易滋生害虫，特别易受蛾类幼虫、螨类等害虫的蛀食，导致营养损失。

（2）贮存主要措施

①控制水分 米糠入库时，水分在 10%～12%，贮藏时间最好不超过 10

天；高温高湿时，随进随出；水分在4％～6％时，可长期贮存。

②破坏脂肪酶活性　用膨化、电解质等处理，可破坏脂肪酶活性。使KOH将脂肪酸值控制在10毫克/克以下，可长期贮存。

③控制脂肪含量　米糠可通过浸提、压榨等方式使脂肪含量降低到3％以下。

④米糠入库后，要勤检查、勤翻倒、勤通风，注意检查米糠的温度、色泽和气味。

4. 啤酒糟

（1）贮存主要问题

①营养易流失　啤酒糟由于水分含量大，部分营养物质溶于水中，易随水流失。

②易酸败　保存不当，易二次发酵，造成酸败。

（2）贮存主要措施

①缩短贮存期　最好是当天购买当天用完。夏天保存不能超过3天，冬天不超过6天。

②水泥池贮存　应在防渗、防雨淋的水泥池中厌氧贮存，以延缓其变质速度。

③避免污染　啤酒糟不能混入自来水、雨水、污水及其他物料。

二、粗饲料贮存

目前国内奶牛场粗饲料分为干草形式和青贮形式进行贮存。当干草含水量为15％以下时，即可进行长期贮存。干草一般露天堆成草捆垛或者贮存于草棚中；青贮只能存放在青贮窖内，只要密闭性好，可长期贮存。

（一）库存管理

1. 防止垛顶塌陷漏雨　干草露天堆垛贮存时，垛顶易发生塌陷现象，青贮窖顶也会发生类似情况，导致漏雨，引起饲料发霉。因此，干草垛和青贮窖顶部要经常检查和修整，避免雨水带来损失。

2. 防止垛基受潮　干草贮存的地方应地势高且干燥，垛底避免与地面直接接触，尤其是豆科牧草，要用托盘垫起，高出地面25～40厘米，避免返潮，并做好四周排水处理。

3. 防止干草过度发酵和自燃　在干草堆垛后，影响干草质量变化的主要因素是含水量。含水量在17％～22％时，由于植物体内酶及外部微生物的活动会引起适度发酵，使干草产生特有的芳香味，有利于干草品质的提高。但当含水量超过 22% 以上时，会导致干草过度发酵，甚至引起自燃。

4. 豆科牧草夏、秋季节严禁露天存放，必须贮存在干草棚内。

5. 干草垛和青贮窖工作面要随时清理，与周围环境界限分明。

6. 防止火灾 干草应远离生活区、主干道、电源、电线、油库等，防止明火，禁止吸烟，避免引起火灾。

（二）贮存措施

粗饲料的贮存措施主要有露天堆垛、干草棚和青贮窖等方式。

1. 露天堆垛贮存 露天堆垛适合于禾本科牧草。草捆垛宽度 6～8 米、高度 4～6 米、长度不设限制。码垛时每层要将草捆的宽面挤紧、窄面向上、不留空隙，层与层间草捆的接缝要相互错开，以保证草垛的稳固。当堆垛到一定高度时，逐步缩成双坡屋顶结构，侧面自然形成蓑衣形状，然后垛顶用帆布或塑料薄膜覆盖。

2. 干草棚贮存 干草棚适合贮存各种干草。码垛时每层根据草捆形状紧密排列，不留空隙，层与层间草捆接缝相互错开，以保证草垛的稳固（图 3-13）。

3. 青贮窖贮存 青贮窖适合贮存禾本科牧草、豆科牧草和作物秸秆等可以制成青贮的物料。密封好的青贮可以贮存 10～20 年，但原则上以 2 年内使用完毕为宜。

图 3-13　干草棚及其贮存情况

三、饲料添加剂贮存

1. 矿物质类 矿物质类饲料中某些微量元素具有易燃、吸湿返潮、有剧毒等特点，因此贮存时要注意防水防潮、密闭包装、标签鲜明，并由专人保管。

2. 维生素类 维生素饲料具有粒度小，与空气接触面积大，对光热等外界因素敏感，容易失活等特点。因此，应贮存在低温、密闭、干燥的环境。启封后要尽快使用，保存期一般不宜超过 1 个月。

3. 其他添加剂 一般的饲料添加剂具有易吸收水分的特点，应保存在低温、干燥环境。

四、饲料使用

1. 饲料使用应遵循先进先出的原则。严格按相关规定进行库房管理，遵守进、出库记录制度，每月计算实际用量，并与库房实际消耗量比对，进行库存盘点，防止饲料原料亏库未补，影响奶牛场正常生产。

2. 使用的饲料应无霉变、结块及异味。

3. 饲料使用过程中要保持环境卫生、整洁，同时确保青贮使用过程中，截面保持整齐。

第四章

饲 养 管 理

　　奶牛的饲养管理是奶牛场围绕奶牛生活和生产而从事的各项活动，主要包括后备牛培育、成母牛饲养、饲料加工储备、繁殖育种、挤奶贮奶、疾病防控、粪污清理、舒适度管理等工作。

　　目前，我国奶牛养殖主要采取散栏舍饲方式。其特征是根据奶牛年龄、生理特征和生产水平将奶牛分为若干阶段，每个阶段分成若干群体，实行群体饲养。从奶牛场规划布局要求来看，生产区是奶牛生活和生产的主要区域，不同阶段奶牛分区饲养，各区被道路和围栏所分隔。生产区总体分为成母牛区和后备牛区。成母牛区以群为单元又分设采食区、休息区、挤奶区和运动场，奶牛可以自由地采食、休息、运动，泌乳牛可定时到挤奶厅挤奶，或在特定区域进行输精、治疗、修蹄等作业；后备牛区分为采食区、休息区和运动区。散栏饲养方式的优势是便于推行先进技术，提高劳动效率，提升设施化、信息化和专业化水平，确保奶牛舒适健康和优质原料奶生产。

第一节　后备牛培育

　　后备牛是指第一次产犊之前的奶牛。按照后备牛的生长发育规律及生理特征变化，可划分为三个阶段，即犊牛阶段、育成牛阶段和青年牛阶段。

一、犊牛培育

　　犊牛是指从出生到 6 月龄以内的小牛。包括哺乳犊牛和断奶犊牛。该阶段的主要任务是尽早吃到足量初乳，提供适宜环境，提高犊牛成活率；适时饲喂犊牛开食料，促进瘤胃发育，实行早期断奶，降低饲养成本；在断奶后采用现代技术措施，培育合格的犊牛群。

（一）哺乳犊牛

1. 新生犊牛　新生犊牛指出生后 3 日龄以内的犊牛。饲养管理目标主要是提高犊牛成活率。

（1）饲养技术　犊牛初生时体内没有抗体，缺乏脂溶性维生素（维生素 A、维生素 D、维生素 E），这些物质必须从初乳中获得，因此应该尽早足量让犊牛吃到初乳，这是提高犊牛成活率的关键。给新生犊牛饲喂初乳，应注意以下几点：

①饲喂时间和喂量

▲饲喂时间　随着时间的延长，新生犊牛肠壁对免疫球蛋白等大分子蛋白的吸收会逐渐产生屏蔽作用，故犊牛出生后应尽早哺食初乳，一般在出生后半小时至 1 小时饲喂第一次初乳，最晚不得超过 2 小时。

▲初乳喂量　第一次饲喂初乳到底喂多少才算够，通过下边的计算便可知道。刚出生的犊牛体重平均为 40 千克（35～45 千克），体高 70～80 厘米。体内血液含量占体重 10% 左右。要想使犊牛获得足够的免疫力，犊牛血液中 IgG 的浓度必须达到 15 克/千克。优质初乳中 IgG 的浓度为 50 克/千克。为此，计算如下：

犊牛体重：	40 千克
血液容量（约占体重 10%）：	4 千克
血液中 IgG 的浓度必须达到：	15 克/千克
则通过初乳至少必须吸收 IgG：	60 克
犊牛对初乳中 IgG 的吸收率为：	30%
所以至少需要从初乳提供 IgG：	200 克
初乳中 IgG 的浓度为：	50 克/千克
因此第一天饲喂初乳的量至少为：	4 千克

这样，犊牛在初生 1 小时内完成第一次饲喂，第一次初乳喂量至少应达到 2 千克（日喂量的一半），出生 6～9 小时喂第二次，在 24 小时内最好饲喂初乳 2～3 次，总共饲喂 4～6 千克，以便让犊牛获得足够的免疫力。以后每天喂奶 3 次，每天 4～6 千克，全天喂奶量应控制在体重的 10% 左右。如果第一次初乳饲喂太晚或喂量不足，则犊牛获得的免疫球蛋白将大大减少，犊牛死亡率也会随之升高（图 4-1）。

不同母牛产后初乳的质量不同。饲喂前应用比重计或折光仪，测定初乳比重和折光率，推断 IgG 浓度，进行质量评定，见表 4-1。

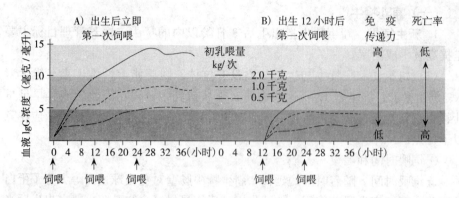

图 4-1　初乳饲喂量和饲喂时间对犊牛血液 IgG 浓度和死亡率的影响
资料来源：米歇尔·瓦提欧《奶牛饲养技术指南：饲养小母牛》，有修改。

表 4-1　奶牛初乳质量评定

IgG 浓度（毫克/毫升）	比重计标记	折光率（%）	质量判定
≥50	绿色	≥22	好
25.1～49.9	黄色	20.1～21.9	一般
≤25	红色	≤20	差

　　生产实践中，可将多余初乳按 2 千克标准统一装瓶进行收集，记录采集日期、母牛编号、初乳质量等信息，然后−20℃冷冻保存，以满足新生犊牛出生后尽早哺食初乳的需要。

　　②饲喂方法　初乳最好现挤、现喂，保证奶温在 35～40℃。如果饲喂冷冻初乳，解冻后饲喂温度也应保持在 35～40℃。否则，过热易导致消化道炎症，过冷易导致犊牛腹泻。

　　哺喂初乳应用经过消毒的喂奶器饲喂。如果犊牛在出生后 2 小时内不能自行饮奶，则要采用专门的初乳灌服器灌服。

　　(2) **管理要点**　刚出生的犊牛要精心护理，按顺序做好以下几点：

　　①犊牛出生后及时用毛巾清理口、鼻、耳内的黏液，确保呼吸畅通，耳内干净。

　　②用消毒剪刀在距离犊牛脐部 6～8 厘米处断脐，并挤出脐带内污血，接着用 5%～10% 的碘酒浸泡消毒 1～2 分钟。

　　③让母牛舔干犊牛身上的黏液；也可用干净毛巾或者一次性纸巾擦干。

　　④舔干或擦干后，将犊牛与母牛隔离。

　　⑤给犊牛称重、打耳标、照相、建系谱，放至消毒好的犊牛笼。

⑥注意犊牛保温，0～3日龄犊牛抗寒能力较差，应保持环境温度不低于18℃，高寒地区适宜饲养在室内高床犊牛笼内，并采取保暖措施。

⑦保持环境卫生，0～3日龄犊牛抵御疾病能力差，应保持环境清洁卫生。

2.4 日龄至断奶前犊牛

（1）培育目标　成活率≥95％；平均日增重≥800克；断奶时体重为出生重2倍以上；体高≥90厘米。

（2）饲养技术　犊牛进入常规的哺乳阶段，按照培育方案饲喂常乳。犊牛哺乳期长短各地不尽一致，一般为6～8周，培育方案分全乳培育方案和代乳粉培育方案。

①全乳培育方案　全乳培育犊牛是指整个哺乳期间犊牛饲喂的营养主要是鲜牛奶，每天哺乳量为体重的8％～10％，哺乳期一般6～8周，其8周培育方案和6周培育方案见表4-2和表4-3。

②代乳粉培育方案　代乳粉培育指出生后第4天至断奶的犊牛用代乳粉替代鲜牛奶哺乳的一种方案。一般将代乳粉用38～42℃的温开水按1：7比例进行稀释，稀释后按犊牛体重的8％～10％进行饲喂。代乳粉培育具有营养全面、防止疾病垂直传播、价格低廉等特点，哺乳期一般6～8周，其8周培育方案和6周培育方案同全乳培育方案（表4-2、表4-3）。

表4-2　8周培育方案

（单位：千克）

日龄	牛乳			饲料		
	种类	每日喂量	方式	种类	每日喂量	方式
1～3	初乳	4	吸吮奶嘴或灌服强饲	—	—	—
4～7	常乳或代乳粉	4	奶桶自饮	开食料	0.1	加入奶中
8～14	常乳或代乳粉	5	奶桶自饮	开食料	0.2～0.3	加入奶中
15～35	常乳或代乳粉	6	奶桶自饮	开食料	0.5～0.8	自由采食
36～49	常乳或代乳粉	5	奶桶自饮	开食料	0.9～1.2	自由采食
50～60	常乳或代乳粉	3	奶桶自饮	开食料	1.3～1.5	自由采食
合计	—	292	—	—	—	—

表4-3　6周培育方案

（单位：千克）

日龄	牛乳			饲料		
	种类	每日喂量	方式	种类	每日喂量	方式
1～3	初乳	4	吸吮奶嘴或灌服强饲	—	—	—
4～7	常乳或代乳粉	4	奶桶自饮	开食料	0.1～0.2	加入奶中

日龄	牛 乳			饲 料		
	种类	每日喂量	方式	种类	每日喂量	方式
8～28	常乳或代乳粉	5	奶桶自饮	开食料	0.3～0.8	自由采食
29～42	常乳或代乳粉	3	奶桶自饮	开食料	0.9～1.2	自由采食
合计	—	175	—	—	—	—

（3）管理要点

①一般管理　哺乳期犊牛管理一般要做到"五定"、"四勤"和"三不"，即定质、定量、定时、定温、定人、勤观察、勤消毒、勤换褥草、勤添料、不混群饲养、不喂发酵饲料、不喂饮冰水。

▲定质　劣质或变质的牛奶、含抗生素的牛奶、发霉变质的开食料以及被污染的饮水禁止饲喂。

▲定量　每日、每次的喂量按饲喂计划进行合理分配，同时按犊牛的个体大小、健康状况灵活掌握。饲料变更和喂量增减要循序渐进。

▲定时　犊牛每天可喂2～4次，一旦喂奶时间和次数固定下来，就要严格执行，不可随意更改。

▲定温　喂奶的温度要控制在35～40℃，一般夏天控制在34～36℃，冬天控制在38～40℃，奶温不可忽冷忽热。

▲定人　固定的饲养人员熟悉犊牛的食量特点和习性，频繁更换饲养人员对犊牛会产生较大应激，影响犊牛发育。生产实践中，犊牛饲养要由有经验和有责任心的人员担任。

▲勤观察　饲养人员应随时观察犊牛的采食、饮水、排便及精神状态。发现异常及时报告，并采取相应措施。

▲勤添料　饲料按犊牛实际采食量分多次添加，确保随时吃到新鲜饲料。做到每天人工清槽一次。

▲勤消毒　饲养人员应每天对水槽、料槽和地面进行清理、刷洗和消毒。犊牛转出后，应彻底消毒牛床、牛栏及用具，并空置一周以上，方可再次投入使用。

▲勤换褥草　褥草必须保持新鲜、干净、干燥、足量，否则立即添加和更换。发霉、潮湿、坚硬、含有农药残留的褥草禁止使用。

▲不混群饲养　犊牛混群饲养会增加疾病相互传染的风险。哺乳期犊牛应一牛一栏单独饲养，以保证犊牛健康成长。

▲不喂发酵饲料　在犊牛断奶之前，瘤胃发育缓慢，胃肠道生物菌群不健

全，对粗饲料和发酵饲料的消化能力很差，故不准饲喂青贮、酒糟等发酵饲料。

▲不喂饮冰水　奶牛在任何时候都不能饲喂冰水，尤其是哺乳犊牛，很容易引起消化不良和腹泻。

②防寒保暖　犊牛从舍内转移至舍外时或是在冬、春寒冷季节里，应适当采取防寒保暖措施，减少应激。

③防疫接种　犊牛免疫力差，应当按照犊牛防疫需要建立规范的免疫程序，及时进行免疫接种。

④环境保护　犊牛的生活环境要求安静、清洁、干燥、背风向阳、冬暖夏凉。

⑤饮水控制　犊牛每次喂乳1～2小时后，喂饮适量温水。开始应人为控制饮水，以防胀肚，7～10日龄后逐步过渡到自由饮水。控制饮水时，每天饮水次数与喂奶次数相同。夏季饮水量应从0.5千克/次逐步增加到1.5千克/次，温度从30℃逐步降低到15℃；冬季饮水量从不给水逐步增加到1.0千克/次，温度从35℃逐步降低到15℃，以适应自由饮水，防止发生下痢。

⑥去角　犊牛在2～5周龄时应去角。过早应激过大，容易造成犊牛疾病和死亡；过晚角基生长点角质化，容易造成去角不彻底而再次长出。常用的去角方法有电烙铁法和氢氧化钠（火碱）棒涂擦法。

▲电烙铁法　选择枪式去角器（电烙铁），其顶端呈杯状，大小与犊牛角的底部一致。去角时将犊牛简单保定，防止挣扎。将去角器通电10分钟加温至480～540℃后，放在犊牛角突起的基部处10秒钟，或者使基部组织变为古铜色为止（图4-2）。用电烙铁去角比较简单，一般不出血，在全年任何季节都可进行，适用于2～5周龄的犊牛。但在使用时应注意烙烫时间和位置，防止去角不彻底或造成颅内损伤。

图4-2　电烙铁法去角

▲氢氧化钠（火碱）棒涂擦法　首先，在犊牛角突起的基部周围3厘米处剪毛，用5%碘酊消毒，注射麻醉剂，周围涂凡士林，以防火碱液外流伤及犊牛眼睛。然后，术者手持氢氧化钠棒在角突起的基部涂擦，直到基部组织皮下出血为止。在操作过程中，术者应带防腐手套，防止氢氧化钠烧伤手臂皮肤。

注意，去角后 24 小时内要防止雨水或者奶汁等液体淋湿犊牛头部。

⑦去除副乳头　正常情况下奶牛乳房只有四个乳头，但有的牛在正常乳头的附近生长有小的副乳头，应将其除掉。去副乳头的最佳时机在 2～4 周龄，一般施行去除术去除。术者先对副乳头周围清洗消毒，再轻拉副乳头，用消毒剪刀在副乳头基部直接剪除，然后 5% 碘酒消毒即可（图 4-3）。

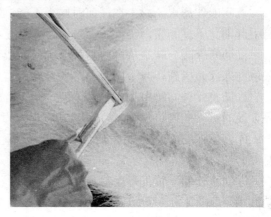

图 4-3　去除副乳头

⑧断奶准备　严格执行犊牛培育方案，60 日龄结束哺乳期，当犊牛连续 3 天采食颗粒料达到 1～1.2 千克时可进行断奶，断奶时测量体重后转入断奶犊牛群，也可在原处饲喂 1 周，做好断奶阶段的过渡饲养。

（二）断奶后犊牛

1. 培育目标　断奶后的犊牛应按大小分为两个阶段进行分群饲养，其培育目标为：

（1）3～4 月龄　日增重≥800 克，120 日龄体重≥140 千克，体高≥95 厘米。

（2）5～6 月龄　日增重≥900 克，180 日龄体重≥190 千克，体高≥100 厘米。

2. 饲养技术　犊牛断奶后应在原处再饲养 1～2 周，够一群时可一起合并转群。断奶后犊牛应根据生长情况分两阶段进行饲养。

（1）日粮配方

①3～4 月龄　犊牛颗粒料 3 千克，苜蓿 1 千克，自由饮水。

②5～6 月龄　犊牛颗粒料 1 千克，犊牛混合料 2.5 千克，苜蓿 1 千克，青贮 4 千克，自由饮水。

（2）饲养要点

①断奶后 1～2 周内应使犊牛尽快适应饲料和环境的改变，避免断奶应激。

②犊牛自由饮水，每天的饮水量应达到干物质采食量的 4～5 倍。

③犊牛分群时不能单纯考虑月龄，还应根据个体大小和体况进行调整。

3. 管理要点

（1）断奶后的犊牛需要合群，以适应群居生活，每群以 6～8 头犊牛为宜。

（2）分群时要注意适宜的饲养密度，饲养密度应与采食槽位、饮水空间和牛床个数相匹配。一般每头犊牛采食槽位30～50厘米，饮水槽位5～10厘米，牛床个数与牛头数相同。

（3）牛舍环境要干净卫生、冬暖夏凉，牛床要干燥、平整、松软。

（4）对生长发育缓慢的犊牛找出原因，及时采取措施。

（5）定期防治体内外寄生虫和钱癣等疾病。

二、育成牛饲养管理

育成牛指7月龄至配种前的奶牛。育成牛培育的目标是保证奶牛的正常生长、发育和适时配种。

（一）培育目标

13～15月龄开始参加配种，参配体重380千克以上，鬐甲高124厘米以上，体况评分2.25～2.75分。体重体尺具体参数见表4-4。

表4-4 育成牛不同月龄体尺、体重参数

月龄	十字部高（厘米）	胸围（厘米）	体重（千克）
6	100～105	120～130	180～200
12	115～120	150～160	300～330
15	125～130	170～180	370～400
产犊	135～140	190～200	540～560

（二）饲养技术

1. 日粮配方 后备牛浓缩料1～2千克，玉米1～2千克，秸秆青贮10～25千克，优质羊草1～3千克。育成牛期间可做1个TMR配方，随着月龄增加，饲喂量逐渐增加，视饲料供应和育成牛体况，适量补喂泌乳牛TMR。

2. 饲养要点

（1）保证优质、稳定的粗饲料供应。粗饲料太差，会导致奶牛采食量下降，瘤胃发育不良，生长受阻，成年后产奶性能低下。

（2）必须按照个体大小和体况分群，而不是单纯按照年龄大小分群。

（3）日粮能量浓度不能太高，以免脂肪过度沉积，影响生殖器官和乳腺组织的发育。

（三）管理要点

1. 要按照育成牛发育情况合理分群，分群时要注意适宜的饲养密度，与采食槽位、饮水空间和牛床个数相匹配。一般每头育成牛采食槽位 50～60 厘米，饮水槽位 8～10 厘米，牛床个数与牛头数相同。

2. 牛舍环境要清洁卫生、冬暖夏凉，牛床要干净、干燥、平整、松软。

3. 对生长发育缓慢的育成牛找出原因，及时采取措施。

4. 定期防治体内外寄生虫和钱癣等疾病。

5.13～15 月龄符合配种体尺体重要求的健康母牛要做好发情鉴定，一旦发情要适时配种，同时将配种情况记入繁殖档案。

三、青年牛饲养管理

青年牛是指初次配种妊娠后至第一次产犊的母牛，该阶段的母牛瘤胃发育基本成熟，采食量大，易于肥胖；母牛妊娠后身体生长速度减缓，但乳腺和胎儿发育迅速，性情逐渐变得温驯。

（一）培育目标

青年牛的饲养分三个阶段：14～18 月龄、19 月龄至分娩前 22 天、分娩前 21 天至分娩。其培育目标分别为：

1. 14～18 月龄 日增重 800 克，18 月龄妊娠率≥98％。

2. 19 月龄至分娩前 22 天 日增重 700～800 克，流产率≤3％。

3. 分娩前 21 天至分娩 分娩前体重≥550 千克，体高≥1.40 米，难产率≤5％，产后 21 天日均产奶量≥30 千克。

（二）饲养技术

1. 日粮配方

（1）14 月龄至分娩前 22 天（即前两个阶段） 后备牛浓缩料 1.5～3 千克，玉米 1～2 千克，秸秆青贮 15～30 千克，优质羊草 2～5 千克。

（2）预产前 21 天至分娩 分娩前混合料 5～6 千克，优质羊草或燕麦草 2～4 千克，全株青贮 12～18 千克。

2. 饲养要点

（1）按照青年牛个体大小和体况分群。

（2）保证优质、稳定的粗饲料供应，否则粗饲料太差，会导致奶牛采食量下降，瘤胃发育不良，生长受阻，成年后产奶性能低下。

（3）产前采用低钙低钾日粮，减少苜蓿等高钙高钾饲料，控制食盐喂量。

（三）管理要点

1.14 月龄时要做好发情鉴定工作，一旦体尺、体重达标，如果发情应及时配种。

2. 配种之后要做好早期妊娠诊断，以免空怀错过补配时机。经妊娠诊断确已妊娠的青年母牛应做好繁殖记录。

3. 进行体况监控，根据母牛体况、胎儿发育阶段调整日粮结构，控制精料供给量，防止过肥。

4. 对于 14～18 月龄的青年牛，应提供足够日粮，以达到日增重目标。对于 19 月龄至分娩前 22 天的青年牛，应适当控制日粮给量，避免胎儿生长过快，造成难产。

5. 奶牛场应为奶牛安装自动牛体刷，让奶牛自动刷拭，提高奶牛福利，增强奶牛舒适度。

第二节　成母牛饲养管理

成母牛是指第一次分娩之后的母牛。除第一、二胎母牛身体仍有缓慢生长外，三胎以上母牛身体发育成熟，体尺、体重基本稳定。成母牛瘤胃功能高度发达，干物质采食量和饲料转化率达到最大。成母牛产犊、产奶交替进行，生产周期呈规律性变化。

根据成母牛泌乳、采食和体重的周期性变化（图 4-4），成母牛饲养可划分为五个阶段：干奶前期（分娩前 60 天停奶至分娩前 22 天）、围产期（分娩

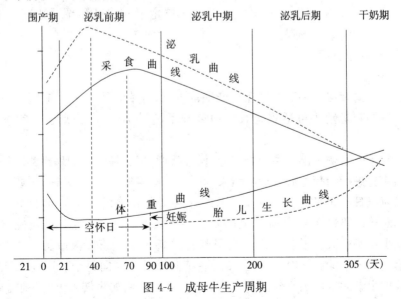

图 4-4　成母牛生产周期

前 21 天至分娩后 21 天）、泌乳前期（分娩后 22～100 天）、泌乳中期（分娩后 101～200 天）、泌乳后期（分娩后 201 天至 305 天停奶）。

饲养成母牛的目标，是通过合理分群、标准化饲养和精细化管理，保证其健康长寿，发挥优良的遗传性能，最大限度地生产优质的原料奶，多繁殖优良的后代，创造更高的终生效益。

一、干奶牛饲养管理

妊娠母牛一般在产犊前 45～70 天停止挤奶，停止挤奶后的母牛称干奶牛，须单独分群饲养。

（一）饲养目标

干奶牛饲养主要是维持胎儿发育，保持奶牛正常体况，使乳腺及瘤胃得以休整，为下一个泌乳期健康和高产做好准备。

（二）饲养要点

1. 控制食盐添加量，每头每天应小于 20 克。

2. 日粮干物质饲喂量应为奶牛体重的 1.8% 以上。

3. 以优质粗饲料为主，精料与粗料比例控制在 20～30∶80～70。

4. 采用低钙低钾日粮，减少苜蓿等高钙高钾饲料的饲喂，钙的饲喂量不超过日粮干物质的 0.6%，钾的饲喂量不超过日粮干物质的 1.2%。

5. 干奶牛日粮应做到新鲜、干净，无抗生素和农药残留，冰冻、发霉、腐败变质的饲料禁止饲喂。

（三）管理要点

1. 干奶

（1）干奶时间　一般控制在预产期前 60 天左右，不可人为缩短。对于头胎牛、体弱和老龄牛可适当延长，但最长不超过 70 天，否则会影响本期产奶量。

（2）干奶方法　泌乳牛干奶前应进行隐性乳房炎检测，如果检测结果为阳性，则应先进行治疗。如果检测结果为阴性，则可按下述方法进行干奶：

①对于日产奶量在 20 千克以下的泌乳牛，使用停奶药，立即停奶。

②对于产奶量在 20 千克以上的泌乳牛，从干奶第 1 天起，适当控制饮水量，减少挤奶次数。干奶的第 1 天早晚各挤奶 1 次；第 2 天改为早上挤奶 1 次；第 3 天中午彻底挤净后，用 75% 酒精药浴乳头，向每个乳区注入一支含有长效抗生素的专用干奶药，立即停奶。停奶后，将奶牛转入干奶牛群。停奶

后的奶牛一般不许再触碰乳头，但要随时观察乳房变化，只要乳房正常则无需干预；但如果出现过分膨胀、红肿或滴奶等现象，应挤净牛奶，重新干奶；如果诊断为乳房炎，应进行治疗，待痊愈后再行干奶。

正常情况下，停奶后奶牛经 3～5 天，乳房内积存的奶会逐渐被吸收，约10 天后乳房收缩变软。如果奶牛停奶后如此变化，表明停奶成功，停奶工作可宣告结束。

2. 体况调整　干奶期理想的奶牛体况评分应在 3.25～3.75 分，不宜过肥过瘦。对过肥或过瘦的奶牛，应通过调群或调控营养，使体况评分尽快恢复到正常水平。

3. 环境控制

（1）防止干奶牛舍地面湿滑，避免奶牛摔倒。

（2）饲养密度应与采食槽位、饮水空间和牛床个数相匹配。一般每头牛采食槽位 70～80 厘米，饮水槽位 10～15 厘米，牛床个数与牛头数相同，牛床应宽大松软。

4. 修蹄护蹄　干奶期间，可对奶牛进行修蹄护蹄，修蹄时应采用移动式翻转修蹄架，按照标准的修蹄操作规程进行（图 4-5）。

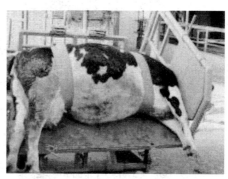

A　　　　　　　　　　　　　　　B

图 4-5　移动式翻转修蹄架修蹄

A. 移动式翻转修蹄架　B. 奶牛被绑定在修蹄架上

二、围产期奶牛饲养管理

围产期是指母牛分娩前后各 21 天这段时间。围产期可分围产前期和围产后期。围产前期指产前 21 天至分娩的时间段；围产后期指分娩至产后 21 天的时间段，围产后期的奶牛也称之为新产牛。

（一）围产前期奶牛饲养管理

1. 饲养目标　确保该时期奶牛最大的干物质采食量，使奶牛瘤胃逐渐适应产后高精料日粮。做好乳房、内分泌系统功能过渡，保证奶牛顺利分娩和产后高产。

2. 饲养要点

（1）该期间确保奶牛日干物质采食量占体重的 1.6% 以上。

（2）采用低钙低钾日粮，减少苜蓿等高钙高钾饲料喂量，钙的饲喂量不超过日粮干物质的 0.4%，钾的饲喂量不超过日粮干物质的 0.8%。

（3）日粮中不许额外添加食盐。

（4）保证稳定优质粗饲料供给。

（5）精料与粗料比例控制在 45～50：55～50。

（6）按照营养需要，补充足量的维生素 A、维生素 D、维生素 E。

3. 管理要点

（1）分娩前 21 天奶牛应及时转入围产前期牛圈进行饲养，圈舍内保持安静、干净卫生，并建立严格的管理制度。

（2）产栏或产圈在使用前要进行严格清理和彻底消毒，铺上厚 15 厘米以上干净、干燥而柔软的褥草。

（3）临产前 2～3 天根据乳房的充盈程度，对乳头进行药浴，每日 1～2 次。

（4）产房昼夜应有人值班，根据预产期做好产栏或产圈、助产器具的清洗消毒等准备工作。母牛有分娩征状时，驱入产栏或产圈，消毒后躯。通常情况下，让其自然分娩；如因胎位不正、胎儿过大需要助产时，应由专职兽医进行助产。助产时，术者应严格消毒手臂和器械，按照规定程序进行。

（二）围产后期奶牛饲养管理

1. 饲养目标　围产后期应让奶牛尽快恢复采食量，促使母牛产后恶露排净和子宫恢复，分娩后 21 天平均头日产奶量大于 35 千克，确保奶牛日干物质采食量大于体重的 2.3%。

2. 饲养要点

（1）采用高钙高钾日粮，钙的饲喂量占日粮干物质的 1.0% 以上，钾的饲喂量占日粮干物质的 1.5% 以上。

（2）精料与粗料比例为 50～55：50～45。

（3）保证优质粗饲料稳定供给。

（4）补饲泌乳牛舔砖。

3. 管理要点

（1）分娩后 10 天内，每天观察并记录饲料采食量、瘤胃蠕动、反刍、粪便、胎衣和恶露排出等情况，每天监测体温，定期监测隐性乳房炎，分娩后第 7、14、21 天监测酮体。以上情况如有异常，查找原因，立即处理。

（2）分娩后奶牛应尽快让其站起，立即灌服产后灌服料。对体况较弱的奶牛可连续灌服 2～3 天。

（3）对难产、死胎、腐胎、多胎、胎衣不下的奶牛，由兽医及时采取措施进行处理。

（4）分娩后在 0.5～1 小时内进行第一次挤奶。

（5）新产牛上厅挤奶时，每班次应安排在第一批挤奶。

（6）母牛产后应立即清理产栏或产圈，正确处理胎衣，及时喷洒药物消毒，更换褥草，做好产科检查。

（7）夏季注意防暑降温，供给清洁饮水；冬季注意防寒，供给温水，不能饮用冰水。

（8）开始参加 DHI 测定。

（9）做好产犊和产后护理各项记录。

（10）新产牛转群时，必须同时符合以下几点：

①隐性乳房炎监测阴性。

②乳中抗生素残留检测合格。

③体温检测连续 3 天正常。

④酮体检测阴性。

⑤日粮干物质采食量超过 16 千克。

⑥无其他疾病。

三、泌乳前期奶牛饲养管理

泌乳前期是指产后 22～100 天的阶段，也叫泌乳盛期。奶牛分娩后产奶量迅速上升，一般 5～8 周达产奶高峰，此时，虽然食欲逐渐恢复正常，但在 10～12 周，干物质采食量才达到高峰。因此，此期奶牛常常处于营养和能量负平衡状态。

（一）饲养目标

奶牛产后 40～60 天达到泌乳高峰，其高峰产奶量应在 50 千克以上，整个泌乳前期平均头日产奶量应在 40 千克以上；奶牛产后 70～90 天达到采食高峰，每头每天干物质采食量大于 25 千克；所有奶牛在产后 100 天内配种 1～2 次；牛奶体细胞数（SCC）≤20 万/毫升。

（二）饲养要点

1. 提高日粮营养浓度，以减少产后营养和能量负平衡。

2. 饲喂苜蓿、燕麦等优质粗饲料。

3. 精料和粗料比例控制在 55～65：45～35，日粮 NDF 含量在 28%～35%。

4. 添加保护性脂肪和过瘤胃蛋白质（或过瘤胃氨基酸），满足能量和氨基酸的需要。

5. 合理添加维生素、矿物质和微量元素，保证瘤胃内环境稳定。

（三）管理要点

1. 每日定时挤奶 3～4 次，每次挤奶间隔均等。

2. 配备防暑、防寒设施，控制好奶牛舍通风、采光、温度、湿度等小气候；维护好采食槽、饮水槽、通道、牛床等区域环境卫生；安装自动牛体刷、音箱等，减少各种应激，提高奶牛福利待遇。

3. 每天观察并记录奶牛采食、反刍、粪便、肢蹄、发情、体况等情况，发现异常，及时处理。

4. 每月进行 DHI 测定。

5. 分娩后第 30 天进行第一次产科检查，如有异常及时治疗。对分娩后 60 天尚未出现发情征候的奶牛，应及时分析原因，采取治疗措施。

6. 做好发情鉴定、配种和妊娠诊断工作，做好繁殖记录。

7. 头胎牛应单独分为一群饲养管理。

四、泌乳中期奶牛饲养管理

泌乳中期指分娩后 101～200 天的时间段。这个时期，奶牛食欲旺盛，处于采食量高峰期，具有较高的产奶量。此时多数奶牛处于妊娠早、中期，产奶量开始逐渐下降。奶牛能量处于正平衡，奶牛体况逐渐恢复。

（一）饲养目标

平均头日产奶量＞35 千克，体况评分≥2.5，妊娠比例≥90%，牛奶 SCC≤30 万/毫升。

（二）饲养要点

1. 将精料和粗料比例调整到 50～55：50～45。

2. 饲喂优质粗饲料。

3. 日粮组成应适当降低能量、蛋白含量，增加粗饲料饲喂量。

4. 体况评分在 3.0 分左右。对低于 2.5 分或高于 3.5 分以上的奶牛，应及时进行补饲或限饲，或进行调群干预。

（三）管理要点

1. 每日定时挤奶 3 次，每次挤奶间隔均等。

2. 配备防暑、防寒设施，控制好奶牛舍通风、采光、温度、湿度等小气候；维护好采食槽、饮水槽、牛床、通道等区域环境卫生；安装自动牛体刷、音箱等，消除各种应激，提高奶牛福利待遇。

3. 每天观察并记录奶牛采食、反刍、发情、粪便、肢蹄、体况等情况，发现异常，及时处理。

4. 每月进行 DHI 测定。

5. 统计分娩后 100 天仍然未发情的牛头数，做好难妊牛的疾病诊断与治疗。

五、泌乳后期奶牛饲养管理

泌乳后期指分娩后 201 天至干奶前这段时间。该阶段奶牛处于妊娠中后期，产奶量逐步下降，体膘明显恢复。

（一）饲养目标

平均头日产奶量＞22 千克；体况评分 3.0～3.5；妊娠比例 100％；牛奶SCC≤40 万/毫升。

（二）饲养要点

1. 将精料和粗料比例调整到 45～50：55～50。

2. 饲喂优质粗饲料。

3. 日粮组成应适当降低能量、蛋白含量，增加粗饲料饲喂量。

4. 对过肥过瘦的奶牛进行调群干预。对于体况评分低于 3.0 分的奶牛，应适当增加日粮能量含量，以恢复奶牛的体况。

（三）管理要点

1. 每日定时挤奶 2～3 次，每次挤奶间隔均等。

2. 配备防暑、防寒设施，控制好奶牛舍通风、采光、温度、湿度等小气候；维护好采食槽、饮水槽、牛床、通道等区域环境卫生；安装自动牛体刷、音箱等，消除各种应激，提高奶牛福利待遇。

3. 每天观察并记录奶牛采食、反刍、粪便、肢蹄、发情、体况等情况，发现异常，及时处理。

4. 每月进行 DHI 测定。

5. 做好乳房保健，加强乳房炎检测。

6. 加强饲料、环境、人员管理，防止奶牛流产。

7. 对接近干奶期的奶牛做好干奶准备工作。

8. 对产奶和繁殖成绩优良的奶牛群，中产牛和低产牛的 TMR 也可以合并为 1 个配方。

奶牛的饲料配置和牛群分群有关，其分群分类 TMR 的设置可参考表 4-5。

表 4-5　奶牛分群和 TMR 分类一览表

群别	高产牛 TMR	中产牛 TMR	低产牛 TMR	后备牛 TMR	干奶牛 TMR	分群标准及注意事项
高产群	★					泌乳早期或头日产 30 千克以上牛只（包括围产后期）
中产群		★				泌乳中期或日产 25 千克以上牛只
低产群			★			泌乳末期
干奶前期					★	停奶至分娩前 21 天；青年妊娠牛分娩前 60 天至产前 21 天
干奶后期*	★30％				★70％	分娩前 21 天至产犊；青年妊娠牛分娩前 21 天至产犊
头胎牛群	★	★	★			头胎牛单独分群，并按产量、泌乳月分别给予高、中、低三种 TMR
15～23 月龄青年牛				★		限饲 10～11 千克干物质/天
7～15 月龄育成牛				★		自由采食
0～6 月犊牛	★					哺乳期补开食料

注：* 代表干奶后期牛的 TMR 由 30％高产牛 TMR 和 70％干奶前期 TMR 组成。

实际上不同时期不同阶段不同产奶水平的牛群，其全混合日粮（TMR）配制和营养水平要利用 CPM-dairy 配方软件，根据奶牛场可利用饲料资源种类和相应的饲料营养数据库，有针对性地科学配制并制作日粮。在此，将后备牛和成母牛不同阶段的日粮营养需要列于表 4-6、表 4-7 和表 4-8，仅供参考。

表 4-6　后备牛的日粮营养需要

月龄	体重（千克）	干物质采食量占体重百分比（%）	干物质采食量（千克）	粗蛋白占日粮干物质百分比（%）	代谢能（兆焦/千克）	净能（兆焦/千克）	粗饲料占日粮干物质百分比（%）	实施方案
0～2	50	2.8～3.0	1	18	12.55	7.53	0～10	犊牛 TMR；开食颗粒料
2～3	80	2.8	2.25	18	12.55	7.53	10～15	犊牛 TMR
3～6	140	2.7	3.0～4.0	16.5	10.88	6.90	40	泌乳牛 TMR＋1千克豆科干草
6～12	250	2.5	5.0～7.0	14	9.62	5.86	40～50	TMR(14%CP)；TMR(13%CP)＋2千克泌乳牛 TMR
13～18	360	2.3	8.0～9.0	13	10.67	5.44	50	TMR（13% CP）
19～23	500	2	10.0～11.0	12.5～13.0	10.67	5.44	50	TMR(12.5%～13%CP)（限饲10～11千克干物质/天）
24	560～600	—	10	14.5	6.49	—	55～60	围产期 TMR

表 4-7　成母牛群各种 TMR 建议营养需要

营养素	泌乳前期	泌乳中期	泌乳后期	干奶前期	围产前期	围产后期
干物质采食量 DMI（千克）	23～26	22～24	19～21	12～14	10～12	15～19
产奶净能 NEL（兆焦/千克）	6.90～7.52	6.69～7.11	6.27～6.69	5.02～5.85	5.85～6.27	7.32～7.52
粗蛋白 CP（%）	16.5～18	15～16.5	14～16	11～14	14～15	16.5～18
可降解蛋白 RDP（%）	60～66	62～66	62～66	75	68～70	60～65
非降解蛋白 RUP（%）	34～40	34～38	34～38	25	30～32	35～40
脂肪（%）	4.20～6.45	4.20～6.2	2.60～5.5	1.70～4.8	2.0～4.8	4.20～6.45
中性洗涤纤维 NDF（%）	35～45	41～48	43～50	50～70	45～55	35～40
酸性洗涤纤维 ADF（%）	19～27	22～30	25～35	23～40	25～35	19～25
钙 Ca（%）	0.85～1.25	0.85～1.25	0.70～1.15	0.5～0.8	0.5～0.8	1.0～1.25
磷 P（%）	0.35～0.60	0.35～0.60	0.35～0.60	0.2～0.6	0.2～0.6	0.35～0.60
镁 Mg（%）	0.28～0.34	0.25～0.31	0.22～0.28	0.16	0.2	0.28～0.34
钾 K（%）	1.2～1.5	1.2～1.5	1.2～1.5	0.65	0.3～0.65	1.2～1.5

营养素	泌乳前期	泌乳中期	泌乳后期	干奶前期	围产前期	围产后期
钠 Na（%）	0.2～0.3	0.2～0.3	0.2～0.3	0.1	0.1	0.2～0.3
氯 Cl（%）	0.25～0.3	0.25～0.3	0.25～0.3	0.2	0.2	0.25～0.3
硫 S（%）	0.23～0.24	0.21～0.23	0.2～0.21	0.16	0.16	0.23～0.24
维生素 A （万国际单位/天）	10	5	5	1	1	10
维生素 D （万国际单位/天）	3	2	2	3	3	3
维生素 E （国际单位/天）	600	400	400	600	1 000	600

表 4-8　美国 NRC（2001）成母牛营养需要

营养素	干奶前期	干奶后期	泌乳早期	泌乳前期	泌乳中期	泌乳后期
干物质采食量 DMI（千克）	13	10～11	17～19	23.6	22	19
产奶净能 NE_L（兆焦/千克）	5.81	6.31	7.15	7.48	7.23	6.40
脂肪 Fat（%）	2	3	5	6	5	3
粗蛋白 CP（%）	13	15	19	18	16	14
可降解蛋白 RDP（%）	70	60	60	62	64	68
非降解蛋白 RUP（%）	25	32	40	38	36	32
小肠可吸收蛋白（%）	35	30	40	31	32	34
酸性洗涤纤维 ADF（%）	30	24	21	19	21	24
中性洗涤纤维 NDF（%）	40	35	30	28	30	32
物理有效纤维 peNDF（%）	30	24	22			
精饲料占比（%）				50～58	40～52	35～48
非纤维碳水化合物 NFC（%）	30	34	35	38	36	34
钙 Ca（%）	0.6	0.7	1.1	1.0	0.8	0.6
磷 P（%）	0.26	0.3	0.33	0.46	0.42	0.36
镁 Mg（%）	0.16	0.2	0.33	0.3	0.2	0.20
硫 S（%）	0.16	0.2	0.25	0.25	0.25	0.25
维生素 A（万国际单位/天）	10	10	11	10	5	5
维生素 D（万国际单位/天）	3	3	3.5	3	2	2
维生素 E（国际单位/天）	600	1 000	800	600	400	200

不同阶段奶牛管理工作及技术要点参见表 4-9。

表 4-9　不同阶段奶牛管理工作及技术要点一览表

阶段	管理工作内容	具体时间与方法
出生至 3 日龄	（1）环境消毒、保温与通风 （2）观察奶牛分娩过程，自然顺产或助产 （3）清理口鼻黏液 （4）断脐及消毒 （5）让母牛舔干或人工擦干犊牛身体 （6）称重与记录 （7）饲喂初乳 （8）牛只编号与系谱登记 （9）牛只标记 （10）单栏饲养管理	（1）分娩前卫生消毒、干燥与通风 （2）分娩全过程，按照奶牛分娩及助产操作规范进行 （3）犊牛产出时用干净毛巾或纸巾 （4）自然或人工扯断，碘酒消毒 （5）干净毛巾或消毒纸巾擦拭 （6）小型磅秤，卡片和电子档案 （7）奶瓶或奶桶，母乳喂养 （8）参照国家统一编号和电子档案 （9）佩戴耳标或电子标记 （10）室内犊牛栏
4 日龄 至断奶	（1）确定培育目标，进行早期断奶 （2）喂奶 （3）精料（代乳料）采食训练 （4）去角 （5）切除副乳头 （6）单独饲养管理 （7）必要的免疫接种	（1）第 4 天转入犊牛栏，执行方案 （2）整个哺乳期，奶瓶或奶桶 （3）出生 7 天以后 （4）产后 1 周，电烙铁或火碱棒法 （5）产后 1 周龄，直接剪除法 （6）整个哺乳期，室外犊牛栏 （7）按防疫要求
断奶后	（1）称重与评估 （2）合群饲养 （3）干草、青贮采食训练	（1）按断奶要求评定体重，转群 （2）按年龄和体型大小分群 （3）断奶前干草，断奶后青贮
育成牛 阶段（6 月龄至配 种）	（1）分群饲养 （2）称重与日增重评估 （3）测量体尺与评估 （4）加强营养，加速生长 （5）发情观察 （6）做好繁殖器官检查，做好配种准备 （7）适时配种 （8）体况评定	（1）按年龄、体格大小和体况分群 （2）转群时进行，以后每月监控 （3）转群时进行，以后每月监控 （4）整个时期 （5）12 月龄前后，每月观察 （6）13～15 月龄时 （7）按后备牛配种标准进行 （8）每月一次，防止过肥或过瘦
青年牛 妊娠期	（1）单独分群饲养 （2）保证营养质量，防止流产死胎 （3）做好妊娠复检 （4）控制营养水平，防止胎儿过大难产 （5）计算好预产期，做好产前准备 （6）保证奶牛健康，防止产前过肥	（1）配准后转群饲养 （2）妊娠前期 （3）配种后 2～3 个月 （4）妊娠后期 （5）妊娠第 9 个月时 （6）每 3 个月做一次体况评定

阶段	管理工作内容	具体时间与方法
围产期	(1) 奶牛转入产房，作好分娩准备工作 (2) 调整营养水平，适应奶牛分娩 (3) 观察母牛临产征兆，做好产犊准备 (4) 做好奶牛接产与产后护理 (5) 奶牛开始挤奶，挤奶量由少到多 (6) 观察母牛产后精神及疾病状况	(1) 分娩前 2 周转群 (2) 分娩前 2 周以内，引导饲养法 (3) 临分娩前 1～2 天 (4) 分娩前后 (5) 3 天以内，手工或机械挤奶 (6) 围产后期进行连续监测
泌乳盛期	(1) 转入高产牛群饲养，监测产奶情况 (2) 合理配制 TMR 日粮，夺取高产 (3) 观察奶牛产道恢复情况，适时配种 (4) 防止能量负平衡引起过度消瘦 (5) 检测乳腺炎 (6) 检测酮病	(1) 分娩后转群，DHI 或在线检测 (2) 挑战饲养法 (3) 产后随时观察，90 天内配准 (4) 每月一次体况评定 (5) 整个时期，体细胞数检测 (6) 产后 2～6 周
泌乳中期	(1) 转入中产牛群，做好妊娠检查 (2) 调整营养水平，防止奶量下降过快 (3) 做好乳房保健，防止乳房炎 (4) 搞好奶牛福利，做好奶牛保胎	(1) 分娩后 101 天转群，妊娠检查 (2) DHI 测定或在线检测 (3) 体细胞数检测 (4) 整个时期
泌乳后期	(1) 转入低产牛群，做好奶牛保胎 (2) 调整营养水平，促使体况恢复 (3) 做好乳房保健，加强乳房炎检测 (4) 产奶末期，做好干奶准备	(1) 分娩后 201 天转群，做好妊检 (2) 泌乳后期 (3) 体细胞数检测 (4) 快速或两步干奶法
干奶期	(1) 做好乳房保健，加强乳房炎检测 (2) 转入干奶牛群，做好保胎工作 (3) 调整营养水平，维持体况正常	(1) CMT 法做好乳房炎监测与治疗 (2) 干奶工作结束后 (3) 体况评定

第三节　奶牛挤奶管理

挤奶是奶牛场特有的一项技术性较强、劳动量较大的工作。当前规模化奶牛场已经实行机械挤奶。机械挤奶一方面能减轻工人劳动强度，提高生产效率，保证原料奶质量，提高经济效益；另一方面机械工作原理模仿犊牛吃奶动作，4 个乳区同时挤奶，缩短了挤奶时间，有利奶牛乳房健康，可充分发挥奶牛泌乳潜能。

采用机械挤奶，对挤奶员、挤奶设备和挤奶操作有严格要求。

一、挤奶员选择

作为一名合格的挤奶员必须符合以下几点要求：
(1) 身体健康，体能能够达到岗位要求。
(2) 吃苦耐劳，责任心强，有团队合作精神。
(3) 具备岗位相应的文化水平，熟练掌握各类挤奶机械操作原理与技能。

二、挤奶设备选择

智能化挤奶机可实现自动计量、自动识别和自动脱杯等功能，有的还可在线测量乳成分及奶牛的繁殖、健康状况，可从根本上改变挤奶方式，提高挤奶效率和鲜奶质量。因此，生鲜乳的生产应采用机械挤奶。但是，对于一些需要特别护理的牛只（刚分娩奶牛、隔离奶牛等）仍可使用手工挤奶。机械挤奶分为提桶式和管道式两种，管道式挤奶又分为定位挤奶和厅式挤奶两种。各种形式挤奶机均有各自的优缺点：提桶式和管道定位式挤奶效率较低，适合于小型家庭牧场或传统拴系式牛舍，或者产房挤奶；厅式挤奶采用鱼骨式、并列式和转盘式挤奶设备，挤奶效率较高，适合于采取散栏饲养的各类规模化奶牛场挤奶。养殖企业可以根据泌乳牛规模和功能需要选择适合的挤奶机。

三、机械挤奶操作规程

机械挤奶应有一套十分严格的操作规程。

（一）挤奶前设备检查

新挤奶机在投入使用前或者每次挤奶前应首先检查挤奶机的真空度和脉冲频率是否符合要求，挤奶杯组是否干净卫生。一般挤奶管道在上位时，真空度压力应该为 $4.8\times10^3\sim5.0\times10^3$ 帕；挤奶管道在下位时，真空度压力应该为 $3.8\times10^3\sim4.2\times10^3$ 帕。前乳区脉动频率一般为 60～70 次/分，后乳区脉动频率一般为 70～80 次/分，待真空压力和脉动频率稳定后，方可开始挤奶。

（二）奶牛准备

按既定的挤奶顺序（即新产牛群、高产牛群、中低产牛群、病牛群），分群赶入待挤区，等待分批挤奶。

（三）挤奶操作

挤奶员挤奶一般按照挤奶操作规程进行。

1. 挤前三把奶 奶牛进入奶厅锁定后，挤奶员应立即按顺序对每头奶牛进行挤奶前处理。挤奶员一手持专用的奶汁检查杯，另一手对奶牛每个乳区挤出3把奶，一边挤一边检查并初步判断有无临床乳房炎发生，如有明显类似豆腐脑状凝块或血乳，则当班不予挤奶，待其他牛只挤奶完成后一同放出，另行处理。

2. 前药浴 用专用的药浴杯或喷枪对每个乳头进行药浴。药浴液应浸没整个乳头。药浴液碘酒有效浓度应达到0.5％以上。

3. 擦干 药浴30秒后用消毒毛巾或纸巾将乳头依次擦干。毛巾要严格消毒、卫生，一头奶牛一条毛巾，纸巾应为符合要求的一次性纸巾。不可交叉使用。

4. 套杯 擦干乳头后立即套杯并对乳杯及橡胶奶管进行适当调整，开始挤奶。从第一步挤三把奶开始到套杯所用时间不得超过90秒。在挤奶过程中，挤奶员应密切注意挤奶进程，发现异常情况及时处理并调整。

5. 脱杯 当牛奶流速低于200～400克/分时，挤奶杯会自动脱杯；对于没有自动脱杯功能的挤奶机，应人工脱杯。挤奶结束，应及时脱杯，以免挤奶过度诱发乳房炎。

6. 后药浴 脱杯后，再次用药浴液药浴乳头（图4-6），然后放牛，进行下一批次挤奶。

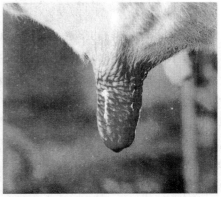

图4-6　奶牛乳头前、后药浴

7. 打扫卫生　每班挤奶结束，要及时清理挤奶厅卫生，并消毒。挤奶期间，及时清理奶牛粪便，防止进入或污染乳杯。

四、挤奶机清洗

清洗挤奶设备的目的主要是去除残留在管道中的牛奶，并对管道进行杀菌消毒。每次挤奶结束后，应立刻对挤奶管道按程序进行清洗。目前每天采用"两碱一酸"的清洗程序，即早、晚班挤奶后碱洗而中班挤奶后酸洗的程序，以除去管道中的残留脂肪、蛋白质、钙垢，防止微生物滋生。各步骤要求如下：

（一）预冲洗

在碱洗、酸洗之前都要进行预冲洗。其要求为：先将奶杯组洗净再装入底座，做不循环水冲洗，水温控制在 35～45℃（水温太低乳脂肪容易凝固附着管壁，而水温太高乳蛋白容易变性沉淀），用水量以冲洗后水变清为止。

（二）碱洗

在 75～85℃的热水中加入适量碱性清洗液（碱液 pH11）循环清洗，时间为 8～15 分钟，循环清洗后水温不能低于 40℃。之后再用 35～45℃温水做不循环冲洗，用 pH 试纸检测显中性为止。

（三）酸洗

酸洗时，水温 35～45℃，加入适量酸性清洗液（酸液 pH3）循环清洗，时间为 5～8 分钟。之后再用 35～45℃温水做不循环冲洗，用 pH 试纸检测显中性为止。

第四节　奶牛特殊季节饲养管理

随着一年四季气候的交替变更，奶牛场的饲养管理任务亦应做出相应安排。由于各地气候条件不同，饲养管理任务应根据当地实际进行调整。在实际生产中，夏季和冬季的饲养管理尤为重要，应做出特殊安排。

一、奶牛夏季饲养管理

奶牛大多耐寒怕热，尤其荷斯坦牛是一个耐寒怕热的品种。据报道，奶牛生活和生产适宜的环境温度是 5～21℃。当气温高于 25℃时，奶牛有明显的热应激，这不仅直接影响奶牛的食欲及休息，同时间接对奶牛的健康和生长发育、原料奶产量和品质产生极为不利的影响。一般地，评价奶牛热应激的指标除了温度和湿度外，更重要的温湿指数，温度、湿度与奶牛热应激关系如图4-7所示。当发生热应激时，应采取综合措施进行干预，方可取得理想效果。

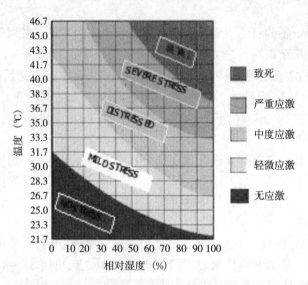

图 4-7　温度、湿度与奶牛热应激关系

（一）奶牛夏季饲养

奶牛在夏季一方面因受热应激而食欲减退，采食量减少；另一方面在高温条件下，奶牛需要通过增强新陈代谢，加速向体外散热，保持体温正常。温度每升高1℃就需要多消耗3％的维持能量。所以，夏季奶牛饲养宜采取"少而精"的原则，采用调整日粮组成、增加日粮营养浓度和改善饲喂方式等综合措施，来减缓夏季热应激对奶牛的影响。

1. 调整日粮

（1）选择适口性好、消化率高的优质粗饲料，并增加粗饲料比例，以增进食欲，改善瘤胃功能。

（2）调整日粮营养浓度，在日粮中添加保护性脂肪，在原有水平上提高能量5％～10％；提高日粮中蛋白质水平，其中过瘤胃蛋白含量提高5～10个百分点；日粮 NDF 含量保持在28％～35％。

（3）夏季奶牛出汗和排尿较多，钾、钠、镁损失较大，应注意补充钾、钠、镁盐。使日粮干物质中钾、钠和镁元素的含量分别达到0.5％、1.5％和

0.3%。

（4）增加日粮中脂溶性维生素和烟酸含量，有助于缓解热应激。

（5）为维持瘤胃正常消化，增加小苏打、氧化镁等瘤胃缓冲剂喂量。

2. 改善饲喂方式

（1）增加 TMR 上料次数　夏天气温高，饲料容易酸败。为保持饲料新鲜，每天上料次数应由 2～3 次改为 3～4 次。

（2）改变投料时间　早晨投料时间提前 2～3 小时，晚上投料推后 1～2 小时。同时增加奶牛早晚饲喂量，减少中午饲喂量。

（3）勤推槽、勤清槽、勤刷槽，以提高食欲，减少剩料浪费。

3. 饮水

（1）一般地，泌乳牛日饮水量在 100～150 千克。生产上可安装自动饮水系统，使奶牛随时能够喝到充足、清洁、新鲜的饮水。

（2）饮水槽上面设遮阳棚。

（3）每天清洗、消毒水槽。

（二）奶牛夏季管理

奶牛的夏季管理主要就是防暑降温。为此，可采取以下措施：

1. 营造小气候，改善小环境

（1）屋顶增加隔热材料，如牛舍屋顶铺设遮阳板减少辐射热。

（2）安装屋顶喷淋设施。

（3）维护好牛床，选择合适垫料，提高奶牛躺卧比例。

（4）安装风扇和喷淋，先喷淋 1～2 分钟使奶牛全身湿透，然后吹风 10～20 分钟，喷淋和吹风循环交替，可提高降温效果。

（5）在运动场增设水槽，搭建凉棚增加遮阳面积。

（6）在牛舍、牛场周边种植阔叶树木或藤蔓植物，建立绿化带。

2. 减少产犊　减少夏季产犊可降低母牛和犊牛热应激，为此应在上一年 10～11 月减少奶牛配种比例。

3. 消除蚊蝇　夏天可用 1‰～1.5‰敌百虫药水喷洒牛舍及其环境，减少蚊蝇侵害，可相应降低热应激，但要防止中毒。

二、奶牛冬季饲养管理

奶牛虽然有较强的耐寒能力，但温度过低、湿度或风力过大，也会给奶牛带来许多不利影响，故冬季要做好奶牛的防寒保暖工作，北方寒冷地区尤为重要。

（一）奶牛冬季饲养

1. 调整日粮 因为天气寒冷，要维持体温就需要增加更多的能量。冬季补给能量饲料，可在维持需要的基础上增加 10% 的能量。冬季要防止饲料结冰，禁止奶牛采食冰冻饲料。

2. 改善饲喂方式 可适当减少投料次数，每天投喂 TMR 日粮 1～2 次。

3. 饮水 在牛舍安装保温水槽，保持水温不低于 10℃。对于围产期奶牛，每天要提供 16～18℃ 的温水。而对于断奶前的小犊牛，水温应在 25～30℃，以防冷应激。

（二）奶牛冬季管理

1. 防寒保暖 冬季防寒的重点主要是防止大风降温和雨雪潮湿天气的侵袭。一般将牛舍西面的大门和北面的地窗关闭，墙缝堵严，或在牛舍的北面设置卷帘挡风墙，严防寒风和霜雪侵入舍内。同时采取保暖措施，要给牛床上铺垫厚度大于 15 厘米的干草或者经固液分离后的干牛粪末，并保持舍内地面干燥清洁。

2. 增加光照 冬季日短夜长，光照不足，奶牛产奶量会因此而下降。所以，应当在牛舍内安装电灯补充光照时间，保证每日不低于 16 小时的光照。

3. 防滑防冻 奶牛活动场所地面要避免存在陡坡并做好防滑处理；地面上不能有积水，防止结冰滑倒奶牛；挤奶后，乳头要保持干燥，防止冻伤。

第五节　奶牛舒适度管理

奶牛舒适度是指奶牛对外界环境感知时愉悦的程度。包括奶牛视、听、嗅、触、味觉等器官对外界的感知以及奶牛中枢神经系统对外界刺激形成的情绪感受。奶牛舒适度对奶牛的高产和健康具有重要影响。其舒适度管理和评价包括环境小气候、防暑降温、防寒保暖、卧床管理、采食与反刍、奶厅管理、牛蹄护理、牛体刷拭、蚊蝇控制、噪声控制以及粪污处理等。奶牛舒适度管理就是要为奶牛健康、高产、优质、高效的生产创造必要的外部环境，建立精细化的管理制度。

一、环境小气候管理

环境小气候是影响奶牛舒适度的重要因素，主要是指牛舍、运动场等奶牛活动场所由温度、湿度、微粒和有害气体组成的小气候环境。通常情况下，奶牛通过呼吸、反刍、打嗝、放屁，产生了大量二氧化碳、氨气、甲烷、硫化氢等有害气体，以及通过排粪、排尿产生了大量污浊的固体和液体。在夏季高温高湿或冬季低温高湿的情况下，这些有害气体和污浊的粪尿很容易在牛舍内大量聚集，形成极不舒适的环境，将严重影响奶牛的健康和生产性能。牛舍通风换气是改善环境小气候、提高奶牛舒适度的有效途径。

牛舍通风的方式主要有自然通风和机械通风。在散栏饲养模式下，奶牛场在春、秋两季气温舒爽的情况下靠自然通风即可满足换气要求；而夏季和冬季，则需依靠机械通风才能满足换气要求。安装风机时应注意以下几点：

1. 要选择牧场专用的风机，直径 100 厘米以上。

2. 要考虑风机安装的数量和间距，使两相邻风机之间任何一点的风速不低于 2 米/秒。

3. 要考虑安装的位置、高度和倾角，一般在成母牛采食区、卧床区、待挤区、挤奶区安装风机，其高度应为 2.2 米以上，扇面与地面成 15°夹角。

此外，在牛舍内检测，各种有害气体的浓度应低于环境卫生标准规定的浓度。

二、防暑降温与防寒保暖

温湿指数和风冷指数是奶牛舒适度评价的重要指标，随着一年四季的更替，这两项指标在不断地改变。对于奶牛，温湿指数不宜高于 68。要想使奶牛获得舒适的小气候环境，温湿指数和风冷指数必须得到有效控制，这也是夏季必须防暑降温，冬季必须防寒保暖的依据所在。通过通风、喷淋、绿化、遮阳等措施可降低热应激，通过设置挡风墙、安装卷帘窗、铺设垫草、堵塞漏洞等方式可防止冷应激，有效提高奶牛舒适度。

三、卧床管理

卧床是奶牛必不可少的休息场所，设计合理与管理良好的卧床，奶牛都会喜欢在上面躺卧休息。奶牛每天躺卧休息时间大约为 14 小时，平均起卧 10～16 次，每次躺卧 1.0～1.5 小时。卧床舒适给予奶牛的好处有：①躺卧时奶牛可以得到休息并进行反刍，②使奶牛的肢蹄得到休息，使蹄部保持干净干燥，③通过乳房的血液循环可增加30%，使产奶量得以提高，④给其他未躺卧的奶牛提供更多的自由活动空间。因此，卧床在保证奶牛舒适度方面具有十分重要的作用。要做到牛床舒适要做到以下几点：

1. 合适的牛床尺寸　牛床尺寸要与奶牛的生长阶段相适应。如果牛床太宽太窄，太长太短都会降低奶牛的舒适度，不仅奶牛不喜欢躺卧，而且由于奶牛粪便排到牛床，饲养员也不喜欢清理维护。

2. 合格的牛床垫料　合格的牛床垫料一般有干燥的细沙、干净的稻壳、铡短的农作物秸秆以及干制的牛粪等。垫料应该具备安全、松软、廉价、便利等特点，切忌使用发霉、腐败、含有农药残留、潮湿、坚硬的垫料。有的奶牛场采用优质的橡胶垫铺垫牛床，更为舒适，方便清洁，但是劣质橡胶垫对奶牛更为不利，不可使用。

3. 规范的牛床管理　牛床要有专人进行护理，定期对牛床垫料检查、清理和补充，使牛床平整、松软、干净、干燥；垫料厚度应达到15厘米以上，并每天疏松、平整一次。

四、饲槽与水槽管理

饲槽与水槽是奶牛每天接触和利用最多的地方，饲槽与水槽设计的合理与否、干净程度、每头奶牛所占用的空间都会随时影响奶牛的情绪，是奶牛舒适度评价的重点部位。

(一)饲槽管理

散栏饲养条件下，TMR饲喂走廊与地面平槽相配套，这既符合奶牛采食的生理习性，又能提高饲喂和清槽效率，节省人工。以下几点可提高奶牛采食的舒适度。

1. 自锁颈枷　自锁颈枷上端向前倾斜与垂线成20°夹角，更有利于奶牛采食。

2. 饲槽　饲槽底部贴40厘米×40厘米的瓷砖，便于奶牛采食。当饲槽底平面的标高比槽后通道的水平面高15～20厘米，后档高度高出槽后通道水平面50厘米时可提高采食舒适度。

3. 饲槽总数　在一栋牛舍内，不同牛群（不同阶段奶牛）的槽位总数要与该群奶牛的数量相匹配。大小不同的奶牛拥有不同大小的饲槽空间。通过控制牛群密度，让每头奶牛都有足够的采食空间，健康生活，快乐生产。

4. 推料管理　TMR 车上料以后，奶牛经过一段时间采食，部分饲料被奶牛推远难以够到，如不及时推料，将会降低奶牛采食时间和采食量，造成饲料浪费和生产损失；如在炎热夏季，剩料变质则负面影响更大。利用专用推料机定时推料可很好地解决这一问题。

5. 剩料管理　一天无论在任何时候检查，饲槽中都应有一定的剩料，如果没有则表明奶牛没有吃饱或者牛群中存在挨饿的奶牛。但是，剩料也不能太多，奶牛剩料一般不超过日采食量的 5%。剩料太多则会引起发霉变质，造成浪费，影响奶牛采食舒适度。

（二）水槽管理

1. 水槽配置　牛奶大约 88% 是水。因此水是影响产奶量的第一因素。平时我们都会更加关注其他方面而忽视水的供应。奶牛每采食 1 千克干物质，需要 5 千克水来消化。每产 1 千克牛奶需要 3 千克水来支持。因此，一头高产奶牛在夏季饮水量可能超过 150 千克/天。

（1）水槽应安装在自由牛床的两端或运动场，在挤奶的路上也应配置水槽。在寒冷的冬季应采用保温水槽。

（2）奶牛喜欢在安全方便且较大的水面饮水，奶牛的饮水速度很快，一分钟能喝下去约 20 千克水。因此，设计水槽时要考虑水槽大小，水槽长度和宽度要适当。每群牛至少应该有 2 个水槽，以便每头奶牛都能喝到充足的饮水。成母牛每头占用宽度 10～15 厘米，水槽高度大约为 90 厘米，水深 8 厘米。建议水槽周围有 3～4 米宽的水泥地面。此外，还要考虑水龙头的供水速率，建议供水速率为 10～20 千克/分钟。对于小牛，水槽设计和供水方式须灵活掌握。

2. 水槽清理　奶牛饮水应该和人类饮水标准相一致。水槽的水质要定期或不定期抽测。水槽如果长期得不到清理，里面会长满绿色苔藓，还会寄生很多微生物。这样的水奶牛不喜欢喝。如果喝了这些不干净的水，对瘤胃微生物不利，会导致瘤胃功能紊乱，进而降低产奶量。夏季水槽每天要清理一次，同时用高锰酸钾等消毒剂进行消毒。冬季水槽每三天清理一次。

五、粪污管理

及时清理牛舍及运动场粪尿、污水可以减少废气、废水、废渣的产生，还可减少蚊蝇等害虫的滋生，从而可提高奶牛舒适度。奶牛粪便管理应本着减量化排放、无害化处理和资源化循环利用的原则，使其变废为宝。

六、道路管理

奶牛场内各个功能区之间和各个生产单元之间通过道路连接起来，这些通道一般都要做三合土奠基，路面水泥硬化，平整干燥，防滑、坚固耐腐蚀。但水泥地面对奶牛肢蹄具有磨损和破坏作用，舒适度较差。如果冬天道路积水结冰，还容易使人员和奶牛滑倒。为了提高奶牛舒适度，应注意以下几点：

1. 槽后通道　是饲喂走廊两侧奶牛采食时站立和通过的通道，一般宽 2.8～3.5 米。有条件的可在槽后通道纵向铺设三条橡胶垫，一条在奶牛采食时前蹄着地位置铺设，另一条在后蹄着地位置铺设，第三条在其他牛只来往通过处地面铺设。橡胶垫应是奶牛专用优质产品。

2. 床后通道　是自由牛床外侧通往运动场的通道，一般宽 1.5 米。为了奶牛防滑，槽后通道和床后通道要设防滑沟槽，小槽宽×深为 1 厘米×1 厘米，间距 10 厘米。

3. 挤奶通道　是散栏饲养集中挤奶方式下奶牛由圈舍通往挤奶厅的专用道路。

4. 奶厅通道　是等候区进入挤奶厅以及挤奶厅内两侧挤奶台上奶牛通过和站立的地方。

挤奶通道和奶厅通道的宽度一般不超过 1.5 米，能够使两头奶牛迎面通过为宜，有条件的可在挤奶通道和奶厅通道路面铺设优质橡胶垫，以便奶牛站立或行走时防滑防寒，提高舒适度。

七、运动场管理

（一）运动场

1. 面积　奶牛应该有足够的空间进行逍遥运动。散栏饲养条件下，运动场面积可以缩小到 10 米²/头。

2. 地面　对奶牛而言，最舒适的运动场地面应为土地面，整体平坦，中间隆起、四周较低呈馒头状，以便排水。运动场应每天清理牛粪并定期消毒，保持干净干燥。如遇下雨天气，应暂时关闭运动场。

（二）凉棚

凉棚的面积因牛舍而定，每牛不少于 4 米²，以收到满意的遮阳效果。

八、环境卫生管理

奶牛场卫生清扫和消毒，及时消灭蚊蝇滋扰，可提高奶牛的舒适度。牛舍、运动场及道路应及时打扫，定期进行消毒。环境噪声对奶牛具有较大应激，应注意避免或消除。

评判奶牛舒适度要以奶牛的表现为准，而不是以人的主观猜度。因此，要养成观察动物的习惯，从奶牛的采食、反刍、休息、起卧、行走、排泄、挤奶、牛奶品质、体况、皮肤卫生等不同方面认知奶牛的行为，如果正常，则奶牛舒适度较高，环境小气候和管理适当；如果奶牛表现异常，则舒适度较差，要分析原因给予纠正。此外，在奶牛场应形成爱护动物的企业文化，严禁鞭打奶牛、粗暴驱赶奶牛以及不正当的治疗或处置措施，在牛舍内播放音乐，安装旋转牛体刷，千方百计提高奶牛福利。奶牛只有身体健康、快乐生活，才能为人类生产更多的优质牛奶，创造最大的经济社会效益。

第六节　建立健全奶牛饲养管理体系

众所周知，奶牛场的饲养管理已渗透到奶牛养殖和生产的各个环节，工作内容包罗万象，年复一年无穷无尽。我们很难对饲养管理下一个确切的定义，从这点可以看出，从事奶牛场饲养管理工作的人员，尤其是新手往往对饲养管理的内涵和外延迷茫。因为饲养管理的概念可大可小，工作错综复杂，头绪繁多而又细碎，如果没有一整套饲养管理体系和方案措施，则饲养管理工作就会变成一团乱麻，头痛医头，脚痛医脚，常常使饲养管理工作陷入困境难以自拔，严重影响奶牛场技术和生产整体水平的提升。

一、奶牛饲养管理中存在的问题

为了搞好奶牛的饲养管理工作，首先要对饲养管理工作中存在的问题进行梳理。当前，我国在奶牛场生产管理上存在的问题颇多，主要有以下几点：①奶牛饲草饲料资源利用问题，表现在没有稳定的饲草饲料生产加工基地和供应体系，没有完善的奶牛饲料营养数据库和国际领先的奶牛营养需要，缺乏高效的奶牛饲养管理技术体系。②奶牛品种改良问题，主要是繁育基础工作重视程度不够，良种培育能力低下，繁殖管理技术水平不高。③牛奶质量安全问题，主要是市场秩序混乱，社会监管缺失等。④奶牛场粪污处理与环境保护问题。⑤奶牛的高产、优质、健康等畜牧学特性与高效、可持续发展等经济学特性不相和谐的问题。

二、饲养管理体系建设思路

从图 4-8 我们大致可以看出五条线索：

第一条是建立草料如何进入到奶牛嘴里并高效消化利用的饲草饲料供应体系。

第二条是建立奶牛繁殖育种、维持种族延续和群体扩大的繁殖育种体系。

第三条是建立牛奶生产、贮存、转运、销售一条龙的优质原料奶生产体系。

第四条是建立奶牛标准化规模生态养殖的粪污无害化处理体系。

第五条是建立满足奶牛采食、反刍、行走、躺卧需求和营养、繁殖、乳房、肢蹄等重要疾病防治的奶牛福利保健体系。

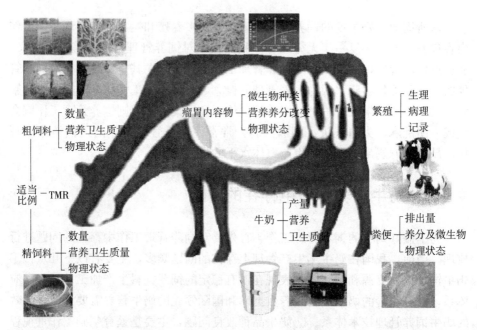

图 4-8　奶牛饲养管理潜在的体系分析

三、饲养管理技术体系的建立

针对以上线索和设想，我们对在天津嘉立荷牧业有限公司平台上多年来从事奶牛群饲养管理工作的科研和实践进行了反复总结，依据国际通用的食品生产危害分析及关键控制点（HACCP）以及现代产业变革过程的相关理论，提出了思路比较清晰，现实可以操作的五大管理体系。

（一）饲草饲料供应体系

建立饲草饲料供应体系的目标是保证饲料质量安全，提高公司对旗下各奶牛场饲草饲料供应的一致性和协调性，确保饲草饲料资源的高效利用。该体系包括饲料原料质量管理、饲料营养评价、日粮配制和饲喂工艺、饲养效果检查等四个部分，图 4-9 是天津嘉立荷牧业有限公司饲草饲料供应体系。近年来我们通过对这一体系的完善，将饲养管理体系中的饲草饲料采购、品控、营养数据库建立、日粮配方、TMR 制作、饲喂、效果检查等各个环节进行模块化分解，将具体可操作作业进行流程化和标准化，借助信息化手段和绩效管理制度在全公司推行，已取得显著成效。

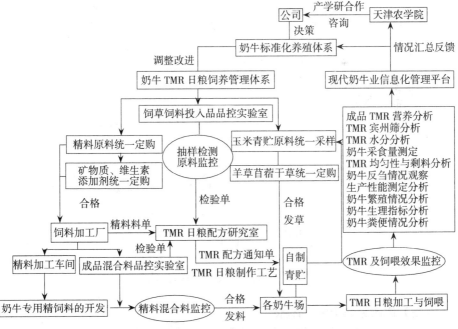

图 4-9　天津嘉立荷牧业有限公司奶牛饲草饲料供应体系

（二）繁殖育种管理体系

奶牛繁殖育种是奶牛场获得犊牛和保持奶牛连续产奶的重要手段，是奶牛场发展壮大和产奶盈利的关键环节。在奶牛生产中，奶牛繁殖育种工作很难独立存在，它和饲养管理密不可分。影响奶牛繁殖的环节很多，包括：①母牛生殖健康（能否排出正常的卵子），②公牛冻精质量评定（精子是否正常），③母牛发情鉴定与输精技术（能否有效妊娠），④早期妊娠诊断和母牛妊娠期的精心护理（能否保证胎儿正常发育），⑤犊牛出生健康（有无难产死亡）。这五个环节只要有一个环节失败，则繁殖结果就等于零。近交可产生畸形胎儿，也会影响繁殖成绩。现代奶牛繁殖育种管理体系见图4-10，该体系从繁殖配种的基础工作、繁殖配种的技术措施和繁殖配种的效果检查3部分进行构建，将系谱建立、外貌评定和生产性能评定等基础工作标准化，将奶牛选种、选配和母牛的发情鉴定、人工授精、妊娠鉴定、分娩以及繁殖效果检查等流程化，促进了公司奶牛繁育工作的健康发展。

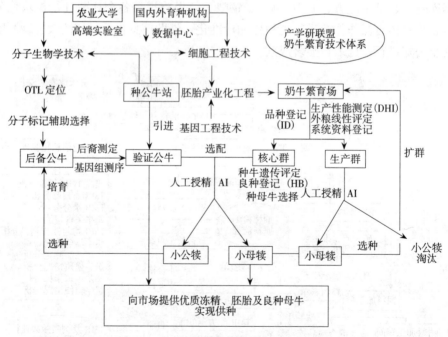

图 4-10 现代奶牛繁殖育种管理体系

（三）优质原料奶生产体系

优质原料牛奶是奶牛场的主要产品，是奶牛场经济效益的主要来源。优质原料奶生产体系最直接的目标就是要把奶牛乳腺合成和分泌的牛奶，通过现代化的挤奶设备以合适的方式及时、安全、高效、充分地挤出来并加以妥善贮存和销售。优质原料奶生产体系应包括鲜奶质量检测、奶牛乳房护理、挤奶设备维护、挤奶操作规范、挤奶厅安全管理和冷链贮运监控等六部分。奶牛场可据此对自己的原料奶生产体系进行完善。

（四）粪污无害化处理体系

奶牛场的粪污是奶牛物质和能量循环的下游和出口，合理利用将会变废为宝，相反将会变成严重的污染源。粪污无害化处理和循环利用是一个系统工程。粪污无害化处理体系应包括奶牛场科学设计和布局、牛场粪污收集与分离系统、无害化处理小循环利用系统以及农牧结合大循环综合利用系统。

1. 奶牛场科学设计和布局 奶牛场科学设计和布局是建设生态牧场的第一步，其中包括奶牛场的场址选择、各功能区的合理规划布局和牛舍、奶厅、草料库等建筑设施的科学设计，也包括供水、供电、道路以及清粪工艺的合理设计。

2. 建立粪污无害化处理、循环利用工艺 规模化奶牛场要创建粪污无害化处理和循环利用的条件，这是建设生态牧场的第二步。这一步非常关键，一方面可起到减少污染、改善生态环境的作用，另一方面可最大限度地变废为宝，创造最大的经济收益。典型的粪污无害化处理和循环利用的工艺路线见图4-11。

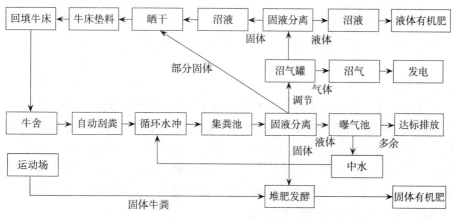

图4-11 奶牛场粪污无害化处理与循环利用路线

3. 建立农牧结合、粪污还田的生态大循环 建立农牧结合、粪污还田的生态大循环是奶牛场粪污无害化处理与综合利用的根本出路和终极目标（图

4-12）。从图 4-12A 可以看出，一个理想的农牧结合的产业链，既可以满足人类对动植物产品——食物的需求，又可以促进整个链条中各种资源的循环利用和环境保护；而图 4-12B 则反映了人类生活垃圾和动物废弃物资源不能很好循环利用时，将会造成资源浪费、污水渗漏和废气扩散，直接污染我们人类和动物赖以生存的环境。

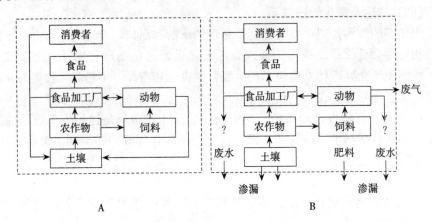

图 4-12　农牧结合生态循环
A. 理想的农牧结合生态系统　B. 不完整的生态系统

（五）奶牛福利保健体系

奶牛福利保健体系是维护奶牛健康而必须建立的体系。只有保证了奶牛的健康，繁殖、产奶、产肉才可能正常进行，奶牛场的经济收入才有保障。奶牛福利保健体系包括了奶牛舒适度管理和奶牛重大疾病防控两大部分。

以上五大体系是奶牛场饲养管理活动的中心，其中缺一不可。每一体系可以分解为多个模块，每个模块可以建立单独的管理流程，从而可以将错综复杂的、琐碎的管理活动系统化、条理化、程序化和标准化。此外，还有其他许多因素影响牛奶的生产，譬如自然因素（灾害性气候、粮食减产、地震等不可抗拒力）和人为因素（无意识的过错与失误、有意识的掺杂与使假），这些危害都必须加以预警，确定为关键控制点，进行长期的监控。奶牛场如果将这些饲养管理体系与员工责任管理制度和工作标准相结合，层层落实、相互监督、绩效考核，必将收到事半功倍的效果。

第五章

生物安全及生鲜乳质量控制

第一节　引种与隔离

一、引种

（一）境外引种

境外引种须从确认没有口蹄疫、牛瘟、牛传染性胸膜肺炎（牛肺疫）、牛结节性疹、小反刍兽疫、水泡性口炎、牛海绵状脑病、牛结核和牛布鲁氏菌病的国家引进奶牛。进口奶牛前，须从国家质量监督检验检疫总局获得《中华人民共和国进境动植物检疫许可证》，并由总局委派官方兽医赴出口国执行为期60天的检疫任务。在境外的所有检疫程序须在国内官方兽医和出口国官方兽医的共同监督下完成。出口方负责对输出牛的检验检疫，并出具检疫证书。

出售奶牛的牛场需满足的要求：

1. 在过去一年内，出售牛的牛场必须没有发生以下疾病：牛结核、牛地方流行性白血病、边虫病、副结核病、滴虫病、胎儿弯杆菌病、弓形体病、炭疽、牛病毒性腹泻－黏膜病、传染性牛鼻气管炎、牛流行热和赤羽病。

2. 出售奶牛的牛场须位于非蓝舌病疫区。

3. 在过去6个月内，出售牛必须出生并饲养在符合上述条件的牛场。

（二）国内异地引种

《中华人民共和国动物防疫法》第三十六条规定：国内异地引进种用动物及其精液、胚胎，应当先到当地动物防疫监督机构办理检疫审批手续并须检疫合格。

1. 跨省调运奶牛，调运单位和个人必须按照《中华人民共和国动物防疫法》第三十六条的规定，在调运前到调入地省级动物防疫监督机构办理审批手续。

2. 省级动物防疫监督机构在接到申请后，按照农业部《动物检疫管理办法》第十六条的规定，根据输出地动物疫病发生情况，在 3 日内做出是否同意引进的决定。

二、检疫与隔离

（一）检疫

1. 境外引种检疫

（1）引入的奶牛牛场检疫和境外隔离场检疫　输出的牛在原牛场应逐头接受临床检查，无牛结核、牛地方流行性白血病、边虫病、副结核病、滴虫病、胎儿弯杆菌病、弓形体病、炭疽、牛病毒性腹泻－黏膜病、传染性牛鼻气管炎、牛流行热、赤羽病和蓝舌病的症状。

拟出口的牛应与不出口的牛分开饲养，并在进入隔离场前 30 天内对以上疫病进行检查。出口前，牛应在出口国官方认可的隔离场隔离检疫至少 30 天。检疫期间，应每天对牛进行临床检查，确保无上述所列传染病的症状。拟出口牛应按照所列疫病进行检验，结果应为阴性。阳性动物和可疑动物应立即从拟出口动物群中剔除，不得出口。

（2）出口前药物治疗　隔离结束，启运前在官方兽医监督下，应用经出口国官方机构注册的药物治疗体内、外寄生虫。

（3）临床检查　出口启运前 24 小时内，对所有输出牛进行详细的临床检查，检查是否有任何传染病临床迹象并确认是否适合运输。

（4）国内隔离检疫　奶牛进境后须在国家质量监督检验检疫总局批准使用的进境奶牛隔离场接受为期 45 天的隔离检疫。

2. 国内异地检疫

（1）调运奶牛的检疫

①报检　输入地省级动物防疫监督机构同意引进的，调运人应当持审批书，向输出地县级动物防疫监督机构报检。输出地动物防疫监督机构应当在收到报检后 15 日内组织检疫。

②检疫的疫病　按照《种畜禽调运检疫技术规范》（GB 16567—1996）要求，应做临床检查和实验室检验的疫病包括口蹄疫、布鲁氏菌病、结核病、副结核病、牛传染性鼻气管炎、牛病毒性腹泻、牛地方性白血病、蓝舌病、炭疽等。

③检疫流程　首先调查产地近 6 个月的疫情情况，查看免疫档案、养殖档

案、耳标等，然后进行临床健康检查和实验室检验。

（2）奶牛调运前后的防疫监管

①全程跟踪　跨省调运奶牛时，调入地省级动物防疫监督机构须派技术人员到输出地协助开展检疫工作。

②产地检疫　奶牛检疫必须在输出地饲养场进行，不能在牲畜交易市场实施检疫。

③强化免疫　调运 2 周前进行一次口蹄疫强化免疫。

④调运前隔离检疫　经过临床健康检查和实验室检验，要求检疫检验合格的牛只进行为期 14 天的隔离观察，隔离期间无疫病的奶牛，方可出具《出县境动物检疫合格证明》，准予调运。

⑤车辆消毒　调运人在装载奶牛前必须对运输车辆按要求清扫、洗刷、消毒，经输出地动物防疫监督机构检查合格，并取得《动物及动物产品运载工具消毒证明》。运输车辆在卸货后必须在动物检疫员监督下进行彻底清扫、洗刷、消毒。

⑥调入后隔离检疫　奶牛调入后，引进场须持输出地有效证明到当地动物防疫监督机构报检，经动物防疫监督机构进行验证核查后，才能将奶牛卸离运载工具，并在指定的隔离观察场所进行饲养。奶牛应隔离饲养 30 天，经当地动物防疫监督机构检疫合格后，方可解除隔离。

（二）隔离

1. 境外引入奶牛的隔离

（1）隔离期间的主要任务　进口奶牛在隔离场隔离期间的饲养管理主要任务如下：

①检疫国家规定的一、二类传染病。

②尽快恢复长途运输的体能消耗。

③及时治疗、护理运输途中产生的外伤、病、虚弱牛只，提高进口奶牛的成活率。

④防止境外疫病传出场外。

（2）隔离场管理特点　进口奶牛除了正常的饲养管理外，还须注意以下几个管理特点：

①尽快建立人牛亲和关系　由于境外饲养模式与国内不尽相同，例如新西兰、澳大利亚草源丰富，育成牛都是放牧式管理，直到奶牛产犊才进行人工管理，这就形成了育成奶牛野性强、怕人的特点。饲养管理中应善待奶牛，尽快建立人牛亲和关系，严禁粗暴待牛、打牛。

②减少奶牛应激　从境外各奶牛场选牛开始，直至国内45天隔离期结束，再运送到最终用户手中，历时近6个月。所有的被选牛都要经过与人群接触、与原牛群分离、与新群体合群、人为地强迫驱赶、境外的隔离检疫、长途运输、装车、卸车及采血检疫、环境的变化等，均造成强烈的应激，此时应尽快建立一个稳定、舒适的饲养环境。

③对外伤及病弱牛进行治疗和护理　奶牛引进时会出现外伤牛只、体弱牛只。此类牛在运输途中很难得到及时全面治疗、护理。外伤部位多在前肢肘关节前侧和外侧及后肢膝关节外侧部位，在检查时多关注牛体此部位，对有外伤及体弱的奶牛在进入隔离场后单独饲养护理。

④牛舍地面要防滑　进口牛来自不同的牧场，放牧生活形成的奔、跳等行为习惯以及个体间的顶斗，会造成滑倒损伤，隔离场内牛接触的所有地面都要进行防滑处理，如果是水泥地面，应在建场时就设计防滑沟，水泥防滑地面每间隔10厘米设1条宽2厘米、深2厘米的防滑沟。

⑤检疫　检疫是隔离场管理中的一项巨大的工作，在检疫过程中要备好记号工具，每检一头须做一个明显的标记，防止漏检牛只。

2. 国内异地引入奶牛的隔离　国内异地引入奶牛隔离参考境外引入奶牛隔离措施。

三、隔离期管理措施

（一）对检出阳性病牛的处理

1. 一类动物疫病——口蹄疫、蓝舌病　隔离场检出一类动物疫病阳性牛须由当地县级以上地方人民政府畜牧兽医行政管理部门立即派人到现场，划定疫点、疫区、受威胁区，采集病料，调查疫源，及时报请同级人民政府决定对疫区实行封锁，并将疫情逐级上报至国务院畜牧兽医行政管理部门。县级以上地方人民政府应当立即组织有关部门和单位采取隔离、扑杀、销毁、消毒、紧急免疫接种等强制性控制扑灭措施，迅速扑灭疫病，并通报毗邻地区。在封锁期间，禁止染疫和疑似染疫的动物、动物产品流出疫区，禁止非疫区的动物进入疫区，并根据扑灭疫病的需要对出入封锁区的人员、运输工具及有关物品采取消毒和其他限制性措施。疫区范围涉及两个以上行政区域的，由有关行政区域共同的上一级人民政府决定对疫区实行封锁，或者由各有关行政区域的上一级人民政府共同决定对疫区实行封锁。

2. 二类动物疫病——牛结核病、布鲁氏菌病、牛传染性鼻气管炎、牛白

血病、副结核病 发生二类动物疫病须由当地县级以上地方人民政府畜牧兽医行政管理部门划定疫点、疫区、受威胁区。县级以上地方人民政府应当根据需要组织有关部门和单位采取隔离、扑杀、销毁、消毒、紧急免疫接种、限制易感染的动物、动物产品及有关物品出入等控制、扑灭措施。疫点、疫区、受威胁区和疫区封锁的解除，由原决定机关宣布。

3. 三类动物疫病——牛病毒性腹泻 县级、乡级人民政府应当按照动物疫病预防计划和国务院畜牧兽医行政管理部门的有关规定，组织防治和净化。

(二) 病、死牛的隔离和无害化处理

一旦出现病、死牛，应采取果断措施进行隔离和无害化处理，对病牛实行合理的综合防治措施，包括抗生素疗法、高免血清的特异性疗法、化学疗法、增强体质和生理机能的辅助疗法等。出现死亡牛只，马上进行无害化处理并严格消毒可能污染的场地和用具。

第二节 消　毒

在规模化牛场中，疫病的发生往往是多因素综合作用的结果，但其中最主要的是由于外界病原微生物或场内牛群存在的病原微生物扩散所造成的。如何控制外界病原微生物的侵入、扩散及场内牛群中病原微生物的扩散，是保证奶牛场良好生产秩序和奶牛健康的关键所在。

一、常用消毒方法

(一) 物理消毒

1. 简单消毒 简单消毒属于物理消毒的一种，指应用工具刷洗、流水冲净等方法，消毒手部、生产区地面等。应用流水冲洗可清除物体表面绝大部分甚至全部细菌。

2. 热力消毒 热力消毒包括火焰、煮沸、流动蒸气、高热蒸气、干热灭菌等。热力消毒能使病原体蛋白凝固变性，失去正常代谢机能，从而达到消除病原微生物的效果。

(1) 火焰 用于一般金属器械和动物尸体等。具有简便经济、效果明显等特点。

(2) 煮沸 用于耐煮物品及一般金属器械，100℃下 1～2 分钟即完成消毒。但芽孢则须增加消毒时间，炭疽杆菌芽孢须煮沸 30 分钟，破伤风芽孢需

3小时，肉毒杆菌芽孢需6小时。为了增加消毒效果，对金属器械、棉织物消毒时，可加1‰～2‰碳酸钠或0.5‰肥皂等碱性剂，溶解脂肪，增强杀菌力。物品煮沸消毒时，应浸于水面下，物品及水不可超过消毒容器容积的3/4。

（3）流动蒸气消毒　用于玻璃器械、金属器械、棉织物等。相对湿度80‰～100‰，温度近100℃，利用水蒸气在物体表面凝聚，放出热能，杀灭病原体。

（4）高压蒸气灭菌　用于玻璃器械、棉织物等。通常压强为$1.05×10^5$帕，15～20分钟可彻底杀灭细菌及芽孢。

（5）干热灭菌　用于玻璃容器、金属器械等。干热灭菌时需160～170℃，1～2小时才能杀灭病原体。

3. 辐射消毒　辐射消毒包括紫外线、微波、电离辐射等，奶牛场常用日光曝晒和紫外线消毒。

日光曝晒多用于牛粪垫料、犊牛岛垫料、垫板及栏舍的消毒。长时间曝晒可杀灭紫外线耐受较低的环境微生物。

紫外线波长范围210～328纳米，杀灭微生物的波长为210～300纳米，以250～265纳米作用最强。紫外线穿透力差，广泛用于空气及一般物品表面消毒，对物品无损伤，多在人员及物品进出口、实验室使用。紫外线照射人体如果时间过长，易发生皮肤红斑、紫外线眼炎和臭氧中毒等疾病，故人员进行紫外线消毒，时间应控制在3～5分钟。

（二）化学消毒

指用化学消毒药物作用于病原微生物，使其蛋白质变性，失去正常功能而死亡。化学消毒剂的使用方法包括：

1. 喷雾消毒　用一定浓度的次氯酸盐、过氧乙酸、有机碘混合物、新洁尔灭等，用喷雾装置进行环境喷雾消毒，主要用于清洗完毕后的牛舍喷洒消毒、带牛环境消毒、牛场道路和周围环境及进入场区的车辆消毒。

2. 浸泡消毒　用一定浓度的新洁尔灭、有机碘的混合溶液，浸泡兽医器械和手部、工作服，刷洗胶靴等。

3. 喷撒消毒　喷2‰～5‰氢氧化钠溶液或撒生石灰杀死细菌和病毒，用于牛舍周围、入口、产栏、牛床及病死牛污染区域等消毒。

4. 熏蒸消毒　常用37‰甲醛溶液（福尔马林），仅用于空舍消毒（不能带牛消毒）。甲醛熏蒸时，按每立方米空间用37‰甲醛溶液30毫升、高锰酸钾15克，再加等量水，密闭熏蒸2～4小时，开窗换气后待用。用于产房、饲料库、饲料加工车间等密闭场所。

3. 生物热消毒 生物热消毒法是指利用嗜热微生物生长繁殖过程中产生的高热来杀灭或清除病原微生物的消毒方法。生物热消毒法是一种最常用的粪便污物消毒法，这种方法能杀灭除细菌芽孢外的所有病原微生物。

（1）生物热消毒的原理 粪便污物生物热消毒是将收集的粪便堆积起来后，利用粪便缺氧环境，粪中的嗜热厌氧微生物在缺氧环境中大量生长并产生热量，能使粪中温度达 60～75℃，这样就可以杀死粪便中病毒、细菌（不能杀死芽孢）、寄生虫卵等病原体。

（2）生物热消毒的分类 生物热消毒法包括发酵池法和堆粪法两种。

①发酵池法 适用于液型粪便的发酵消毒处理。

②堆粪法 适用于固型粪便的发酵消毒处理。

二、常用消毒剂

（一）消毒剂的种类及使用

在选择化学消毒剂时应考虑：对病原体消毒力强，对人、畜毒性小，不损害被消毒物体，易溶于水，在环境中较稳定，价廉易得且使用方便的药物。目前常用的有酸碱类消毒剂、季铵盐类消毒剂、醛类消毒剂、氧化消毒剂、醇类消毒剂、卤素类消毒剂等。

1. 酸碱类消毒剂 酸碱类消毒剂在奶牛场多用于挤奶设备消毒，使用方法参照设备供应商要求操作。碱类消毒剂也常用于畜禽饲养过程中场区及圈舍地面、污染设备（防腐）及各种物品以及含有病原体的排泄物、废弃物的消毒。如氢氧化钠、生石灰，常用于消毒池、无牛场所、运动场等。2%～5%氢氧化钠溶液作用 30 分钟以上可杀灭各种病原体，高浓度氢氧化钠可烧伤组织，对铝制品、绵、毛织品、车漆有损，应注意防护。10%～20%的石灰水可涂于消毒床栏、围栏、墙壁，对细菌、病毒有杀灭作用，但对芽孢无效。生石灰吸收空气中的二氧化碳变成碳酸钙而失效，应注意保存。

2. 季铵盐类消毒剂 季铵盐类消毒剂目前大多按照单链季铵盐、双链季铵盐、聚季铵盐分类，生产中常用的有单链季铵盐类消毒剂（新洁尔灭）和双长链季铵盐类消毒剂如双季铵盐、双季铵盐络合碘。此类药物安全性好、无色、无味、无毒，应用范围广，对各种病原均有强大的杀灭作用。

3. 醛类消毒剂 如甲醛、戊二醛等。常用 37%甲醛溶液（福尔马林）进行熏蒸，用于空舍消毒（不能带畜消毒）。

4. 氧化剂 如过氧乙酸、高锰酸钾等。过氧乙酸可用于运输工具、牛体等消毒，过氧乙酸配成 0.2%～0.5%的水溶液喷雾，高锰酸钾配成 0.1%～0.5%的水溶液用于牛体消毒。

5. 醇类 醇类主要用于皮肤、器械以及注射针头、体温计等的消毒，如 75%的酒精。

6. 卤素类消毒剂 卤素（包括氯、碘等）对细菌原生质及其他结构成分有高度的亲和力，易渗入细胞，之后和菌体原浆蛋白的氨基或其他基团相结合，使其菌体有机物分解或丧失功能呈现杀菌作用。在卤素中氟、氯的杀菌力最强，依次为溴、碘，但氟和溴一般消毒时不用。常用的该类消毒剂包括：次氯酸钠、碘酊、复方络合碘等。

（二）消毒剂的选择

由于消毒药物种类很多，选择时要综合考虑以下几点：

1. 根据本地区的疫病种类、流行情况和疫病发展趋势，选择两种或两种以上不同性质的消毒药物。

2. 依据本场的疫病种类、流行情况和消毒对象、消毒设备、牛场条件等实际情况，在不同的时期选择适合本场的消毒药物，选择具有效力强、稳定性好、渗透性强、毒性低、刺激性和腐蚀性小的消毒剂，且价格合理。

3. 规模化奶牛场可与第三方实验室进行合作，定期开展消毒药物的消毒效果监测，剔除效果不达标的消毒剂。

三、牛场消毒措施

奶牛场应根据不同生产阶段将所实施的消毒分为终端消毒和常规消毒。终端消毒指单栋牛舍、单元舍空舍后的消毒措施；常规消毒指在场区入口、生产区入口、进舍入口、牛群、办公区及生产区等处采用的经常性消毒措施。

（一）终端消毒措施

1. 环境卫生整治 卫生清扫和物品整理是奶牛场日常管理的重要组成部分。空舍或空栏后，清除干净栏舍内的所有垃圾和墙面、顶棚、通风口、门口、水管等处的尘土及料槽内的残料，并整理舍内各种用具，如小推车、笤帚、铁锹等。

2. 栏舍、设备和用具的清洗 首先对空舍内的所有表面进行低压喷洒并确保其充分湿润，必要时进行多次的连续喷洒以增加浸泡强度。喷洒范围包括墙面、料槽、地面或床面、牛栏、通风口及各种用具等，尤其是料槽，有效浸泡时间不低于 30 分钟。然后使用冲洗机高压彻底冲洗墙面、料槽、地面或床面、饮水器、牛栏、通风口、各种用具及粪尿沟等，特别是不容易冲洗的地方如料槽和接缝处，直至这些区域尽可能干净清洁为止。最后使用冲洗机低压自上而下喷洒墙面、料槽、牛栏、饮水器、通风口、各种用具及床面或地面等，清除在高压冲洗过程中可能飞溅到上述地方的污物。随后保持尽可能长的晾干时间，时间不低于1个小时。

3. 消毒 栏舍、设备和用具的消毒：使用0.1%新洁尔灭、0.2%~0.5%过氧乙酸或0.4%次氯酸钠等消毒剂自上而下喷雾或喷洒，保证舍内的所有表面（墙壁、地面等）、设备（料槽、饮水器等）、用具均得到有效消毒。在均匀喷雾或喷洒的基础上，对病弱牛隔离栏、接缝处等有所侧重。消毒后牛舍保持通风干燥，空置3~5天。

4. 检查 恢复舍内的布置：在空舍干燥期间对舍内的设备、用具等进行必要的检查和维修，重点是料槽、饮水器等，充分做好入牛前的准备工作。检查消毒效果，消毒效果不达标的重新进行消毒。

（二）常规消毒

常规消毒包括场区入口、生产区入口、牛场环境、牛舍、设备用具、兽医繁殖器械、牛体等部位，应在场区入口、生产区入口、牛舍等重点部位设立消毒指示标志。

1. 场区入口 奶牛场场区入口处设专职人员，负责进出场人员、车辆和物品的消毒、登记及监督工作，并负责维持车辆消毒池和消毒盆内消毒药物的有效浓度。

场区入口处的车辆消毒池长度应为4~5米，宽度与整个入口相同，池内放置5%的氢氧化钠溶液，池内药液高度为15~20厘米。配置低压消毒器械，用0.1%新洁尔灭或0.2%~0.5%过氧乙酸对进场的车辆实施喷雾消毒，消毒范围为整个车体（包括车辆底盘、驾驶室地板）和车辆停留处及周围，药液用量以充分湿润为最低限度。

进入牛场的所有人员，须经"踩，照，洗"三步消毒程序（踩氢氧化钠消毒垫、紫外线照射3~5分钟、用0.01%二氧化氯消毒液和净水洗手），经专用的消毒通道进入场区。

进入场区的所有物品，必须根据物品特点选择使用一种或多种消毒形式进行消毒处理，如紫外灯照射消毒、喷雾消毒、浸泡消毒等。

2. 生产区入口 奶牛场在整个生产区设置唯一的人员、物品入口。进入生产区的所有人员须经"踩，照，洗，换"四步消毒程序（踩氢氧化钠消毒垫、紫外线照射、在生产区消毒间用消毒液洗手、在更衣室更换场内工作服和胶靴），并经专用消毒通道进入生产区，工作服不得穿出场外。

进入生产区的物品特别是药品，均须进行紫外线照射、用 0.1% 新洁尔灭或 0.2%～0.5% 过氧乙酸喷雾至最小外包装，方可进入生产区使用。

须进入生产区的车辆必须经过再次的喷雾消毒方可进入，消毒剂种类、消毒范围、药液用量参考场区入口处的车辆消毒要求。

3. 环境消毒 及时彻底清理场区内的垃圾杂草等，尽可能消除影响消毒效果的不利因素。全场至少每周进行 1 次喷雾消毒，不留死角。牛舍周围环境、运动场每周用 2% 氢氧化钠消毒或撒生石灰；场外防疫沟及场内污水池、排粪坑和下水道出口，每月用 0.5% 漂白粉消毒 1 次；待挤区、挤奶区每天使用 1 次 0.1% 新洁尔灭或 0.2%～0.5% 过氧乙酸喷雾消毒。

场外购牛车辆一律禁止入场，装牛前严格进行喷雾消毒，售牛后，对使用过的装牛台、磅秤和本场运牛车辆、道路等及时进行清理、冲洗和消毒。病死牛无害化处理点，每次使用后均须用 5% 氢氧化钠溶液进行彻底消毒。

4. 牛舍消毒 牛舍卧床、槽后通道在每班牛只下槽后应彻底清扫干净，常用消毒药如 0.1% 新洁尔灭，0.2%～0.5% 过氧乙酸，0.1% 次氯酸钠，每周进行 1 次喷雾消毒。为保证消毒效果，必须彻底湿润表面，如舍内地面一般控制在 0.3～0.5 升/米²，要求作用 30 分钟以上才能达到消毒效果。

定期对牛舍进行带牛环境消毒，有利于减少环境中的病原微生物，保证牛体健康，带牛环境消毒消毒剂种类、消毒范围、药液用量参考牛舍消毒，带牛环境消毒应避免消毒剂污染到牛奶中。

5. 设备、用具消毒 奶牛场在每班挤奶后须对挤奶设备清洗和消毒。一般按"碱-酸-碱"的程序进行，热水温度要求达到 80℃，最后用清水冲洗干净。

定期对饲喂用具、料槽和饲料车等进行消毒，可用 0.1% 新洁尔灭或 0.2%～0.5% 过氧乙酸消毒；日常用具如兽医用具、助产用具、配种用具、挤奶设备和奶罐车等在使用前后应进行彻底清洗和消毒。

6. 兽医、繁殖器械的消毒 器械的消毒可采用蒸汽压力锅消毒、高温干燥箱消毒、化学药物浸泡消毒等方法。

采用蒸汽压力锅或高温干燥箱进行兽医器械消毒，应达到相应的消毒规定时间。兽医器械使用蒸汽压力锅消毒，在 $1.05×10^5$ 帕压力下，灭菌 20 分钟；繁殖器械清洗擦拭后置于高温干燥箱中，温度达到 160℃ 后，保持 2 小时；化学消毒器械浸泡前彻底清洗，浸泡 20 分钟可达到消毒效果，化学消毒器械使用前必须用蒸馏水反复冲洗两三次（特别是注射器和针头），消除可能残留的化学物质，保证消毒效果。

7. 牛体消毒 挤奶、助产、配种、注射治疗操作前进行消毒擦拭，保证操作效果和牛体健康。挤奶前后使用乳头药浴液进行浸泡消毒，助产和配种采用 0.1‰新洁尔灭溶液冲洗和探试消毒，注射治疗采用 75％酒精擦拭消毒。

（三）奶牛场实施消毒时的注意事项

1. 在实际生产中应有严格的消毒登记制度。

2. 消毒药液必须现用现配，混合均匀，避免边加水边消毒等现象。消毒药液配制和使用时要采取必要的防护措施，确保人身安全。

3. 在场区入口和生产区入口设置合理分布的紫外线灯（每立方米空间要有 1.5 瓦紫外线灯照射的强度），以充分保证空间和物品的消毒，应保持 24 小时不间断亮灯，紫外线灯管一般要 90 天进行紫外线强度的监测，定期更换不合格灯管。

4. 使用消毒药物时，选用杀灭目标病原体的最低浓度。实际生产中，根据控制不同的疫病要求，选择合适的药物浓度。对同一对象的消毒，应定期轮换使用不同性质的消毒药物，不能同时混用不同性质的消毒药物。

5. 在重点防疫期内，可适当增加带牛消毒时的消毒次数和药液用量。当牛群出现死亡增高或存栏密度较大时，有必要适当提高带牛消毒时的药液用量和药液浓度。

第三节　免疫接种

一、常用疫苗种类和保存方法

（一）奶牛场常用疫苗

奶牛场常用疫苗分为灭活苗和弱毒苗，其种类见表 5-1。灭活苗免疫期短，使用相对安全，弱毒苗保护效果好，免疫期长，存在散毒风险。严重应激（如分娩）接种时，保护效果不好，应及时调整免疫时间。

表 5-1　奶牛场常用疫苗种类

免疫疾病	常用疫苗
口蹄疫	口蹄疫 A 型灭活疫苗、O 型-亚洲 I 型二价灭活疫苗、三联苗
布鲁氏菌病	牛型 A19 株疫苗（A19）、猪型 S2 株疫苗（S2）、羊型 M5 株疫苗（M5）

免疫疾病	常用疫苗
传染性鼻气管炎	弱毒苗、灭活苗
牛病毒性腹泻—黏膜病	弱毒苗
炭疽	炭疽芽孢杆菌苗
狂犬病	狂犬病疫苗灭活苗

（二）疫苗保存方法

运输和保存不同疫苗的温度应有区别，应根据疫苗对温度的要求进行存放和运输。活的弱毒疫苗，要保存在－15～－20℃低温条件下，避免反复冻融、高温和阳光照射。灭活疫苗，保存最适宜的温度为2～8℃，避免温度过高或冻结。

二、免疫接种前的准备

（一）人员

奶牛场应根据本场的规模和技术力量来制订详细的免疫计划，应避免使用外场的技术人员进行免疫工作。

免疫工作要由技术娴熟的兽医技术人员操作，做好相应的防护工作。

免疫接种人员剪短手指甲，用肥皂、消毒液（来苏儿或新洁尔灭溶液等）洗手，再用75％酒精消毒。穿工作服、胶靴，戴橡胶手套、口罩、工作帽等。特殊免疫（布鲁氏菌病免疫）时还应戴上护目镜。

（二）物品

接种前要准备好相关物品，如连续注射器、针头、消毒器械、保定器械、人员防护用品、消毒药品、急救药品以及耳标钳、耳标等。不同的接种方法，需要准备的器械和物品有所不同。针头的准备，要根据不同免疫疫苗注射方式选择适宜的针头，且保证每头牛1个针头，防止交叉感染。

（三）牛群健康状况

检查牛群的精神、食欲、体温、发病、瘦弱，不正常的可不接种或暂缓接种；按照疫苗要求可免疫的牛群进行100％免疫。

（四）疫苗

1. 检查疫苗保管是否正确。查看是否有分层、结冰等现象，注意生产日期和有效期，切忌使用过期或变质的疫苗。

2. 根据疫苗保管方式的不同，随用随取，确保疫苗有效性，使用时恢复室温并摇匀。

3. 需要稀释时随配随用，防止疫苗失效。

三、奶牛场基本检疫、免疫计划

（一）奶牛场年度基本检疫、免疫计划

奶牛场年度基本检疫、免疫计划见表5-2。

表5-2　奶牛场年度基本检疫、免疫计划

计划时间	疫苗类型
1月	口蹄疫A型、O型、亚洲I型单苗或多联苗
3月	炭疽苗
4月	结核检疫
5月	口蹄疫A型、O型、亚洲I型单苗或多联苗
8月	布鲁氏菌苗
9月	口蹄疫A型、O型、亚洲I型单苗或多联苗
10月	结核检疫

（二）不同时期牛群免疫计划

1. 犊牛的免疫程序

（1）1日龄　牛瘟弱毒苗超免，犊牛生后在未采食初乳前，先注射一头份牛瘟弱毒苗，隔1～2小时后再让犊牛吃初乳，这适用于常发牛瘟的牛场。

（2）7～15日龄　气喘病苗。

（3）10日龄　传染性萎缩性鼻炎疫苗，肌内注射或皮下注射。

（4）10～15日龄　犊牛水肿苗。

（5）20日龄　肌内注射牛瘟苗。

（6）25～30日龄　肌内注射伪狂犬病弱毒苗。

（7）30日龄　肌内注射传染性萎缩性鼻炎疫苗。

（8）35～40日龄　犊牛副伤寒菌苗，口服或肌内注射（在疫区，首免后，隔3～4周再二免）。

（9）60日龄　牛瘟、肺疫、丹毒三联苗，2倍量肌内注射。

2. 后备牛的免疫程序

（1）每年春天（3～4月份），肌内注射乙型脑炎疫苗1次。

（2）配种前1个月肌内注射细小病毒疫苗。

（3）配种前1个月接种1次伪狂犬疫苗。

（4）配种前20～30天注射牛瘟、牛丹毒二联苗（或加牛肺疫的三联苗），4倍量肌内注射。

3. 成母牛免疫程序

（1）空怀期。注射牛瘟、牛丹毒二联苗（或加牛肺疫的三联苗），4倍量肌内注射。

（2）每年肌内注射一次细小病毒灭活苗，3年后可不注。

（3）每年春天3～4月份肌内注射1次乙脑苗，3年后可不注。

（4）产前2周肌内注射气喘病灭活苗。

（5）产前45天、产前15天，分别注射 K88、K99、987P 大肠杆菌苗。

（6）产前45天，肌内注射传染性胃肠炎、流行性腹泻二联苗。

（7）产前35天，皮下注射传染性萎缩性鼻炎灭活苗。

（8）产前30天，肌内注射犊牛红痢疫苗。

（9）产前25天，肌内注射传染性胃肠炎、流行性腹泻二联苗。

（10）产前13天，肌内注射牛伪狂犬病灭活苗。

4. 其他疾病的防疫

（1）牛传染性胸膜肺炎　犊牛1、3、5周各免1次。

（2）牛链球菌病　成年母牛每年春秋各1次，犊牛10日龄首免，60日龄加强免疫，或出生后24小时首免，断奶后2周加强免疫。

四、免疫接种方法

每种疫苗都有其特定免疫程序和最佳接种途径，如弱毒布鲁氏菌病牛种A19株疫苗采用肌内注射免疫、弱毒布鲁氏菌病猪种 S2 株疫苗采用口服免疫，灭活疫苗均应皮下或肌内注射接种。

选定最佳免疫途径后，可根据疫情状况，将免疫接种分为预防接种和紧急接种。

（一）预防接种

平时为预防传染病的发生和流行，有计划地对健康动物进行的免疫接种，预防接种应注意以下几点：

1. 接种前的调查　一要调查本地及周围地区传染病的流行历史和现状，确定预防接种的疫苗种类，首先要接种本地或周围地区近年来发生过或可能发生的疫病；二要调查目前的畜群状况（年龄结构、妊娠情况、健康状况等），确定预防接种的家畜个体及数量，对年幼、妊娠及体弱有病的家畜可暂不接种；三要调查计划接种动物体内的抗体情况，特别是幼年动物体内有无母源抗体，对体内无抗体的动物进行接种。

2. 实行计划免疫，按免疫程序进行接种　计划免疫就是根据调查结果及以往免疫接种情况和病症的流行季节，确定免疫接种的疫病种类及首次免疫（基础免疫）或重复免疫（加强免疫），做出免疫接种的时间，并确定免疫剂量。免疫程序就是根据各种菌（疫）苗的特性制订的预防接种次数、间隔时间和接种方法。

3. 接种后的观察和监测　接种后要观察动物的反应（局部及全身反应，正常或严重反应），必要时采血监测动物体内抗体消长情况，从而可确定免疫效果和疫期。

（二）紧急接种

发生传染病时，为迅速控制和扑灭传染病的流行，对疫区和受威胁区尚未发病的易感动物进行的应急性免疫接种。从安全角度考虑，紧急免疫接种应使用免疫菌（疫）苗，或先注射血清，2周后再注射菌（疫）苗。但免疫血清用量大，价格高，免疫期短，实际上很少应用。在疫区内使用菌（疫）苗进行紧急接种可获得较好效果，但接种前应逐头动物进行临床检查和体温测量，对无任何症状的动物才能进行接种。尽管如此，其中可能混有潜伏期的动物，接种后不仅得不到保护，反而促进其发病，造成一定损失，这是不可避免的。

五、免疫程序的制订

一种免疫程序不能解决全部需求，依据牛群的疫病情况、后备牛和成母牛的繁殖状况、母源性抗体的潜在干扰，本场和本地区主要疫病流行情况，以及本国疫病的流行情况和免疫策略、疫苗注射后的有利或不利影响、疫苗使用的投入和产出效益等，考虑牛群疫苗免疫方案的全面性来制订免疫程序。

尽管疫苗能降低发病概率，但在某种程度上不能完全预防疾病的发生。如果出生后的自然感染导致病菌携带，表明该种疫苗也不能够完全刺激免疫系统来防止感染。因此，许多疫苗只能降低动物感染的数量，降低感染动物中出现临床症状的感染动物比率，降低感染动物的排毒量和排毒时间，多数疫苗不能完全预防疾病的发生。为此，要采取其他的措施进行综合防控，以达到疾病净化的目的。

六、建议免疫程序

（一）口蹄疫

1. 免疫程序

（1）犊牛 90 日龄时，每头注射口蹄疫三联苗 1 头份，间隔 1 个月再进行一次强化免疫，以后根据免疫抗体监测结果，每隔 4～6 个月免疫一次，配种前 1 个月再免疫一次；成母牛每年免疫 3～4 次，每次每头注射 1 头份。

（2）对调出奶牛场的种用或非屠宰奶牛，在调运前 2 周进行 1 次强化免疫。

（3）发生疫情时，要对防疫区、受威胁区域的全部易感动物进行 1 次强化免疫即紧急免疫，近 1 个月已免疫的奶牛可不强化免疫。

2. 免疫方法

（1）奶牛进行口蹄免疫时使用 20 号针头（2.5 厘米长），注射器和针头采用高压灭菌或蒸煮消毒法消毒至少 30 分钟，不可使用化学方法消毒。灭菌后的注射器与针头应置于无菌盒内。

（2）疫苗使用时，瓶塞上应固定一个消毒过的针头，上覆盖酒精棉球，在使用过程中应保持低温并避免日光直射。吸出的疫苗不可再回注于瓶内，针筒排气溢出的疫苗应吸于酒精棉球上，并将其收集于专用瓶内，用过的酒精棉球、碘酊棉也放置于专用瓶内，集中处理。每瓶疫苗当天开启当天用完，如果瓶内剩余疫苗，须用蜡封闭针孔，于 2～8℃贮存，超过 24 小时不可再用。建议注射疫苗时使用连续注射器，剂量准确，易于操作。

（3）注射部位剪毛后用 2％碘酊擦净消毒，再用 75％酒精棉擦拭消毒部位。疫苗必须注入肌肉内，严禁用"飞针"方式注射疫苗，切不可注入脂肪层或皮下。疫苗注射时针头逐头更换，一只注射器只能注射一种疫苗。做好接种记录和免疫标识，注明接种牛的耳标、年龄、接种时间、疫苗批号及注射剂量。

（二）布鲁氏菌病

目前我国有 3 种布鲁氏菌病苗可对检疫阴性的牛进行免疫预防。

1. 布鲁氏菌牛型 19 号冻干菌苗
只用于犊牛。即 6～8 月龄皮下注射 1 次，18～20 月龄再注射 1 次，每头注射 5 毫升。免疫期为 6 年。

2. 布鲁氏菌羊型 5 号冻干弱毒菌苗
用于 3～8 月龄的犊牛，皮下注射每头 250 亿活菌。若为气雾吸入，则室内气雾时每头 250 亿活菌，室外气雾时每头 400 亿活菌。免疫期为 1 年。以上两种菌苗，成母牛和妊娠牛均不宜使用。

3. 布鲁氏菌猪型 2 号冻干菌苗　可口服免疫，每头为 500 亿活菌。不受妊娠的限制，可在配种前 1～2 个月进行，也可在妊娠期使用，免疫期为 2 年。

（三）传染性鼻气管炎

牛感染本病后，自然条件下可不定期排毒，特别是隐性携带的种公牛危害性最大。传染性鼻气管炎型病暴发时，其发病率会达到 25％～100％，持续病态约为 1 周。犊牛发病后第一天就能从鼻液中排毒，并可持续 2 周，从气管黏液、鼻中隔、血液、唾液、尿等均能分离到病毒。病愈牛可带毒 6～12 个月，甚至长达 19 个月。

该病有三种疫苗可以用于预防：一是致弱活毒疫苗，可产生永久免疫力，但对妊娠母牛和 6 月龄以下的犊牛不可以使用，因为妊娠母牛易受病毒的影响发生流产。二是鼻内用牛传染性鼻气管炎疫苗，是一种致弱活毒疫苗，用的方法是将其喷雾于鼻腔内，新生犊牛和妊娠母牛都可以使用，但由于免疫持续期仅有 1 年，故须每年重复接种一次。三是灭活牛传染性鼻气管炎疫苗，这是一种死苗，接种时须进行两次注射，以后每年重复接种一次。

（四）病毒性腹泻—黏膜病

病毒性腹泻—黏膜病弱毒疫苗用于预防牛病毒性腹泻—黏膜病。对 6～24 月龄青年牛进行预防接种，在断奶前后数周接种最好，对受威胁较大牛群应每隔 3～5 年接种 1 次，育成牛于配种前再接种 1 次，多数牛可获终生免疫。

（五）炭疽

炭疽芽孢杆菌常用疫苗包括无毒炭疽芽孢菌苗和Ⅱ号炭疽芽孢。无毒炭疽芽孢菌苗，每头成年牛每次皮下注射 1 毫升；12 月龄以下的牛每次皮下注射 0.5 毫升，注射后 14 天产生免疫力，免疫期 1 年。Ⅱ号炭疽芽孢苗，不论牛只的大小，每头每次皮下注射 1 毫升，注射后 14 天产生免疫力，免疫期 1 年。

（六）狂犬病

牛被犬咬伤后立即用肥皂水反复洗伤口并用清水洗净，碘酊消毒，每次肌内注射 25～50 毫升狂犬病疫苗，若作紧急预防，可间隔 3～5 天后，再注射 1 次。有条件的可在咬伤后注射狂犬病血清，剂量每千克体重 0.5 毫升。

第四节　尸体及废弃物的处理

病死牛及废弃物的处理，应保存病死奶牛及废弃物的处理记录，且应符合以下方面的要求。

病死奶牛及废弃物的处理应符合法规要求，根据法律法规，尸体要彻底深埋或焚烧以免遭鸟兽和其他动物的进食；处理病死奶牛及废弃物的场所或容器应专用且受控，该场所或容器应易于清洗和消毒。病死奶牛应远离畜栏；病死奶牛及废弃物无害化区域应受控，设置标识牌，并向当地相关部门主动报告位置，整个处理过程应避免造成二次污染。

一、病死牛尸体处理方法

病死牛若不适当处理，尸体腐烂变质不仅会产生恶臭，污染空气，影响环境卫生，同时也会成为一个污染源，传播、扩散疾病，危害人畜健康。

所有病死奶牛应按照《病害动物和病害动物产品生物安全处理规程》（GB16548—2006）的规定进行无害化处理，奶牛场最常用的尸体无害化处理技术有掩埋法、焚烧、高温蒸煮、化制等方法。

（一）掩埋法

将奶牛尸体直接埋入土壤中，微生物在厌氧条件下分解尸体，杀死大部分病原微生物。此法只适用于处理非传染病死亡的个体。要求应有受控专用场所或容器储存病死牛，且该场所或容器应易于清洗和消毒，所有病死牛远离牛舍，在选取土埋地点时应注意：土壤点应在感染的饲养场内或附近，远离居民区、水源、泄洪区和交通要道；地势高燥，土壤渗透性低；避开公众视野，且清楚标示。土埋坑的大小应根据死亡动物尸体量确定，一般不小于动物总体积的 2 倍。死亡动物较多时，不能在一个坑中掩埋，可另外在相隔至少 1 米以外地方挖掘掩埋点。土埋坑和覆盖土层厚度应不小于 1 米，且要高出周边地面 0.5 米左右，并设置明确掩埋标识。坑底铺垫生石灰或氢氧化钠，坑周围应洒上消毒药剂；填土要夯实，以免尸腐产气造成气泡和液体渗漏。另外，污染的饲料、杂物和排泄物等物品，也应喷洒消毒剂后与尸体共同深埋。掩埋法是一种最简单、最常用的有效处理动物尸体的方法。

（二）焚烧法

焚烧是指将牛尸体投入焚化炉中烧毁炭化。当处理的尸体体积小和污染物量小时，可以挖不小于 2 米深的坑，浇油焚烧，但在焚烧时应符合环保要求。焚烧处理尸体的消毒最为彻底，但需专门的设备，且消耗能源，成本较高。一般适用于患传染病奶牛。

（三）蒸煮法

蒸煮是指将牛尸体用锅或锅炉产生的蒸汽进行蒸煮，以杀灭病原。高温蒸煮是把肉切成重不超过 2 千克、厚不超过 8 厘米的肉块，放在密闭的高压锅内，在 1.12×10^5 帕压力下蒸煮 1.5～2 小时。一般蒸煮是将肉尸切成如上大小的肉块，放在普通锅内煮沸 2～2.5 小时（从水沸腾开始计时）。蒸煮法适用于处理非传染病且有一定利用价值的尸体。

（四）发酵法

这种方法是将尸体抛入专门的动物尸体发酵池内，利用生物热的方法将尸体发酵分解，以达到无害化处理的目的。

选择远离住宅、动物饲养场、草原、水源及交通要道，且处于下风口的地方。

发酵池为圆井形，深 9～10 米，直径 3 米，池壁及池底用不透水材料制作成（可用砖砌成后涂层水泥）。池口高出地面约 30 厘米，池口做一个盖，盖平时落锁，池内有通气管。如有条件，可在池上修一小屋。尸体堆积于池内，当堆至距池口 1.5 米处时，再用另一个池。此池封闭发酵，夏季不少于 2 个月，冬季不少于 3 个月，待尸体完全腐败分解后，可以挖出作肥料，两池轮换使用。

二、其他废弃物处理方法

（一）医疗废弃物的无害化处理

牛场的医疗废弃物主要包括纱布、棉球、手套、毛巾、擦布、一次性注射器、空药物容器、废弃的手术刀、破碎的温度计等。医疗废弃物存在一定的传染性、生物毒性、腐蚀性和危险性，因此必须妥善处理。在这些医疗废弃物中，产生量最大的是空药物容器，应使用官方收集和先进的处理系统，处理易造成污染的空药物容器，在处理前，空的药物容器和其他医疗设备应存放在安全的地方。应遵守当地有关处理或销毁药物容器和包装的法规。目前医疗固体废物的处理方法有高温蒸汽灭菌法、化学消毒法和卫生填埋法。

1. 高温蒸汽灭菌法　是将医疗垃圾在 1.03×10^5 帕、121℃条件下处理 20 分钟。此法能杀灭一切微生物，是一种简便、可靠、经济快速和容易被公众接受的灭菌方法。

2. 化学消毒法　适用于那些可以重复使用但不宜用高温消毒法处理的器械、物品，比如医用液体玻璃容器。医用液体玻璃容器为高温钙钠，不具有可燃性，不能用焚烧法来处理，用过氧乙酸来浸泡消毒大批量玻璃容器比较理想。过氧乙酸使用方便，效果可靠，消毒后的残液最终分解为水和氧气无有害物质残留；消毒后的玻璃容器可实现二次利用。

3. 卫生填埋法 是医疗废物的最终处理方法，经过前两种医疗废物处理法处理后的医疗废物送到卫生填埋场进行最终处置。牛场应保留有医疗废物回收处理的相关记录。

（二）粪尿、褥草等生产垃圾的处理

利用生物发酵、焚烧等方法以达到无害化处理的目的。

第五节 生鲜乳品质和质量安全

在奶业"农场至餐桌"的产业链中，生鲜乳质量安全控制是确保乳品质量和安全的关键环节。经过近十年的快速发展，目前我国奶业正处于向规范、高效发展转换的关键时期，但长期积累的矛盾和问题对乳品质量安全的影响已十分明显，暴露出我国奶业快速发展过程中只求数量、忽视质量的倾向，生鲜乳质量安全生产控制技术匮乏，质量安全隐患突出，生鲜乳质量安全控制技术亟待解决。只有客观、全面、科学地分析生鲜乳质量安全影响因素，认真落实生鲜乳质量安全控制措施，才能生产出安全优质的生鲜乳及乳制品。

一、影响生鲜乳品质和质量安全的因素

影响生鲜乳品质和质量安全的因素主要有奶牛品种、养殖模式、饲料营养和安全、环境卫生、药物残留、有害微生物以及人为因素等。

（一）奶牛品种

奶牛品种与牛奶质量和生产性能有重要的关系，奶牛品种不同是影响奶牛生产性能的重要因素（表5-3）。

表 5-3 不同奶牛品种生鲜乳理化指标、感官指标以及用途

品　种	理化指标			感官指标		用　途
	乳蛋白（%）	乳脂（%）	非脂固形物（%）	气味	色泽	
荷斯坦牛	3.2	4.0	8.5	有乳固有香味	乳白色	乳用型，制作各种乳制品
娟姗牛	3.6	4.5	9.2	有乳固有香味	黄色	乳用型，制作黄油
西门塔尔牛	4.0	4.2	9.5	有乳固有香味	微黄色	乳肉兼用型，奶酪

（二）养殖模式

一般，规模化、集约化程度越高，生鲜乳质量越高。其主要原因：在采购

环节，饲草饲料从正规厂家购入，品质得到有效的控制，安全得到有效的保证；在生产环节，各项管理制度比较规范，饲养管理技术先进，饲养设施设备比较完善，从业人员整体素质高，疫病风险低。

（三）饲料营养和安全

加强奶牛饲料营养安全管理是保证奶牛高产和生鲜乳质量的重要因素。饲喂安全营养的饲料才能保证奶牛的健康及正常的代谢功能，保障奶牛生产出优质安全的生鲜乳。

1. 确保饲料品质，防止发霉变质

（1）采购正规厂家原料，检测每批原料成分，保障原料在通风、干燥、防雨雪、防日晒、防虫鼠等条件下储存，确保奶牛的健康，有效控制生鲜乳品质。

（2）青贮饲料是奶牛主要的粗饲料，它的优劣决定生鲜乳的品质。制作青贮饲料时，要严格按照青贮饲料操作规程制作，坚决不使用霉烂变质的青贮原料。另外，在青贮制作过程中，常使用丙酸盐或双乙酸钠等添加剂，抑制霉菌生长，改善青贮饲料品质，提高饲料营养价值，通常情况下，青贮饲料从制作到使用，一般要间隔 45 天以上。在使用青贮饲料时，尽可能避免青贮饲料二次发酵和发霉，取面要平整，每次取料厚度不小于 20 厘米，取后及时盖好，防止切面暴露。

2. 饲料合理配比　奶牛日粮应经济合理、适口性强、转化效率高、精粗比例合理，并使用有效的饲料添加剂，满足奶牛的营养需要，确保奶牛健康和乳成分的正常稳定。

（四）环境卫生

1. 牛场建设应符合地方标准　一般应建在地势平坦干燥、排水良好、水源充足、水质符合生活饮用水国家标准的地方。具体要求与主要交通干线、城镇、村庄间距 1000 米以上，与屠宰加工厂、火葬场、化工厂和有污染的工厂及其他畜禽养殖场间距 2000 米以上。

2. 牛场内部布局合理　挤奶厅应建在养殖场的上风处或中间位置，距离泌乳牛舍较近，有专用的挤奶通道，不可与污道交叉。既便于集中挤奶，又减少污染。挤奶厅周边 50 米内不得堆放牛粪、生活垃圾及其他杂物，与青贮窖间隔 100 米，防止异味污染。

3. 通过环境控制提高奶牛舒适度　牛场应保持干净、干燥，并定期消毒、灭鼠、灭蚊蝇。运动场面积适中，地面应为沙土地，有一定坡度，四周有排水沟，要经常修整，保持干净、平整，无积水，粪便及时清除。

奶牛福利得到保障，是提高生鲜乳质量安全的一个重要因素。采取必要的防暑降温和防寒保暖措施，改善环境，降低微生物滋生，减少奶牛乳房炎、肢蹄病、传染性疾病的发生率，充分发挥奶牛的生产潜能，提高生鲜乳质量。

（五）药物残留

奶牛场在饲养管理和疾病防治上，受技术水平低等因素影响，往往存在兽药以及各种违禁药物滥用等现象，影响生鲜乳品质。其中抗生素类药物较为常见，残留在原料奶中的抗生素若被消费者食用，可能会产生抗药性的风险，危害人们的身体健康。

泌乳牛在用药时，应尽量减少化学药品和抗生素的使用，不应使用未经批准的激素类药物及抗生素，购买的兽药应符合国家规定，药残期的牛奶不应出售，一般不少于 7 天。此外，奶牛场还应规范兽药贮藏、使用程序、完善兽药用药记录，并参照厂家建议的休药期。

（六）有害微生物

生鲜乳营养丰富，可为微生物生存和繁殖提供有利条件。挤奶过程中微生物会从牛体、环境、挤奶设备、储奶容器等处进入牛乳中。生鲜乳中如果含有有害微生物，会出现酸凝固、色泽异常等腐败变质现象，严重影响生鲜乳的品质，不得食用。

（七）人为因素

人为因素是造成生鲜乳质量安全的最直接因素。不法分子为谋取不当利益，在生鲜乳中添加非法违禁物质。农业部目前已经确定三聚氰胺、皮革水解蛋白、β-内酰胺酶、硫氰酸钠和碱性物质五种物质为生鲜乳中非食用添加物质。

1. 三聚氰胺　三聚氰胺又称"蛋白精"，在生鲜乳中添加三聚氰胺能够提高其蛋白质含量，但食用了添加三聚氰胺奶粉的婴幼儿会产生肾结石病症，危害巨大。

2. 皮革水解蛋白　皮革水解蛋白是皮革"鞣革"工艺中产生的下脚料，将其掺入到生鲜乳中可以增加生鲜乳蛋白质的含量，但是降低了生鲜乳中氨基酸的吸收利用率，甚至"鞣革"下角废料中含有的重金属铬，会造成人体重金属中毒，易发肺、前列腺等器官的癌变。

3. β-内酰胺酶　在生鲜乳中添加 β-内酰胺酶可分解生鲜乳中残留的 β-内酰胺类抗生素，能够掩盖生鲜乳中抗生素的含量，它分解后的抗生素产物对人体的健康构成潜在的危害。

4. 硫氰酸钠　在生鲜乳中添加硫氰酸钠后可以起到抑菌作用，达到生鲜乳保鲜的作用，但是硫氰酸钠具有毒性，可对人体的健康造成危害，易出现神经系统抑制、代谢性酸中毒及心血管系统不稳定、甲状腺损伤等症状。

5. 碱性物质 碱性物质如苏打、小苏打、工业氢氧化钠等。不法分子在生鲜乳中加碱以改变生鲜乳外观和质地，掩盖牛奶酸败的现象，但碱性物质破坏了生鲜乳中的维生素，降低牛奶营养价值。工业氢氧化钠对人体健康危害巨大，易造成消化道灼伤，胃黏膜损伤及重金属中毒。

二、优质、安全生鲜乳的生产措施

生鲜乳的优质安全，须从源头抓起，紧紧围绕生鲜乳的生产、储存和运输三个关键环节，增强从业人员的责任意识和职业道德，全面提高管理水平，落实奶牛标准化养殖技术，细化操作程序，强化疾病预防，注重科学防疫，确保牛群健康，同时抓好以下生产措施。

（一）加强挤奶卫生管理

1. 挤奶厅设计及设备配套 挤奶厅应根据牛场规模和挤奶设备的性能进行规划和配套。

2. 挤奶厅内外环境卫生要求

（1）地面与墙面 挤奶厅应采用绝缘材料或砖石墙，墙面最好贴瓷砖，要求光滑，便于清洁消毒；地面要做到防滑，易于清洁。

（2）排水 挤奶厅地面冲洗用水不能使用循环水，必须使用清洁水，并保持一定的压力；地面可设一个到几个排水口，排水口应比地面或排水沟表面低，防止积水。

（3）通风和光照 挤奶厅通风系统应使用手动控制的电风扇，利于降温和排除异味，光照强度应便于工作人员进行挤奶、清洗等相关操作。

（4）储奶间 储奶间只能用于冷却和贮存生鲜乳，不得堆放任何化学物品和杂物；禁止吸烟；有防止昆虫的措施，如安装纱窗、使用灭鼠喷雾剂、捕蝇纸和电子灭蚊蝇器，捕蝇纸要定期更换，不得放在储奶罐上，严禁员工在储奶间使用洗发水、肥皂等；储奶间的门应保持关闭状态，由专人负责。

（5）储奶罐 储奶罐外部应保持清洁、干净，没有灰尘；储奶罐的盖子应上锁，由专人负责；不得向罐中加入任何物质；储奶罐清罐后应及时清洗并将罐内的水排净；储奶罐的温度，要有详细的记录，储奶罐实测温度与显示屏温度核对一致，由专人负责，每天核对 3 次。

（6）外部环境 保持挤奶厅和储奶间建筑外部的清洁卫生，防止滋生蚊蝇虫害。用于杀灭蚊蝇的杀虫剂和其他控制害虫的产品应当经国家批准，对人、奶牛和环境安全没有危害，并在牛体内不产生有害积累。

（二）严格挤奶操作

奶厅挤奶操作要严格按照挤奶操作规程进行。

（三）挤奶员要求

必须定期进行身体检查，获得县级以上医疗机构出具的健康证明。应保证个人卫生，勤洗手、勤剪指甲、不涂抹化妆品、不佩戴饰物，挤奶操作时穿工作服和工作鞋，带工作帽。

（四）牛体卫生要求

要定期对过长的尾毛和乳房上的长毛进行削剪，牛体要经常洗刷，有条件可选用自动刷体机，定期蹄浴。

（五）生鲜乳的冷却、贮存与运输

1. 刚挤出的生鲜乳应及时冷却、贮存。2 小时内冷却到 4℃ 以下保存。

2. 生鲜乳挤出后在储奶罐的贮存时间原则上不超过 24 小时。

3. 生鲜乳运输车辆必须获得所在地畜牧兽医管理部门核发的生鲜乳准运证明。在运输过程中，避免生鲜乳过度振荡，影响生鲜乳品质。牛场和乳品加工厂共同监管运输车辆，运输罐必须打上铅封，严禁在运输途中向奶罐内加入任何物质。运输车安装 GPS 定位系统，GPS 定位系统可实现 24 小时不间断监控。运输车在路途中不得无故停留，有意外情况发生时，要及时通知牛场和加工厂，并采取有效措施。要保持运输车辆的清洁卫生，运输车不能放置杂物（机油桶等）。运输车司机身体条件符合从业要求，要准确详细填写交接单，交奶后要将加工厂过磅、化验明细单交回牛场。

（六）挤奶设备及贮运设备的清洗

选择与挤奶、贮运设备相配套的清洗剂，按照设备标准流程进行清洗。

（七）挤奶设备的维护

挤奶设备必须进行良好的维护保养才能有效地挤奶。挤奶设备要定期维修，与厂家签订维修协议，并由专业人员维修，填写维修记录，定期合理更换配件，确保挤奶设备高效、正常运转。

1. 每天检查 真空泵油量是否保持在要求的范围内；集乳器进气孔是否被堵塞；橡胶部件是否有磨损或漏气；检查套杯前与套杯后，真空表读数是否稳定；真空调节器是否有明显的放气声，以确认真空储气量是否充足；奶杯内衬是否有液体进入，以确认内衬是否有破裂，如有破损，应及时更换，正常奶衬使用寿命为 3 000 头次。

2. 每周检查 脉动率与内衬收缩状况，奶泵止回阀的工作情况。

3. 每月检查 真空泵皮带松紧度；脉动器是否需要更换；检查真空调节器和传感器的工作状况；检查浮球阀密封情况，有磨损应立即更换；冲洗真空管、清洁排泄阀、检查密封状况。

4. 季度检查 由专业技术人员按照维修合同，每季度对挤奶设备进行一次全面检修与保养，确保正常使用。

（八）应急处理方案

1. 奶牛场应配备专用发电机，当突然断电时，可及时供电，确保正常生产和生鲜乳品质。

2. 储奶厅配备备用储奶罐，当储奶罐出现故障时，可及时更换储奶罐，防止生鲜乳变质、腐败，给奶牛场造成损失。

3. 奶牛场要制订相应的应急预案，及时应对突发事件。

（九）生鲜乳实验室检测

1. 酸度

（1）原理 牛乳的酸度一般是以中和 100 毫升牛乳所消耗的 0.1 摩尔/升氢氧化钠的毫升数来表示，称为°T，此为滴定酸度，简称为酸度，也可以乳酸的百分含量为牛乳的酸度，正常牛奶的酸度为 12～18°T。

（2）方法 在 250 毫升三角瓶中注入 10 毫升牛乳，加 20 毫升蒸馏水，加 0.5％酚酞指示液 0.5 毫升，小心混匀，用 0.1 摩尔/升氢氧化钠标准溶液滴定，直至微红色在 1 分钟内不消失为止，平行测定 3 次。消耗 0.1 摩尔/升氢氧化钠标准溶液的毫升数乘以 10，即得酸度：°T＝V×10。

2. 掺碱的检测 掺碱的检测方法推荐使用玫瑰红酸法和溴百里香酚兰法两种。

（1）玫瑰红酸法

①原理 玫瑰红酸的 pH 变色范围为 6.9～8.0，遇到加碱的乳，其颜色由褐黄色变为玫瑰红色，故可借此检出加碱乳和乳房炎乳。

②药品的配制 玫瑰红酸（0.5g/L）：准确称取 0.5g 玫瑰红酸，加入 1000 毫升 95％的乙醇溶解。

③方法 于干燥干净试管中加入 2 毫升乳样，加 2 毫升玫瑰红酸溶液，摇匀观察颜色变化，有碱时呈玫瑰红色，不含碱的纯牛奶为褐黄色。根据碱含量的不同，可判定为微量、中量、大量。

（2）溴百里香酚兰

①原理 鲜奶中若掺碱，可使指示剂变色，由颜色的不同，大略可判断加

碱量的多少。

②试剂配制　称取溴百里香酚兰 0.5 克，二苯胺 0.15 克，碘 1.6 克，溶解于 2 千克 72%酒精中，使用时以 40%氢氧化钠调整 pH＝7，注意，试剂须放置 24h 以上并搅拌，以使碘充分溶解。

③方法　将鲜奶煮沸，用吸管分别取等量的牛乳和上述配制好的试剂各 2 毫升于小试管中，摇匀。

④结果判定

▲正常奶　反应为黄色，无絮片沾壁。

▲异常奶　掺碱越多，颜色越绿，酒精阳性奶有絮片沾壁。

▲掺碱奶　0.03%——黄绿色，0.05%——淡绿色，0.1%——绿色，0.3%——深绿色，0.5%——青绿色，0.7%——淡青色，1.0%——青色，1.5%——深青色。

注意事项：掺水奶（水 pH7～9）、掺洗衣粉奶（含碳酸钠）、乳房炎奶（pH 升高）均可呈黄绿色至淡绿色反应。

试剂当天用当天配，须用氢氧化钠调 pH 至 7。

3. 酒精乳的检测　根据酸度的差异可分为高酸度酒精阳性乳（18°T 以上）和低酸度酒精阳性乳（18°T 以下）。

(1) 高酸度酒精阳性乳　加热后凝固，一般弃用。

(2) 低酸度酒精阳性乳　一般选用 72%的乙醇，调节 pH 至中性。

新鲜牛奶样品 2 毫升，在 20℃与等量的 72%的酒精混合，摇晃均匀，观察有无微量颗粒和絮状凝块乳产生，判定牛奶的酸度。无絮片出现，判定为合格。

4. 生鲜乳中抗生素的检测　奶牛在用药期分泌的乳不能饮用，在弃奶期分泌的乳应进行抗生素残留的测定。目前检测牛奶中抗生素残留的方法很多，常见的有：国标氯化三苯四氮唑（TTC）检测法、ECLIPSE50 试剂盒检测法。

(1) 国标 TTC 检测法　该法所用菌种为乳酸链球菌，乳中加入抗生素或有抗生素残留时，加试验菌后被抑制，不能使 TTC 还原为红色化合物，因而被检样品无色，表明乳中含有抗生素。

(2) ECLIPSE50 试剂盒检测法　该法操作简单，将适量牛奶加入试剂盒微孔中，使牛奶样品在微孔琼脂中传播，培养 3 小时，若试剂盒显示为蓝紫色，则检测结果为阳性，表明有抗生素残留，应延长弃奶期；若试剂盒显示为黄色或黄绿色，则检测结果为阴性，表明无抗生素残留。

5. 微生物的检测　通过对细菌总数、芽孢数、耐热芽孢数、嗜冷菌数的检测来判断牛奶中微生物的污染程度。

（1）细菌总数的检测　无菌条件下，用 1 毫升灭菌吸管吸取原料乳 1 毫升，沿管壁徐徐注入含有 9 毫升灭菌生理盐水的试管内（注意吸管尖端不要触及管内稀释液），振摇试管，混合均匀，做成 1∶10 的稀释液。将稀释液依次做 10 倍系列的稀释液。选择 2～3 个稀释度，分别在做 10 倍递增稀释的同时，即以吸取该稀释度的吸管移 1 毫升稀释液于灭菌琼脂培养基平皿内，每个稀释度做 2 个平皿。选取 30～300 个菌落数的平皿作为菌落总数测定标准，结果采用 2 个平皿平均数计算细菌总数。

（2）芽孢数检测　取 2 支试管，将 10 毫升原料奶和 10 毫升水分别放入试管内，放入 80℃水浴锅中。当试管内液体温度升到 80℃时，计时 10 分钟，将试管取出，用水冷却。用加热后的原料奶样品制备稀释样品，按照细菌总数检测方法将原料奶样品做成 1∶10 系列稀释液，并摇匀。吸管移取 1 毫升稀释液均匀涂布在培养皿上。将培养皿放入培养箱（30～35℃）培养 72 小时后进行计数。

（3）耐热芽孢数检测　要检测原料乳中耐热芽孢数只需将 10 毫升原料奶样品加热至 100℃，并在此温度下保持 10 分钟。另外，在平皿培养时，须将平皿分别放在 30～35℃和 50～55℃二个不同温度条件下培养，耐热芽孢数为两个温度培养皿计数之和。方法、仪器及步骤等与芽孢数的检测相同。

（4）嗜冷菌的检测　按照细菌总数检测方法将原料奶样品做成 1∶100 000 稀释液，并摇匀。用吸管将 1 毫升稀释液样品加入培养皿。按以上步骤，以 1 毫升灭菌生理盐水作为空白对照。将培养皿放入培养箱（21＋0.5）℃中培养 25 小时。菌落计数方法与细菌总数检测方法相同。

第六章

疾 病 防 治

　　随着奶牛养殖业快速发展，一些危害奶牛健康的问题出现，致使各类奶牛疾病发生率居高不下，已经严重影响了奶牛场的养殖效益和产品品质，甚至影响着我国奶牛业的健康发展和乳品安全。因而，奶牛场兽医工作者应与奶业科研人员一道积极探索疾病防控新途径，为奶业健康发展保驾护航。

第一节　疾病的诊断与监测

　　奶牛场各级管理者和技术人员在生产中应坚持防重于治的原则，注意疾病的诊断与检测，以便提早发现和预防奶牛疾病，特别是传染病、营养代谢病和繁殖疾病，更好地发挥奶牛生产性能，延长奶牛使用寿命，提高奶牛场的经济效益。

一、疾病诊断的基本程序与方法

（一）病史调查
　　主要调查奶牛的现病史、既往史和生活史，综合分析并寻找具有诊断价值的线索。下列几个问题可以作为询问奶牛病史时的主要问题：
　　1. 奶牛的胎次、所处的阶段（泌乳期，干奶期）、是否妊娠。
　　2. 奶牛产奶量的变化、奶牛体温的变化。
　　3. 第一次出现症状的时间和病后的变化。
　　4. 是否治疗过及治疗时用药情况。
　　5. 现在是否是全混合日粮、饲喂饲料的品种和用量。
　　6. 采食量和饮水有无异常，草料中有无异物。
　　7. 奶牛粪便的情况及变化情况；是否发现了其他问题。
　　8. 场内其他牛是否有类似情况、结果怎样。

通过询问疾病持续的时间可以确定病情急缓和严重程度，如最急性、急性、亚急性和慢性；通过询问是群发还是散发可以确定是否是传染病；通过询问日粮的情况可以确定是否为中毒性疾病或代谢性疾病；通过询问疾病其他一些情况可确定患病奶牛的经济价值及治疗意义。能否与畜主（饲养员）进行有效地沟通是决定询问病史成功的关键。

（二）临床症状观察

兽医通过对患病奶牛的仔细观察与检查，可获得对疾病诊断有价值的线索。

1. 观察　包括奶牛的精神状态、姿势、体况、体型结构及奶牛的性情。

（1）**五官检查**　主要观察眼、鼻、耳、口、身。眼睛是否有神、是否下陷、黏膜是否异常（分泌物、出血、黄疸、贫血、溃疡、糜烂、损伤等），鼻镜是否湿润、双侧鼻孔的鼻液和气流是否正常，耳是否下垂，口是否流涎，皮肤是否有外伤、突起及毛色是否光亮等。

（2）**姿势**　奶牛姿势包括卧姿、站姿和走姿。正常奶牛每天卧床休息约14 小时，异常的姿势常常提示奶牛患有某一特定系统的疾病。例如，卧姿时颈部呈 S 状弯曲，常提示低血钙等；站姿时，某一蹄子不敢负重，常提示蹄病的出现，奶牛弓背、肘外展常提示奶牛患有腹膜炎、胸膜炎、创伤性网胃炎等；行走时，奶牛有弓背、跛行常提示奶牛患有肢蹄病等。

（3）**体况**　健康的奶牛被毛光亮、体况适中、食欲正常。过于肥胖的奶牛在围产期易患代谢病；极度消瘦的奶牛常常与疾病有关，如寄生虫病、副结核、病毒性腹泻等。

（4）**体型结构**　结构缺陷可能暗示或诱发某些疾病。例如，乳房悬韧带松弛可导致乳头损伤和乳房炎，慢性卵巢囊肿可引起奶牛的颈部增厚、尾根部隆起、荐坐韧带及会阴部松弛。

（5）**排泄物观察**　观察粪便和尿液及阴道分泌物的状态、气味等。如奶牛粪便稀薄，可能精料过多、瘤胃酸中毒或者消化系统患有疾病；阴道分泌物气味恶臭，流出脓汁，患有子宫炎症或尿道炎症。

（6）**反刍**　奶牛采食后，通常经过 0.5～1 小时就开始反刍，每次逆呕咀嚼 40～70 次，每次反刍的持续时间平均为 40～50 分钟，一昼夜进行 8 次左右，牛每天花在反刍上的时间总计 7～8 小时。

2. 检查

（1）**体温**　奶牛体温通常是测定奶牛的直肠温度。初生犊牛体温为38.5～40.5℃，1 岁及以下奶牛体温为 38.5～39.5℃，正常成年奶牛的体温为37.5～

39.5℃。

体温高于正常范围上限即为发热，是疾病发生的早期信号，也是免疫反应和炎症反应过程的指示。发热可分为稽留热、弛张热、间歇热、回归热。弛张热体温忽高忽低但不会恢复到正常体温范围；间歇热体温在一天之内有时恢复到正常范围；回归热的特点是发热几天间隔一天或数天体温正常。

由于病理性原因引起体温低于正常温度下限叫低体温。明显的低体温，同时伴有发绀、末梢厥冷、心跳微弱，常提示预后不良。

（2）脉搏　每分钟脉搏搏动的次数叫脉搏数。初生犊牛的脉搏数是 100～130 次/分钟，1 岁及以下奶牛的脉搏数为 80～110 次/分钟，成年奶牛安静状态下脉搏数是 50～80 次/分钟。脉搏数加快，见于病牛兴奋、发热或有器质性病变，如感染性疾病、代谢性疾病、呼吸系统疾病、心脏病、脓毒血症及肿瘤。脉搏数低于正常，奶牛疾病中比较少见，如垂体脓肿、迷走神经性消化不良和肉毒中毒。在检查脉搏时发现脉搏缺失或节律不齐时，应考虑心脏病和代谢病。

（3）呼吸频率　一般情况下，犊牛呼吸频率为 20～40 次/分钟，1 岁及以下奶牛呼吸频率为 30～50 次/分钟，成年奶牛呼吸频率为 15～35 次/分钟。奶牛呼吸频率与环境温度、湿度、活动及生产性能有很大的关系。较高的环境温度、湿度能引起奶牛的呼吸频率和深度增加；代谢性酸中毒能引起呼吸频率和深度增加；疼痛等能引起呼吸频率增加、深度变浅；奶牛处于严重代谢性酸中毒时，呼吸的频率和深度降低。

当奶牛发生腹膜炎等腹部疾病时，腹部疼痛会妨碍腹部参与呼吸，病牛发生胸式呼吸。当奶牛患有疼痛性胸膜炎或肺气肿、肺水肿以及其他因素导致下呼吸道潮气量减少等肺脏疾病时，病牛出现腹式呼吸。一般情况下，吸气式呼吸困难源于上呼吸道疾病；呼气式呼吸困难源于下呼吸道疾病；混合型呼吸困难可发生于多种情况下，如缺氧、重症肺炎等。

（4）体左侧的检查

①心脏和肺脏的检查　心脏的听诊应测定心率、节律和心音的强度。心率应在脉搏的正常范围内，节律应整齐，心音的强度和幅度应均匀并与胸部的厚度相称。第一心音也叫收缩音，产生于心室收缩的开始。第二心音也叫舒张音，出现于心室舒张的开始。多数奶牛第一心音分裂也是一种正常心音。心杂音是不正常的心音，常见于先天性心脏异常、后天性的瓣膜闭锁不全和心内膜炎。心跳时有拍水音常提示心包积液或创伤性心包炎。心房纤维性颤动是奶牛最常见的心律不齐，常与低氯血和低钾血性代谢碱中毒有关。奶牛也有心律强

度及速度变化不定和脉搏缺失，是心房纤维性颤动物理检查的特征变化。成年牛心律不齐比心房纤维性颤动少见。患有白肌病的犊牛和患有高血钾症的犊牛可见心脏节律不齐。

②肺部的听诊应覆盖整个肺区并要排除来自上呼吸道的干扰音。肺区的后界约从第 6 肋骨软骨腹侧交界处到背侧的第 11 肋骨间，听诊有异常应进行胸部叩诊。

③瘤胃和腹部的检查　检查瘤胃主要是进行听诊、触诊和叩诊。听诊瘤胃时选择左肷窝并听诊 5 分钟以上，可确定瘤胃收缩的次数和强度。触诊瘤胃时选择奶牛左下腹和肷窝，评估瘤胃的质地和收缩强度，同时可以确定瘤胃内容物的多少。健康的瘤胃 5 分钟内收缩 10～12 次，瘤胃蠕动减弱提示瘤胃停滞，瘤胃蠕动增强意味着迷走神经性消化不良。叩诊瘤胃时选择奶牛左腹部来检查内脏的气体性或者气/液体性膨胀。如真胃的左方变位、瘤胃鼓气。

（5）体右侧的检查

①心和肺的听诊　听诊与左侧相似。

②腹部检查　在腹部听诊的同时进行冲击触诊，可通过"砰"的声音大小和类别来判断处于扩张状态的胃肠道中含有的液体量。用指尖触压肋间区、肷窝和右下腹来确定右腹部的局限性疼痛。

③腹侧腹部　用触诊的方法确定腹侧腹部的局限性疼痛，间断性的用拳头轻柔但深压中线左、右侧的特定区域，一直向前达剑突区，奶牛敏感提示腹膜炎。

④乳房　用视诊和触诊检查乳房是否有红、肿、热、痛发生。通过触诊检查是否有水肿、结节、脓肿。检查每个乳头，可发现乳头口是否外翻或龟裂、外伤、赘生物等。

⑤头部检查　检查口腔黏膜是否糜烂、溃疡；口腔和呼吸道的气味是否异常；牙齿是否异常等。通过叩诊检查额窦、上颌窦有无异常。

⑥直肠检查　直肠检查是进行奶牛生殖系统检查、腹腔探查的常用方法。如卵巢疾病、子宫炎、子宫扭转和难产。腹腔探查可用来诊断探查腹部脓肿、盆腔脓肿、后腹部粘连和直肠撕裂，还可以诊断腹部膨胀的疾病，如盲肠膨胀、盲肠扭转、小肠膨胀、皱胃右侧变位及扭转等。同时还可进行左肾、膀胱、髂骨、瘤胃背囊及腹囊的检查。

（三）尸体剖检

1. 剖检前的准备

（1）剖检场地的要求　一般要求在病理剖检室剖检，剖检物进行焚烧或深埋。在室外剖检时，应选择地势较高、环境干燥，远离水源、道路、房舍和牛舍的地点进行。剖检前挖深 2 米的坑，剖检后将内脏、尸体连同被污染的土壤投入坑内，再撒上石灰或 10％的石灰水或 3％～5％来苏儿，然后用净土掩埋。

（2）器械和药品的准备

①剖检常用的器械　剥皮刀、脏器刀、脑刀、外科剪、肠剪、骨剪、外科刀、镊子、骨锯、锯、斧、阔唇虎头钳、量尺、量杯、注射器、针头和天平等。

②剖检常用的消毒药品　3％～5％来苏儿、石炭酸、0.2％高锰酸钾、75％酒精、3％碘酒等。最常用的固定液是 10％甲醛溶液。剖检人员应配有专用的工作服、胶皮或塑料围裙、胶手套、线手套、工作帽、胶鞋、口罩和眼镜。

（3）剖检前尸体的处理　剖检前应在尸体体表喷洒消毒液，搬运尸体，必要时应先用浸透消毒液的棉花团塞住天然孔，并用消毒液喷洒体表，运送用的车辆和绳索等工具，都要严格消毒。污染的土层、草料等要焚烧后深埋。

2. 剖检的注意事项

（1）了解病史　尸体剖检前，应先详尽了解病畜所在地区的疾病的流行情况、生前病史，包括症状、检查、诊断治疗，以及饲养管理和临死前的表现等。属于国家规定的禁止剖检的患病动物尸体，不能剖检，如炭疽。

（2）尸体剖检的时间　剖检应在动物死后立即进行。尸体容易腐败分解，一般死后超过 24 小时的尸体，就失去剖检意义。此外，剖检最好在白天进行。

（3）脏器的检查和取材　在采取某一脏器前，应先检查与该脏器有关的各种联系。例如，发现肝脏有慢性淤血时，应对心脏、肾脏和肺脏进行检查，以判明原因。已摘下的器官，在未切开之前，先称其重量，然后测其长、宽和厚度。切剖脏器的刀、剪等器具应锋利，切开脏器时要由前向后，一刀切开，以使切面平整。

3. 剖检的步骤　尸体剖检应按一定的方法和顺序进行，但也有一定的灵活性。通常采用的剖检顺序为：外部检查→剥皮和皮下检查→内部检查→腹腔脏器的取出和检查→盆腔脏器的取出和检查→胸腔脏器的取出和检查→颅腔检查和脑的取出和检查→口腔和颈部器官的取出和检查→鼻腔的剖开和检查→脊椎管的剖开和检查→肌肉和关节的检查→骨和骨髓的检查。

4. 剖检病变的描述　对于病理变化的描述，要客观地运用通俗易懂的专业文字加以表达。如病变情况复杂，可绘图并配以文字说明，尽可能客观地反映病变的真实情况。

（1）位置　指各脏器的位置有无异常表现，脏器彼此间或脏器与体腔壁间有无粘连等。

（2）大小、重量和体积　最好用数字表示，一般用厘米、克、毫升为单位。如因条件所限，也可用实物比喻。

（3）形状　一般用实物比拟。

（4）表面　指脏器表面及浆膜的异常表现，可采用絮状、绒毛样、凹陷或突起、干酪样、光滑或粗糙等来表述。

（5）颜色　单一的颜色可用鲜红、苍白、淡黄等。两种颜色应用紫红、灰白等（前者表示次色，后者表示主色）来形容。

（6）湿度　一般用湿润、干燥等来表述。

（7）透明度　一般用浑浊、透明、半透明等来表述。

（8）切面　常用平整或突起、详细结构不清、血样物流出、呈海绵状等来表示。

（9）质地和结构　用坚硬、柔软、脆弱、水样、粥样、干酪样、颗粒状、结节状等表示。

（10）气味　常用恶臭、酸败味等。

（11）管状结构　常用扩张、狭窄、闭塞、弯曲等来表示。

（12）正常与否　对于无肉眼变化的器官，通常可用"无肉眼可见变化"来概括。

5. 剖检记录的整理分析和病历报告的撰写

（1）剖检记录　病理剖检记录是对剖检所见动物呈现的病理变化和其他有关情况所做的客观记载，是病理报告的重要依据，也是进行综合分析症状、研究疾病的原始资料之一。

（2）病理解剖学诊断　病理解剖学诊断是根据剖检所见眼观变化，结合病理组织学检查，进行综合分析，判断病变主次，采用病理学术语加以概括，确定病变的性质。

（3）结论　根据病理解剖学诊断，结合病畜生前的临诊症状及其他临诊诊断资料进行综合分析，最后做出结论性判断，阐明动物发病和致死的原因，进一步做出疾病诊断，提出处理意见和建议。

若无法做出疾病诊断，则仅列出病理解剖学诊断。

（四）确定诊断

1. 诊断的步骤　通常分为以下几步：一是调查病史、检查病牛、收集症状资料；二是对收集的症状资料进行分析，做出初步判断；三是通过实际的防治，验证及补充诊断。

（1）调查病史，收集症状资料　完整的病情发展过程，对于建立正确的诊断有着举足轻重的作用，全面、仔细、客观、认真地调查现病史、既往病史、生活史，要特别注意病史的客观性，防止主观片面，做到认真、细心、全面、准确。另外，还要对病牛进行全面细致的检查，全面收集症状，收集症状一定要全面系统，防止遗漏。而且还要根据病情进展过程，对症状进行观察和补充。

（2）分析症状、建立初步的诊断　一是分析症状：实际工作中，病史材料及搜集到的临床症状，繁杂冗多，零散、不系统，必须进行归纳整理、分析评价。只有把调查得来的病史、临床检查得到的症状、实验室检查的结果以及特殊检查得来的结果一起来分析思索，才能得出正确的诊断。二是建立初步诊断，即对奶牛所患的疾病提出病名。这个病名应能反映疾病的性质、患病器官和发病原因。如果奶牛所患疾病不是一种，应分清主次，顺序排列，对健康和生命威胁最大的疾病排在最前面。

（3）实施防治，验证诊断　建立初步诊断后，还需要在治疗过程中不断观察，不断分析研究，如果新的情况或病情出现后，应及时作出补充或更正，直到最后确诊。只有不断地反复实践，才能提高对于疾病的认知能力和诊断水平。

2. 建立正确诊断的条件　通过病史调查，对病牛发病原因、病牛的症状进行客观分析，对血、尿、粪等病样进行临床检查、实验室检查和有必要时的特殊检查，加以全面的了解。不能靠单个的症状，简单地下结论，应系统地、全面地、有计划地实施顺序检查，是防止遗漏症状的有效方法。搜集患病奶牛的症状要如实反映病牛的情况，不能先入为主，避免牵强附会，不能认为有什么样的病史就会有什么样的症状，疾病过程是不断变化的，症状也是有差异的。

3. 产生错误诊断的原因

（1）调查不充分　病牛观察不仔细，疏忽记录，病史掌握不全。

（2）条件不完备　诊断手段有限，器械设备不全，场地太小，奶牛躁动或卧地不起等，难以进行全面细致检查。

（3）疾病复杂　病情复杂，症状不明显，疑难杂症。

（4）业务不精　兽医缺乏经验，专业知识不精，检查不彻底。

（五）病历记录

病历记录不仅是诊疗机构的法定文件，也是兽医工作者不断总结诊疗经验的宝贵原始资料，并成为法律医学的证据。因此，必须认真填写，妥善保管。

病历记录要全面、详细；对症状的描述，力求真实、具体准确，按主次症状分系统顺序记载，避免凌乱和遗漏；记录用词要通俗、简明、专业，字迹清楚；对疑难病例，当时不能确诊时，可先填写初步诊断，待确诊后再填最后诊断。

二、样品的采集及保存方法

（一）样品采集原则

1. 采样方法　诊断时采集病死动物有病变的器官组织。采集样品的大小要满足诊断检测的需要，并留有余地，以备复检使用。

2. 采样时机　正确采集检验样本是实验室诊断的首要环节。对病料的采集应根据所怀疑疾病的类型和病变特征来确定。一般应在症状最典型时采取病变最明显的组织和器官。供病原学检验的样品，须无菌操作采样。以"早、准、冷、快、足、护"为基本原则。

3. 采样数量　供病原学检验的样品，送检数量一般为 3～5 份。

（二）病变组织器官的采集方法

为了做出正确的诊断，需要在剖检同时选取病理组织学材料，及时固定，进行病理组织学检查。

1. 有病变的器官或组织，要选择病变显著部分或可疑病灶。在同一块组织中应包括病灶和正常组织两个部分，且应包括器官的重要结构部分。如肾脏应包括皮质、髓质和肾盂。心脏应包括心房、心室及其瓣膜各部分。在较大而重要病变处，可分别在不同部位采取组织多块，以代表病变各阶段的形态变化。

2. 各种疾病病变部位不同，选取病理材料时也不完全一样。遇病因不明的病理时，应多选取组织，以免遗漏病变。

3. 选取病理材料时，切勿挤压或损伤组织。所用的刀剪要锋利，切取组织块时必须迅速而准确。

4. 组织块在固定前最好不要用水冲，非冲不可时只可以用生理盐水轻轻冲洗。

5. 为了防止组织块在固定时发生弯曲、扭转，对易变性的组织如胃、肠、胆囊等，切取后将其浆膜面向下平放在稍硬厚的纸片上，然后徐徐浸入固定液中。对于较大的组织片，可用两片细铜丝网放在其外两面系好，再行固定。

6. 选取的组织块的大小，通常长、宽为 1～1.5 厘米，厚度为 0.4 厘米左右，必要时组织块的大小可增大到 1.5～3 厘米，但厚度最厚不宜超过 0.5 厘米，以便固定。

7. 组织块固定时，应将病历编号用铅笔写在小纸片上，随组织块一同投入固定液里，同时将所用固定液、组织块数、编号、固定时间写在瓶笺上。相类似的组织应分别置于不同的瓶中或切成不同的形状。

8. 为了尽量保持生前状况，切取的组织块要立即投入固定液中。常用的固定液是10%的福尔马林溶液或4%的甲醛溶液，固定时间需24～48小时。为避免材料的挤压和扭转，装盛容器最好用广口瓶。固定液要充足，最好要10倍于该组织体积。固定液容器不宜过小；容器底部可垫以脱脂棉花，以防止组织固定不良或变形，肺脏组织含气多，易漂浮于固定液面，要盖上薄片脱脂棉花，保证固定效果。

9. 将固定完全和修整后的组织块，用浸渍固定液的脱脂棉花包裹，放置于广口瓶或塑料袋内，并将其口封固。同时应将整理过的尸体剖检记录及有关材料一同送出，并在送检单上说明送检的目的要求，组织块的名称、数量等。

(三) 血液样品的采集及血清分离方法

1. 血液样品的采集

(1) 颈静脉采血　颈静脉采血对奶牛产生应激较大，采血量较大时常采用该方法（图6-1）。奶牛保定后，选定颈静脉沟上1/3的部位进行采血前的剪毛消毒，压迫静脉部位近心端。使用14号或16号5.0～7.5厘米长的不锈钢针头，进行穿刺采血。采血时防止静脉内膜划破，避免血肿形成、血栓形成、血栓性静脉炎等。犊牛颈静脉采血时，可用两腿夹住犊牛颈部并把它的头弯向一边进行保定，消毒及器具参考成年牛颈静脉采血方法。

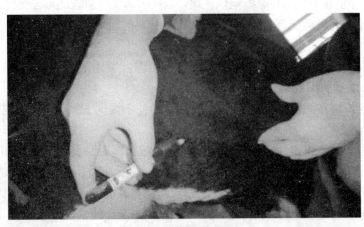

图 6-1　奶牛颈静脉采血

（2）**尾中静脉采血** 奶牛尾中静脉采血具有对奶牛产生应激小、操作简便、快速等优点，在小剂量（5毫升）采血方面可取代颈静脉采血法。

具体操作方法如下（图6-2）：将奶牛在颈枷内夹住，采血者站在牛身后用一手将牛尾举起，使其与牛背成45°或垂直，注意此时握牛尾的手拇指在上，使牛尾从尾根处自然抬起，不要在中间形成弯曲或偏向一侧，否则牛会因疼痛而骚动不安，影响正常操作；另一只手持采血器，针头选用2.5～3.75厘米长的5号或7号为宜，在近尾根的腹中线距肛门10～20厘米处（根据奶牛个体大小选择与肛门之间的距离），垂直于尾纵轴进针至针头稍稍触及骨头为止，然后试着抽吸，若无回血，可将针头微退出1～5毫米，再抽吸即可。现场操作可选用人用采血针，配合血清或全血专用真空管，方便操作，效果更好。

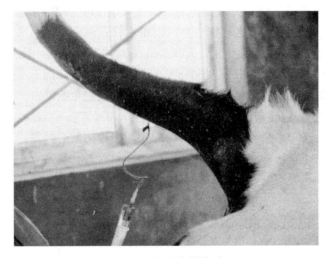

图6-2 奶牛尾中静脉采血

2. 血样处理

（1）**血清的制备** 获得的血液静置或置37℃环境中促其凝固，待血清析出后，置于离心管或可以离心的器皿，将其平衡后离心（3 000转/分，5～10分钟），得到的上清液即为血清，可小心将上清吸出，切勿吸出细胞成分，分装备用。

（2）**血浆制备** 在盛血的容器中先加入一定比例的抗凝剂，离心（3 000转/分，5～10分钟）后所得的上清液即为血浆。吸出血浆时紧贴着液面逐渐往下吸，切勿吸起细胞成分，分装备用。

（四）样品的保存方法

1. 病理组织样品的保存　采取的病料通常使用 4% 的甲醛溶液固定保存。冬季为防止冰冻可用 90% 酒精。神经系统组织须固定于 4% 的甲醛溶液中。在寒冷季节为避免病料冻结，在运送前可将预先用 4% 的甲醛溶液固定过的病料置于含有 30%～50% 甘油的 4% 的甲醛溶液中。

2. 病原学检验样品的保存　用棉拭子蘸取的鼻液、脓汁、粪便等病料，投入灭菌试管内，立即密封管口，包装送检。实质器官在短时间内（夏季不超过 20 小时，冬季不超过 2 天）能送检的，可将病料的容器放在装有冰块的保温瓶内送检。短时间不能送到的，供细菌检查的，放于灭菌流动石蜡或灭菌的 30% 甘油生理盐水中保存；供病毒检查的，放于灭菌的 50% 甘油生理盐水中保存。

3. 血清学样品的保存　采出的血液，冬季应放置室内防止血清冻结，夏季应放置阴凉之处并迅速送往实验室。新鲜血样在刚采出后，决不能立即放入冰箱，因为这样会阻止血凝过程。若在 48 小时内不能送检，则须加入硫柳汞（最终浓度为 0.01%），或按比例每 1 毫升血清加入 1～2 滴 5% 石炭酸生理盐水溶液，以防腐败。运送时使试管保持直立状态，避免振动。

（五）样品的包装与识别

采集和运送样品的容器必须有明确的、能牢固粘贴的标签，标明样品的种类、数量、采样容器、样品性质、运送人和接收人及其联系方式、统一的识别编号及检验目的等信息，以供实验室检验人员参考。

三、实验室监测

大多数疾病都可通过实验室监测而做出准确迅速的诊断。

（一）血清学试验

利用抗原与抗体的特异性结合而进行检验的血清学技术，是诊断传染病最常用的重要方法之一。可利用已知抗原来检查被检血清中的特异性抗体，也可用已知的抗体来检测被检材料中的抗原。常用的血清学试验技术主要有：病毒和毒素的中和试验，红细胞凝集或凝集抑制试验，平板凝集试验，溶菌或溶血试验，补体结合试验，免疫荧光试验以及酶联免疫吸附试验（enzyme linked immunosorbent assay，ELISA）等。

（二）病原学试验

如怀疑有传染性疾病，一般均须进行病原体的微生物学检查。

1. 病料的采集 应根据所怀疑疾病的类型和病变特征来确定，应采集那些病变明显、病原体含量高的组织、器官、粪便及奶样等。

2. 涂片镜检 通常用具有显著病变的器官和组织涂片，进行染色镜检。这对于那些具有特征性形态的病原微生物，如巴氏杆菌等可迅速做出诊断，且可对大多数传染性疾病提供进一步检查的依据和参考；粪便检查是诊断肠内寄生虫的可靠而简单的方法，常用的主要有：直接涂片法、饱和盐水浮卵法、离心沉淀浮卵法和水洗沉淀法四种方法。

3. 分离培养和鉴定 即用人工培养的方法将病原体从病料中分离出来。细菌、真菌和螺旋体等可选用适当的人工培养基，病毒培养一般可选用特定的细胞系或组织培养等方法来进行，之后可用形态学、培养特性、生物化学、动物接种及免疫学等试验方法做出鉴定。

4. 动物接种试验 通常选用对该病原体最敏感的动物进行人工感染试验。根据其对不同动物的致病力、症状和病理变化特点等来帮助诊断。

5. 分子生物学检测技术 包括病原体的基因组检测、抗原检测及病原体的代谢产物检测等。常用的分子生物学检测技术主要有：聚合酶链式反应（polymerase chain reaction，PCR）、反转录-聚合酶链式反应（reverse transcription PCR，RT-PCR），荧光-聚合酶链式反应（real time PCR，RT-PCR）等。

（三）病理学试验

一般程序是组织块的采取、固定、冲洗、脱水、包埋、切片、染色和镜检等。绝大多数疾病都可引起本身具有的特征性的病理组织学变化，因此可通过病理组织学变化做出确定性的诊断。

（四）毒素的鉴定

对怀疑中毒性疾病的，应根据发病史、临床症状、病理变化和现场调查等，收集饲料原料、奶样、病牛血液、内脏和肠内容物等样品，送交有条件的实验室进行有关毒物的检测和鉴定等，并迅速做出确诊。

四、奶牛几种常见病的监测

（一）结核病常规诊断方法

牛结核病的诊断有临床诊断、血清学诊断和变态反应诊断等方法。目前检疫方法主要采用结核菌素做变态反应诊断。牛结核病采用牛型结核菌素，必要时同时采用牛型和禽型结核菌素；检疫次数根据牛群情况而定，对从未进行过检疫或检出率在3%以上的牛群，每年检疫4次；经过定期检疫，检出率在3%以下的假健或健康牛群，每年检疫2次；犊牛出生后30天进行第一次检疫，100～120天进行第二次检疫，6月龄进行第三次检疫。

1. 临床诊断　出现不明原因的渐进性消瘦，体表淋巴结肿大，咳嗽，肺部叩、听诊异常，慢性乳腺炎，顽固性下痢等症状可作为怀疑本病的依据。病畜死后剖检发现特异性结核病变可做出初步诊断。

2. 血清学诊断　有补体结合试验、血细胞凝集试验、吞噬指数测定等方法，但实际意义不大，很少采用。

3. 变态反应诊断　诊断牛的结核病主要使用提纯牛型菌类（purified protein derivative，PPD）试验。是目前诊断牛结核病最有实际意义的方法，也是目前对牛群进行结核病检疫的主要方法。

（1）材料准备　提纯牛型菌类（PPD）、游标卡尺、注射器、牛鼻钳、8号针头若干、2%碘酊棉球、70%酒精棉球。

（2）检疫方法　在牛颈部一侧中部剪毛，量皮厚后，皮内注射菌素0.1毫升（含2 000国际单位），72小时判定结果，注射部位红肿，皮厚增加4毫米以上或局部呈弥漫性水肿，为阳性；皮厚增加2.1～3.9毫米，炎性水肿不明显，为可疑；皮厚增加在2毫米以下者，无炎性水肿，为阴性。可疑牛须在另一侧颈部，用同样方法复检，两次可疑者可判为阳性。

（二）奶牛布鲁氏菌病常规诊断方法

奶牛布鲁氏菌病常规诊断方法很多，几乎所有的细菌学诊断方法在布鲁氏菌病的诊断中都在应用。

1. 虎红平板凝集试验（rose bengal plate test，RBPT）　是一种非常简单的血清学试验，只需在洁净的玻璃板上取被检血清0.03毫升与抗原0.03毫升混合，4分钟内判定结果，凡出现"液体混浊，有少量可见的粒状物，即25%凝集"以上均为阳性，出现阳性反应的动物应根据情况进行试管凝集试验或其他辅助诊断试验。

2. 试管凝集试验（tube slide agglutination test，TSAT）　是我国布鲁氏菌病诊断的法定试验，该试验在试管内进行。被检血清用0.5%苯酚生理盐水作12.5、25、50、100、200倍稀释，置于小试管中各0.5毫升，将抗原用0.5%苯酚生理盐水作1：20稀释，加入上述各管血清中0.5毫升，同时设阴、阳血清对照，充分混合后置36～37℃温箱中24小时，取出静止15～20分钟判定。血清1：100凝集"＋＋"以上为阳性，1：50凝集"＋＋"

为可疑。

3. 布鲁氏菌病补体结合试验（complement fixation test，CFT） 是一种特异性较高的血清学试验，将被检血清做 1：10 稀释，于 2 试管中每管加 0.5 毫升，再向其中 1 管加入 0.5 毫升工作浓度的抗原，此管为试验管；另 1 管加 0.5 毫升生理盐水作为对照管，然后各加 0.5 毫升的补体混匀，置于 37℃水浴 20 分钟，取出观察结果 0～40％溶血为阳性，50％～90％溶血为可疑，100％溶血为阴性。注意稀释后的抗原必须当天用完。

以上三种诊断方法注意事项：试验温度应在 25～30℃条件下进行；所用器材一定要清洁，血清和抗原用量很少，必须用量精确；被检血清自采血之日起不能超过 15 天（血清不能凝固腐败）。

（三）口蹄疫免疫效果监测

口蹄疫须在免疫 21 天后，进行免疫效果监测，根据判定标准，不合格者进行加强免疫。

1. 检测方法 亚洲 I 型口蹄疫：液相阻断 ELISA；O 型口蹄疫：灭活类疫苗采用正向间接血凝试验、液相阻断 ELISA；A 型口蹄疫：液相阻断 ELISA。

2. 免疫效果判定 亚洲 I 型：液相阻断 ELISA 的抗体效价$\geqslant 2^6$ 判定为合格；O 型：灭活类疫苗抗体正向间接血凝试验的抗体效价$\geqslant 2^5$ 判定为合格，液相阻断 ELISA 的抗体效价$\geqslant 2^6$ 判定为合格。A 型：液相阻断 ELISA 的抗体效价$\geqslant 2^6$ 判定为合格。存栏家畜免疫抗体合格率$\geqslant 70％$判定为合格。

（四）其他疫病疫苗免疫监测

奶牛进行了其他疫苗的免疫，须根据免疫疫苗的品种，进行相关抗体监测，抽测群体存栏数量的 20％进行监测，合格率达到相应疫苗规定要求即可。如果达不到标准须进行加强免疫。

第二节　重要疾病防治

奶牛疫病防控是兽医工作者永恒的话题。近年来，一些在兽医临床上缺乏有效治疗方法的重大传染病频频发生，已经给奶牛场（饲养者）带来巨大的经济损失。实行疫病综合防控是有效防止奶牛疫病发生的根本途径。本节重点介绍几种对奶牛养殖产生严重影响的传染病的防控措施。

一、口蹄疫

(一) 简介

口蹄疫是由口蹄疫病毒引起的偶蹄动物的一种急性、热性、高度接触性传染病。奶牛患病的临床特征是口腔黏膜、乳房皮肤和蹄部出现水疱，水疱破溃后溃疡或溃烂。本病具有以下流行特点：

1. 口蹄疫病毒可感染多种动物，以偶蹄兽为主。家畜中奶牛最易感，猪和羊次之。

2. 口蹄疫病毒可分 7 个血清型，各血清型之间无交互免疫保护性。我国目前流行的主要是 O 型、A 型和亚洲 I 型。

3. 口蹄疫病毒对外界环境抵抗力强，不怕干燥。病毒对酸和碱很敏感，常用的很多消毒药都是良好的消毒剂。

4. 病畜是最危险的传染源，病毒随分泌物和排泄物排出，毒力强，富有传染性。

5. 病毒常以直接方式传递，也可经各种媒介传播，日照短、高湿、低温有助于空气传播。

6. 主要通过消化道、呼吸道和空气传播。鼠和鸟类都是本病的重要传播媒介。

7. 本病的发生没有严格的季节性，但流行有明显的季节性，一般冬、春较易发生大流行。暴发流行的特点是每隔 1～2 年或 3～5 年流行一次。

(二) 诊断

1. 主要症状 口蹄疫病毒侵入奶牛体内后，经过 2～4 日，甚至有的牛可达一周的潜伏时间，才出现症状。

(1) 病牛体温升高达 40～41℃，精神沉郁，食欲减退，脉搏和呼吸加快，闭口、流涎，开口有咂嘴音。

(2) 口腔、鼻、舌等部位出现水疱，口角边常挂满白色泡沫状流涎；采食、反刍停止，随后水疱破溃，形成红色糜烂（图 6-3）。

(3) 蹄部和乳头皮肤可发生水疱（图 6-4），并很快破溃，出现糜烂。乳头上水疱破溃，挤乳时疼痛不安。蹄部水疱破溃，蹄痛跛行，蹄壳边缘溃裂，重者蹄壳脱落。

(4) 还会发生乳房炎、流产症状。

(5) 犊牛常因心肌麻痹死亡。

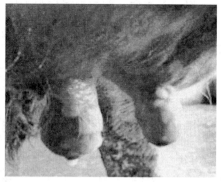

图 6-3　鼻镜糜烂，口角挂泡沫　　　　　图 6-4　乳头水疱

（6）本病一般为良性经过，致死率一般为 1‰～3‰。如果继发细菌性感染，病情可恶化，病毒侵害心肌，因心肌麻痹而死亡。

2. 剖检特征

（1）口腔、乳房和蹄部出现水疱和烂斑。

（2）咽喉、气管、支气管和前胃黏膜可见圆形溃疡和烂斑。

（3）真胃和肠黏膜可见出血性炎症，心包膜弥散性及点状出血，心肌软，心肌表面和切面有灰白色或淡黄色斑点条纹，即"虎斑心"。

（三）防治

1. 防疫措施　为预防本病，奶牛场要严格执行《中华人民共和国动物防疫法》、《奶牛场卫生规范》（GB 16568—2006）等法律法规。

（1）加强消毒和检疫制度，保证牛群健康。

（2）不从疫区引购牛只，不把病牛引进入场，严禁羊、猪、猫、犬混养。

（3）定期接种口蹄疫疫苗。

2. 流行期间采取措施　发生口蹄疫时要尽快确诊，并立即上报当地动物防疫监督机构。

（1）当地畜牧兽医行政主管部门接到疫情报告后，立即划定疫点、疫区、受威胁区。

（2）由发病地县级以上人民政府发布封锁令，对疫区实行封锁。

（3）在官方兽医的严格监督下，扑杀并无害化处理病牛和同群牛及其产品。对圈舍、场地及所有受污染物体严格消毒。

（4）疫区内最后 1 头病牛扑杀后，经一个潜伏期（14 天）的观察，未再发现新病牛时，经彻底消毒，可报县级以上人民政府解除封锁。

以口腔水疱、糜烂、溃疡为主病的类症鉴别见表 6-1。

表 6-1　以口腔水疱、糜烂、溃疡为主病的类症鉴别

病名	临床症状	剖检病变	实验室诊断
口蹄疫	体温 40～41℃，口角边常挂满白色泡沫状流涎，开口有咂嘴音，乳房、蹄部可见水疱。跛行。产奶量显著下降	舌、齿龈、唇、鼻咽部、乳头、趾间及蹄冠有水疱。尸检可见出血性胃肠炎病变，"虎斑心"	采取病牛水疱或血液，送专业实验室做间接夹心 ELISA 进行确诊
水疱性口炎	流涎，产奶牛产量减少，乳房炎	鼻端、齿龈、舌背面、口腔黏膜、乳头、蹄部可见水疱及糜烂	采取水疱上皮组织或发病前期、后期的血清送检
丘疹性口炎	口和口周围有红色丘疹结节，偶见结节形成脓包和溃疡，结节形成痂皮脱落后自愈，口流涎，无全身症状。6 月龄以下犊牛易感。病程 30 天左右	偶见水疱和脓肿，口及周围见大小不等的结节丘疹，周围充血，呈轮状或火山口状	用 PCR 检测确定
病毒性腹泻	水样腹泻，内有纤维素性絮片、黏液和血液，呼气臭、鼻眼有黏液性分泌物，奶牛常见跛行，妊娠牛多见。发病无季节性，发病率低、病死率高	整个消化道黏膜充血、出血、溃疡、糜烂，明显的特点是食道有形状和大小不等直线排列的糜烂。趾间皮肤糜烂坏死，蹄叶炎	用 PCR 检测确定
牛恶性卡他热	高热稽留，流涎，口腔黏膜溃疡，眼结膜角膜炎，体表淋巴肿大。可见神经症状	消化道型以消化道黏膜出血溃疡性炎症为主。头眼型可见角膜炎和结膜炎变化	用 PCR 检测确定

二、炭疽

(一) 简介

炭疽病是由炭疽杆菌引起的各种家畜、野生动物和人类共患的一种急性、热性、败血性传染病，是国家二类传染病。本病具有以下流行特点：

1. 突然发病、高热不退、呼吸困难等败血症症状，濒死期天然孔出血。剖检脾脏显著肿大，皮下及浆膜下有出血性胶样浸润，血液呈煤焦油样凝固不全。

2. 炭疽芽孢杆菌具有很强的抵抗力，在自然环境中能存活 20～30 年，常用的消毒剂如次氯酸钠、环氧乙烷、氢氧化钠等均有效。

3. 病畜是主要传染源。病原体通过粪、尿及唾液排出体外，污染环境，

受污染的饲草、饲料、水源经消化道感染。也可经由呼吸道和蚊虫叮咬感染，还可由皮肤创口感染。

4. 发病无明显季节性，但在雨水多、洪水泛滥及吸血昆虫旺盛季节易发，常呈地方流行。

（二）诊断

1. 主要症状 根据病程，临床分最急性、急性和亚急性。

（1）最急性型

①个别病牛突然昏迷、倒地，呼吸困难，可视黏膜发绀，全身哆嗦战栗，磨牙。

②濒死期从鼻孔、肛门、眼和口腔内流出血液，病程数分钟到数小时。

（2）急性型

①病牛体温升高到42℃，精神沉郁，食欲反刍停止，呼吸困难，黏膜呈蓝紫色或有小出血点。

②病初便秘，以后腹泻带血，常有腹痛，尿暗红或有血尿。

③泌乳牛奶量明显减少或停止泌乳。孕畜可发生流产。

④临死前体温下降、气喘、鼻孔内流出少量血液。

（3）亚急性型 病牛症状较缓。

①颈部、胸前、喉部、肩部、腹下或乳房等皮肤、口腔黏膜或直肠等处发生局限性炎性水肿。

②炎性水肿处先硬固有热痛，后变冷而无痛，中央部可发生坏死，有时形成溃疡，也叫"炭疽痈"。

2. 剖检特征

（1）尸体尸僵不全，极易腐败而膨胀，天然孔有血样带泡沫的液体流出，黏膜发绀，满布出血点。

（2）脾脏暗红色急性肿大（有时可达正常的3～4倍）。

（3）血液黑红色，凝固不良。

3. 实验室诊断 对于怀疑患有炭疽的奶牛，应采取以下措施进行确诊：

（1）生前于耳部消毒后采血，病变部位取水肿液或渗出液直接涂载玻片，碱性美蓝染色镜检，菌体为深蓝色，其周围荚膜为粉红色，呈竹节状排列的粗大杆菌，可初步确定为炭疽杆菌。

（2）死后将耳朵取下，切口用烙铁烧烙止血，耳朵用5％苯酚溶液浸湿的棉布包好，置于广口瓶中，已经错剖的奶牛取肝、脾、肾作为病料，送往专业实验室检验。

(三) 防治

1. 防疫措施 奶牛场每年在3～4月间，对全群进行无毒炭疽芽孢苗的防疫注射。

（1）接种前必须做临床检查。

（2）对于体弱多病、不足1月龄的犊牛、妊娠后期的母畜及体温高的牛都不应注射。

2. 流行期间采取措施 炭疽病为国家规定的二类动物传染病，一旦发生流行，需要采取严格控制、扑灭措施，防止该病的扩散。

（1）确诊病牛为炭疽后，立即封锁发病场所，对全场奶牛进行临床检查，可疑病牛隔离。

（2）牛群用免疫血清进行预防接种，经过1～2天后再接种疫苗，假定健康牛应做紧急预防接种。

（3）病牛的畜舍、畜栏、用具及地面应彻底消毒。

（4）污染的饲料、垫草、粪便等应焚毁。

（5）接触过尸体的车辆和工具必须立即消毒。

（6）尸体不得解剖应全部焚毁。

（7）工作人员在处理病牛或尸体时，必须戴手套，穿胶靴和工作服，用后要彻底消毒。

（8）疫点内禁止动物随便移动和出入，禁止输出畜产品和饲草料，禁止食用病牛乳和肉。

3. 病牛处置 对有价值的牛必须在严格隔离的条件下进行治疗。

（1）**血清疗法** 抗炭疽血清是治疗炭疽病的特效药品，病初应用可获得良好效果。成年牛每次100～250毫升，必要时可在12小时后重复使用一次。

（2）**药物治疗** 炭疽杆菌对青霉素及链霉素敏感，其中青霉素最为常用，但注射剂量必须加大。

以败血症为主病的类症鉴别见表6-2。

表6-2 以败血症为主病的类症鉴别

病名	临床症状	剖检病变	实验室诊断
炭疽	突发高热，急性死亡，濒死期天然孔流出凝固不全的煤焦油样血液，体表可能有炭疽痈	脾脏显著肿大，质脆、软化呈泥状。浆膜、皮下、肌间、咽喉及肾周围结缔组织有黄色胶冻样浸润，并有出血点	渗出液、水肿液及血液涂片，美蓝染色镜检，菌体为粗大深蓝色杆菌，荚膜粉红色，竹节状排列

病名	临床症状	剖检病变	实验室诊断
牛巴氏杆菌病败血型	突然发病死亡。体温41～42℃，腹泻，粪呈粥样或水样，混有血液或黏液，伴有腹痛，不久体温下降迅速死亡。病程很短，为12～24小时	皮下、黏膜、浆膜、肌间有出血点。脾脏有出血点，腹腔内有大量渗出液	血液或实质脏器涂片、镜检，两端着色小杆菌。血液培养基培养，对分离菌进行生化鉴定
牛肺炎链球菌病	体温高，呼吸困难，结膜发绀，有神经症状。脓样鼻液，鼻镜潮红，可见咳嗽、呼吸困难，听诊胸部有啰音。多发于3周内犊牛	浆膜、黏膜有败血症变化。特征性病变是橡皮脾。肾脏出血坏死形成小脓包	确诊要做病原分离、鉴定及间接血凝试验，检测血凝抗体
牛大肠杆菌败血症	体温高，脐带炎，腹泻，关节肿胀，脱水，可见神经症状。慢性病例体质衰弱、消瘦、关节疼痛，躺卧不起。1～14日龄犊牛多发	死亡急，缺特征性眼观病变。病程长者，胸腔、腹腔、心包腔有纤维素性渗出液。脾脏等内脏器官出血是主要特征	采新鲜尸体内脏器官或小肠前段内容物，于伊红美蓝琼脂培养基接种，选有金属光泽、紫色带黑心菌落做生化鉴定
成牛沙门氏菌病	起初高热，呼吸困难，下痢，粪中有纤维素片或血块，脱水迅速，可见腹痛。病程长者发生关节炎。可发生流产	小肠、大肠可见出血性炎症病变，大肠黏膜局灶性坏死。肝脏脂肪变或有坏死灶，脾脏肿大	采粪便、脏器、肠内容物进行细菌分离、培养、鉴定为沙门氏菌后，再鉴定血清型

三、布鲁氏菌病

（一）简介

布鲁氏菌病是由布鲁氏杆菌引起的一种急性或慢性人畜共患的接触性传染病。奶牛易感，其特征为生殖器官和胎膜发炎，引起流产、不育和各种组织的局部性病灶为主要特征。具体描述如下：

1. 布鲁氏杆菌呈球形、球杆状或短杆状，常散在，不形成芽孢和荚膜，无鞭毛，革兰氏染色阴性。对环境抵抗力强，但对消毒剂和湿热的抵抗力不强，用2%石炭酸、来苏儿、烧碱溶液消毒，可将其杀死。

2. 易感动物广泛，奶牛非常易感。

3. 流产的胎儿、胎盘、恶露、精液等含有大量的细菌，形成传染源。尤其是通过污染的饲料、饲草、饮水传染给健康的奶牛，也可通过流产后子宫恶露污染小环境传染给同群的奶牛。

4. 本病感染性极强，可通过口、皮肤、黏膜等途径感染，还可经由吸血昆虫传播。

5. 直接接触流产病畜的人员有感染本病的病例，本病具有重要的公共卫生学意义。

（二）诊断

1. 主要症状　本病潜伏期为 2 周至 6 个月。

（1）母牛最显著的症状是流产，可发生于妊娠的任何时期，但多发生于妊娠后 5～8 个月。

（2）流产母牛阴道黏膜发生粟粒大的红色结节，由阴道流出灰白色或灰色黏性分泌液。流产后常继续排出污灰色或棕红色分泌液，有时恶臭。

（3）流产牛胎衣排出，则病牛很快康复，又能受孕，但以后可能还流产。如果胎衣停滞，则可发生慢性子宫炎，引起繁殖障碍。

（4）流产母牛在临床上常发生关节炎、滑液囊炎、腱鞘炎、淋巴结炎等。关节炎常见于膝关节、腕关节和髋关节，触诊疼痛，出现跛行。

（5）乳房皮温增高、疼痛、乳汁变质，呈絮状，严重时乳房坚硬，乳量减少甚至完全丧失泌乳能力。

2. 剖检特征

（1）主要病变是胎衣水肿，呈胶冻样浸润

①覆有纤维素絮片和脓液，有的伴出血点。

②绒毛叶部分覆有灰色或黄绿色纤维素、脓液絮片或脂肪状渗出物。

（2）流产胎儿的特点

①皮下水肿，关节腔、胸腹腔积液。

②肝脾肿大。

③胃内有淡黄色或白色黏液絮状物，第四胃最明显。

3. 实验室诊断

（1）用流产或死胎儿的消化道内容物、胎盘、恶露和主要脏器进行病原分离，可分离到布鲁氏杆菌。

（2）血清学诊断法：用虎红平板凝集实验检疫牛群中的血清阳性牛，对筛选的阳性牛或可疑牛用试管凝集实验、补体结合试验及 ELISA 确诊。

（三）防治

目前对本病的治疗没有特效药物，预防为主，主要抓住好以下几个环节：

1. 阻截病源

（1）牛场购入奶牛时必须从非疫区健康牛群中选择，反复检查，无布鲁氏菌病的健康牛才能购入。

（2）购进后经1个月左右隔离并进行两次检疫，检疫结果为阴性者方可入群，对疑似牛只及时采取措施。

2. 定期检疫

（1）每年春季或秋季对全群牛进行布鲁氏菌病的实验室检验。检疫密度不得低于90％。

（2）在健康牛群中检出的阳性牛应扑杀、深埋或火化。

（3）非健康牛群的阳性牛及可疑阳性牛隔离饲养，逐步淘汰净化。

3. 免疫接种　　犊牛于6月龄注射布氏杆菌19号苗或内服猪型2号苗之前应作凝集反应试验，阴性者进行免疫接种，并于1月后检查凝集价，呈现阴性或可疑者，须进行第二次菌苗接种，直到呈阳性反应为止。

4. 其他措施

（1）多次检出和隔离阳性牛后，必须将病牛污染的环境、分泌物、粪尿、厩舍、用具等用10％～20％石灰乳或3％苛性钠、3％来苏儿溶液等消毒。

（2）病死牛尸体、流产胎儿、胎衣要深埋，粪便发酵处理，乳汁煮沸后利用。

（3）疫区牛的生皮等畜产品及饲草饲料等也应进行消毒或放置两个月以上才允许利用。

（4）控制本病最好的措施是自繁自养。

（5）牛场兽医和工作人员要做好自身防护工作。

四、结核病

（一）简介

结核病是由结核分支杆菌引起的一种人畜共患的慢性接触性传染病。奶牛最易感，其特征是在器官和组织中形成结核结节、干酪样坏死以及机体的渐进性消瘦。我国将其列为二类动物疫病。

1. 结核分支杆菌为革兰氏阳性微弯细长杆菌，抗酸染色呈阳性。对干燥和湿冷的抵抗力强，对热的抵抗力差，60℃30分钟可死亡，在阳光照射下几小时死亡，常用的消毒剂4小时就能把它杀死。

2. 宿主有牛等多种哺乳动物。牛对分支杆菌最敏感，不分品种年龄均可感染发病。

3. 在牛群中，病牛是主要的传染源。病原随粪便、尿液、乳汁及气管分泌物排出体外，污染环境、饲草、饲料、饮水和空气。

4. 经呼吸道和消化道传播。

5. 本病在全世界广泛分布。

（二）诊断

1. 主要症状　潜伏期一般为 10～45 天，有的可长达数月或数年。通常呈慢性经过。临床以肺结核、乳房结核和肠结核最为常见。

（1）**肺结核**　顽固性的咳嗽。

①病初牛易疲劳，可见短而干的咳嗽，后咳嗽剧烈且频繁，且以清晨最为明显。

②渐进性消瘦，体表淋巴结肿大。

③食欲减退，被毛粗糙无光，听诊肺区常有啰音。

（2）**乳房结核**　乳房淋巴结肿大，出现局限性或弥散性硬结，乳房表面凹凸不平。病牛泌乳量下降，乳汁变稀，严重时乳腺萎缩，泌乳停止。

（3）**肠道结核**　多见于犊牛，表现为消化不良，食欲不振，顽固性下痢，粪中混有黏液和脓汁。

（4）**生殖系统结核**　从阴道中流出透明的黄白色黏液，混有血液和干酪样絮片或脓液。

2. 剖检特征　肉眼病变最常见于肺，淋巴结次之。

（1）在肺脏和其他器官的结核病变为结核结节和干酪样坏死。

①结核结节是由上皮样细胞和巨噬细胞集结在结核菌周围形成特异性的肉芽肿，外层是由淋巴细胞或成纤维细胞组成的非特异性肉芽组成，大小为粟粒大到豌豆大，灰白色，切开后可见干酪样坏死。

②本病病理诊断的关键是触摸肺脏表面可发现坚硬的结核结节。

③肺结节钙化后切开时有沙砾感，有的坏死组织溶解排除后形成空洞。

（2）有的病例在胸膜和腹膜可见大小不等的密集的灰白色坚硬结节，也称"珍珠胸"。

（3）乳房结核病变多为弥漫性干酪样坏死。

3. 实验室诊断　用结核菌素反应诊断：将结核分支杆菌菌素于牛颈部皮内注射，注射后 72 小时测定注射部位的皮差判定结果。

（三）防治

结核分支杆菌属于细胞内寄生菌，使用敏感的抗生素也很难根治，因此对发病牛不予治疗，立即淘汰。目前没有理想的疫苗，预防是重点：

1. 预防为主，控制奶牛场环境

（1）场内工作人员每年要进行健康体检，取得健康证后方可上岗工作。杜绝结核病人接近牛群。

（2）牛场内不得饲养家禽，以免结核病禽对奶牛健康造成威胁。

2. 建立防检疫制度、净化污染群、培育健康牛群

（1）定期检疫　用牛型结核分支杆菌素皮内变态反应，进行牛群检疫。

①对健康牛群每年春季和秋季各进行一次结核检疫。

②每年结核检疫阳性率小于3％的假定健康牛群每年做4次结核检疫。

③对结核检疫阳性率大于3％的结核污染牛群，每年进行4次以上或每间隔30～45天做一次检疫，反复进行，直到检干净。

④小牛应在生后1个月、6个月、7个半月时进行3次检疫。

（2）净化污染群

①检出的疑似奶牛，经过30～45天再进行一次复检。

②检出的阳性奶牛立即送到隔离群进行隔离饲养。

③检出阳性奶牛作临床检查，发现开放性结核病牛时，即予扑杀。

（3）培育健康牛群

①犊牛出生后应喂以健康奶牛的初乳和消毒牛奶。

②小牛应在生后1个月、6个月、7个半月时进行3次检疫。

③检出的疑似犊牛，经过30～45天再进行一次复检。

④检出的阳性犊牛，予以扑杀。

⑤定期检疫、隔离、分群、淘汰，培育健康牛群。

3. 卫生消毒　定期对奶牛场环境、牛舍、饲养工具等进行消毒。隔离群生产的牛奶出场前应进行煮沸消毒。

五、副结核病

（一）简介

副结核病是由副结核分支杆菌所引起的主要发生于牛的一种慢性传染病。其特征是慢性、顽固性腹泻和渐进性消瘦，剖检肠黏膜增厚并形成皱襞。我国将其列为二类动物疫病。本病具有以下流行特点：

1. 副结核分支杆菌为革兰氏阳性小杆菌，抗酸染色阳性。对自然环境抵抗力较强，在外界环境中能存活11个月，常用消毒剂为3％来苏儿、3％福尔马林、烧碱溶液等。

2. 牛最易感。

3. 病牛和带菌牛是主要传染源。病菌随粪便排出污染环境、饲料、饲草、饮水。

4. 经消化道传播。犊牛吸吮病母牛乳汁由口感染，也可经子宫内感染胎儿。

5. 广泛存在于世界各地。往往呈散发，有时呈地方流行型。

（二）诊断

1. 主要症状 感染初期一般见不到任何症状，多在分娩后数周内突然出现症状。

（1）病牛反复下痢、排稀薄或水样便（图6-5），粪便呈均质性。

（2）顽固性的腹泻呈持续性或间歇性，还有持续数月以上的。

（3）逐渐消瘦、贫血、泌乳量减少、颌凹部浮肿（图6-6）、被毛无光泽、皮肤无弹力。

（4）后期病畜出现食欲不振、眼球凹陷、高度脱水等症状，以致不能自行起立终于导致死亡。

（5）病期长久后，通过直肠检查可摸到肠黏膜增厚和特征性的脑状皱襞病变。

 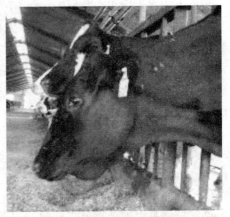

图6-5　病牛排稀薄粪便　　　　　　图6-6　病牛下颌水肿

2. 剖检特征 主要变化在肠和肠系膜淋巴结。

（1）病变常限于空肠、回肠和结肠前段，肠壁增厚，比正常厚3～30倍，呈硬而弯曲的皱褶。

（2）肠黏膜现灰白色或灰黄色。

（3）肠系膜淋巴结高度肿胀，呈条索状，肠系膜显著水肿。

3. 实验室诊断

（1）病原学诊断　取粪便中的黏液、血丝，加3倍量的0.5％氢氧化钠溶液，混合均匀，经过55℃水浴乳化30分钟后，用4层纱布过滤，取滤液以1 000转/分离心5分钟，弃去沉渣后，再以3 000～4 000转/分离心30分钟，去除上清液，取沉淀物涂片，用抗酸染色镜检，本菌为红色，常呈丛状。

（2）结核菌素检疫　用副结核菌素或禽结核菌素的皮内变态反应，进行奶牛副结核检疫。

（三）防治

1. 治疗　无有效的治疗方法，采用对症治疗，可减轻症状，停药后复发。因此，一经发现疑似病牛，将其隔离，确诊后应立即淘汰。

2. 预防　没有有效的疫苗，预防就更加重要。

（1）不从疫区引进奶牛。确需引进，在严格隔离下用变态反应进行检疫，确认奶牛健康。

（2）牛群如果出现过此病例，每年须进行4次检疫。

①检疫时症状明显、粪便抗酸染色阳性的奶牛，立即扑杀。

②检疫时阳性奶牛，分群饲养，逐步淘汰。

③检疫时变态反应疑似的奶牛，分群饲养，隔15～30天检一次，连续3次可疑，最好淘汰。

④变态反应阳性牛、病牛及粪便抗酸染色阳性的母牛所生的犊牛，出生后立即与母牛分开，食用健康母牛的初乳和消毒过的常乳。1月龄、3月龄、6月龄各进行一次检疫，阴性者为健康犊牛。

（3）进口牛携带本病是最严重的，所以必须进行数年间的连续检查，以便早期发现病牛。

3. 环境控制　用消毒药将环境、用具进行彻底的消毒，将排泄的粪便烧掉。

以腹泻为主病类症鉴别见表6-3。

表6-3　以腹泻为主病类症鉴别

病名	临床症状	剖检病变	实验室诊断
副结核	顽固性间歇性腹泻，下颌水肿，渐进性消瘦	病变常限于回肠空肠和结肠前段，肠壁显著增厚，是正常的3～30倍，呈现硬并弯曲的皱褶	病牛粪便处理后，采用抗酸染色镜检，阳性即可确诊

病名	临床症状	剖检病变	实验室诊断
牛轮状病毒感染	下痢，排黄白或黄绿色水样粪便，可见带有黏液和血液。随腹泻延续而脱水明显	肠壁菲薄、半透明，小肠黏膜条状或弥漫性出血，内容物现灰黄色，小肠黏膜萎缩	用PCR检测确定
牛冠状病毒感染	犊牛和成牛均有。排水样或血样粪便。奶产量降低至停止。少见肺炎症状	小肠弥漫性或条状出血，肠壁薄、半透明，肠内容物为灰黄色，小肠绒毛萎缩	用PCR检测确定
牛空肠弯曲杆菌腹泻	腹泻，排水样棕色粪便，内含血液，恶臭。奶牛产量下降明显，无全身症状，治愈快	胃肠黏膜肿胀、充血、出血	病菌分离培养复杂。用ELISA、试管凝集试验等方法检测血清中抗体
犊牛大肠杆菌性下痢	排灰白色粥样稀粪，经一段时间转为水样腹泻，内有泡沫或血凝块，有腥臭味	四胃、小肠、直肠充血出血，肝和肾脏有时可见出血	每克粪便或大肠内容物检出大肠杆菌10^8个以上，每克小肠内容物检出大肠杆菌10^6个以上，怀疑本病
犊牛沙门氏菌病	下痢便呈黄色、恶臭，粪便内有黏液、血液，有时表现肺炎症状，急性者死于败血症，慢性可出现关节肿胀、神经症状	慢性病例肝肾可见坏死灶。肺部有局限性的实变区。受损的关节在关节腔和腱鞘有胶样液体。急性者可视黏膜、被膜出血，脾充血肿大，有时可见出血点	取粪便或直肠黏液，送专业实验室鉴定

六、牛传染性鼻气管炎

（一）简介

牛传染性鼻气管炎是由牛传染性鼻气管炎病毒引起的一种急性接触性传染病，以上呼吸道发炎、流鼻汁、呼吸困难、有时引起生殖道感染及脑膜炎等多种症状为特征。近年来通称IBR（infectious bovine rhinotracheitis，IBR）。本病具有以下流行特点：

1. 病毒为疱疹病毒科疱疹病毒亚科水痘病毒属的病毒。呈圆形，有囊膜，基因组为双股DNA。易被热或0.5％氢氧化钠、1％来苏儿、1％漂白粉溶液消毒剂灭活。

2. 牛是主要易感动物，肉牛比奶牛多发。寒冷季节多发。

3. 病牛和带毒牛是主要传染源。隐性感染的带毒牛是非常危险的传染源。

4. 传播途径

（1）病牛由呼吸道分泌物排出病毒，污染空气，经呼吸道传播。

（2）病毒可经精液传播。

（3）通过胎盘侵入胎儿引起流产。

5. 除瑞士和丹麦，世界各国均有发生。

（二）诊断

1. 主要症状　常见呼吸道型、生殖道型、脑膜炎型。

（1）呼吸道型　病牛感染后 4～6 天，可出现症状。

①体温 39.5～42℃，食欲不振或废绝，鼻镜高度充血、发炎，称"红鼻子"。

②湿咳、呼吸急促、流涎和排出浆液性乃至黏液性鼻汁。

③鼻镜和鼻黏膜附着带血脓样黏液，鼻汁变为黏液脓性，出现呼吸困难。鼻黏膜坏死导致呼出气体有臭味。

④继发感染细菌性肺炎的牛，恢复期大为推迟。重症病牛数小时内死亡，多数病程在 10 天以上。

⑤病初因眼睑浮肿和眼结膜充血，出现多量的眼泪，有结膜炎症状。其后也有呼吸型症状出现。

（2）生殖道感染型

①阴道黏膜充血，可见脓性分泌物，尿频，有痛感。

②阴道黏膜上可见散发水疱和脓疱，破溃后形成溃疡和坏死假膜，能降低受胎率。

③感染后妊娠牛则往往在 3 个月以内出现流产，发生率在 2%～20%。

（3）脑膜炎型　主要发生 4～6 月龄犊牛。

①体温 40℃，流鼻汁、流泪，呼吸困难。

②表现肌肉痉挛，角弓反张，四肢划动，昏迷死亡。

2. 剖检特征

（1）鼻、咽部、气管黏膜卡他性炎症，还可见坏死性纤维素性假膜，并常见糜烂和溃疡。有的可见支气管炎症，甚至于见到化脓灶。

（2）真胃黏膜有溃疡。

（3）可见结膜炎症。

（4）阴道黏膜见脓性分泌物，也可见水疱、脓疱，溃疡及坏死性假膜。

3. 实验室诊断　奶牛场可使用商品 ELISA 试剂盒进行快速诊断。

（1）取牛的血清或体液，按试剂盒说明步骤反应。

（2）通过颜色反应来判定有无相应的免疫反应，颜色反应的深浅与标本中相应抗体量呈正比。

（3）此种显色反应可通过 ELISA 检测仪进行定量测定。

（4）ELISA 法快速、敏感、简便、易于标准化，是大批量动物检疫的首选方法。

（三）防治

1. 治疗　目前对 IBR 的治疗没有特效药，为了防止细菌的继发感染，用抗生素或磺胺制剂，尤宜注射四环素。再者就是进行对症治疗。

2. 预防

（1）出现 IBR 疑似牛时要立即隔离，避免与其他牛接触。确诊后淘汰。

（2）引入种牛和精液时要严格进行检疫，以防侵入。

（3）要做到定期检疫，接种疫苗，国外应用弱毒疫苗和灭活苗免疫，一般在本病疫区内进行预防接种。

（4）在进行预防接种时，要搞清牛的健康状态后进行注射，给妊娠牛进行预防注射时，一定要慎重。

七、奶牛病毒性腹泻

（一）简介

病毒性腹泻也称黏膜炎，是牛的一种重要传染病。主要以口腔、消化道黏膜发炎、糜烂、溃疡和腹泻为特征，一般呈隐性感染。幼年的牛易感。本病具有以下流行特点：

1. 该病病毒属黄病毒科瘟疫病毒属。与猪瘟病毒有密切的抗原关系。一般的消毒药均可将其杀死。

2. 病牛、隐性感染牛和治愈后带毒牛是主要传染源。由粪尿、牛奶、唾液、鼻液、精液等分泌物排出体外。

3. 主要通过口腔、鼻、消化道及生殖道黏膜侵入奶牛体内。

4. 各种年龄的牛都易感，6～18 月龄发病多。发病率大约 5%，病死率 90%～100%。老疫区发病率和病死率低，隐性感染率大于 50%。

5. 多发生于冬、春季节。

（二）诊断

1. 主要症状　分为急性感染和慢性感染。

（1）急性感染

①病牛突然发病，体温升高到 40～42℃，仅持续 2～3 天，随后下降，有

的还表现第二次体温升高。

②白细胞减少，持续 1～6 天，继而又有白细胞数量增多。

③病牛厌食，鼻漏，流涎，呼气恶臭，通常在口内黏膜损坏之后便发生严重腹泻，初始是水泻，后带有黏液和血（图 6-7）。

④常有蹄叶炎及趾间皮肤糜烂坏死，导致跛行。

（2）慢性感染　主要是下痢、呼吸系统症状、进行性消瘦（图 6-8）及发育不良。持续感染牛表现多种症状。

图 6-7　急性腹泻水样粪便　　　　图 6-8　慢性腹泻进行性消瘦

①最明显的症状是鼻镜上的糜烂，眼有分泌物并有齿龈炎。

②蹄叶炎，趾间皮肤糜烂坏死。

③病牛通常在 7～14 天或直至康复期间出现严重的免疫抑制，其间对继发感染非常敏感，在有害菌（如巴氏杆菌、昏睡嗜血杆菌、支原体等）存在时很易引发继发病症。

2. 剖检特征

（1）从口腔到肛门的整个消化道黏膜可见糜烂、甚至溃疡。

（2）特征性病变是食道黏膜有大小和形状不等的、直线排列的糜烂。

（3）肠系膜淋巴结肿胀。

3. 实验室诊断　用高度敏感、特异的 PCR 检测牛病毒性腹泻病毒（BVDV）。检测牛奶中的 BVDV 可用于监测奶牛群是否感染。

（三）防治

1. 治疗　没有特效疗法，可采取对症治疗，止泻、补液和防止继发感染。

（1）选用次硝酸铋片 30 克、磺胺二甲嘧啶片 40 克，1 次口服，磺胺首量加倍，每日 2 次，连用 3～5 天。

(2) 活性炭与氟哌酸、痢菌净等口服。

(3) 配合强心、补糖及维生素 C 等，或菌特灵液、恩诺沙星液肌内注射或静脉注射。

(4) 用抗生素类和磺胺类药物防止继发感染。

2. 预防

(1) 鉴定并淘汰持续性感染的病牛。因为持续性感染的病牛通过分泌物向体外持续排毒，若不淘汰会扩大病情。

(2) 坚持自繁自养的原则。确需购牛，避免购入未经检疫的牛只，有效地降低引入该病毒的危险。

(3) 用灭活苗进行充分免疫，初始免疫至少需要 2 次，间隔 30 天，以确保产生足够的免疫力。

八、乳房炎

(一) 简介

奶牛乳房炎是乳腺组织受到物理、化学、微生物学刺激所发生的一种炎性变化，其特点是乳中的体细胞增多，乳腺组织发生病理变化，乳的性状品质发生异常，奶牛的产奶量降低甚至无奶。

1. 乳房炎是奶牛临床发病率最高、给生产带来损失最大的疾病。

2. 100 种以上的微生物与本病有关，大多数为细菌，病毒、真菌和藻类也可引起。

①环境型病原微生物，主要通过乳头孔开口感染的环境性细菌。

②传染性病原微生物，通过挤奶（挤奶员的手、污染的毛巾、污染的药浴杯、污染的奶杯、奶杯内衬、真空压力不稳等）由感染乳房传染给健康乳房。

(二) 诊断

1. 主要症状　根据有无临床症状分为临床性乳房炎和隐性乳房炎两大类。

(1) 临床乳房炎　乳房和乳汁可见异常，有时体温升高或伴有全身症状，泌乳量减少、严重者无奶。根据发病程度分四个类型：

①最急性乳房炎　突然发生，乳房重度炎症，水样或血样奶为特征，奶产量严重下降甚至无奶。明显的全身症状，可导致败血症或毒血症。很难治愈，大多淘汰或死亡。

②急性乳房炎　奶牛突然发病为急性乳房炎，临床表现为突然发生乳房

红、肿、热、痛（图6-9）等，乳汁显著异常。病牛出现全身症状，但比最急性乳房炎轻。

③亚急性乳房炎　此类是一种温和的炎症，乳房有或没有眼观变化，奶中可见小的薄片或奶块，牛奶颜色变淡。有时乳房肿胀，奶产量减少。一般没有全身症状。

④慢性乳房炎　症状持续不退，乳房可见硬结或萎缩等症状，通常没有明显的临床症状，出现异常乳（薄片或脓样分泌物），容易反复发作，很难治愈。

（2）隐性乳房炎　隐性乳房炎为乳房和乳汁未见异常，但乳汁中存在细菌，体细胞数明显增加，常用乳汁理化性状检验法、加州乳腺炎试验（CMT）法（图6-10）和体细胞数测定法检测并判断隐性乳房炎。

①初期可自愈，发展可成为临床乳房炎。

②由于泌乳量减少而造成经济损失。

2. 剖检特征　慢性乳房炎可见间质增生、乳腺泡萎缩、乳头管上皮肥厚，化脓灶周围包有厚的结缔组织。

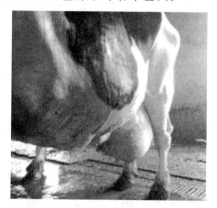

图6-9　急性乳房炎左前乳区红、肿

图6-10　用CMT法检测隐性乳房炎

3. 实验室诊断　主要是指细菌学检查。方法是先从乳汁中分离培养乳房炎的病原菌，分离出病原菌后进行细菌药物敏感性试验，为临床治疗提供选择抗生素的依据。

（三）防治

1. 治疗　治疗奶牛乳房炎，常用以下方法：

（1）患区外敷　用10%樟脑碘酊，或10%的鱼石脂软膏外敷患区。

（2）消炎抑菌、防败血　乳房内直接给药，应选用敏感抗生素注入，每天2次，连用3～5天，一定要彻底治愈后再停药。

（3）封闭疗法　乳房基底部封闭，分3～4点，进针8～10厘米，0.25%～10.5%的普鲁卡因150～300毫升，青霉素40万单位。

（4）全身治疗法　25%～40%葡萄糖液500毫升；葡萄糖生理盐水1 000～1 500毫升；5%碳酸氢钠500毫升；B族维生素、维生素C适量静脉注射。

2. 预防　乳房炎的发生与环境、饲养管理、挤奶设备的正确使用与保养、挤奶程序等因素密切相关。

（1）加强饲养管理，提高奶牛的抵抗力　按照奶牛饲养管理规范，根据奶牛的不同生产阶段进行标准化饲养，保证奶牛的营养平衡，饲草、料和饮水要保持新鲜、清洁，禁吃霉变饲料。

（2）重视环境卫生，提高奶牛福利　改善环境卫生条件，从以下方面考虑：

①牛舍宽敞、通风、清洁、干燥。

②运动场平坦、干燥、无杂物、排水良好，运动场清洁。

③定期消毒。

④提高奶牛清洁度。

（3）正确使用挤奶设备

①要选择功能先进的挤奶系统。

②经常检查挤奶设备，保证设备处于良好状态。

③保持真空压力和搏动次数的相对稳定（真空压力应控制在$4.67×10^4$～$5.07×10^4$帕，搏动应控制在每分钟60～80次），避免"空挤"。

④在套上和摘下挤乳杯时，不让空气进入挤奶器的真空管中，防止造成真空不稳定，避免"空挤"。

▲真空不稳定时，往往容易造成乳杯里已挤出的奶再回到乳房中去，造成乳房炎。

▲"空挤"往往造成乳管黏膜受损，乳头管口变形，为细菌侵入创造了机会。

（4）强化挤奶卫生措施，避免交叉感染

①挤奶员保持个人卫生

▲勤修指甲，勤洗工作服。

▲挤奶时带乳胶手套，挤完1头牛应清洗手臂，清洗液可用0.1%的新洁尔灭溶液。

②乳头药浴

▲挤奶前（图6-11）和挤奶后（图6-12）对乳头药浴。

▲挤奶前药浴，药浴时间不少于30秒，用消毒的毛巾或一次性纸巾擦干。

▲使用有效的乳头药浴液（市售的品种很多），按照使用说明药浴液现用现配。

③清洗和消毒挤奶器具　挤奶器具在使用前后按照清洗程序（挤奶设备供应商提供其设备的清洗消毒程序）彻底清洗、消毒。

图6-11　挤奶前药浴、擦干

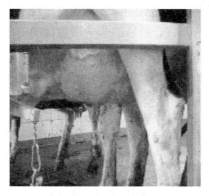
图6-12　挤奶后乳头药浴

④分类挤奶

▲先挤健康牛，后挤病牛。

▲病牛的牛奶集中处理。

（5）监测和治疗隐性乳房炎病牛　隐性乳房炎不仅直接造成产奶量下降，若不及时发现和治疗还会发展成为临床性乳房炎。

①定期检测牛群隐性乳房炎的流行情况。乳房炎的高发季节（7～9月），增加隐性乳房炎监测密度。

②检测方法可采用CMT法、体细胞测定等。

③隐性乳房炎明显增加，应检查综合防治措施的落实情况并及时改进。

（6）隔离、治疗和淘汰临床性乳房炎病牛

①临床性乳房炎病牛要及时从牛群中隔离，单独饲喂，单独挤奶，奶桶、毛巾专用，用后消毒，病牛乳消毒后废弃。

②采取有效方法及时治疗，患牛临床症状消失后应继续治疗24～48小时，直到彻底康复再调回牛群。

③顽固性乳房炎病牛，及时淘汰。

（7）严密组织干奶，彻底治疗乳房炎病牛

①隐性乳房炎治疗的最好时间是在奶牛干奶前后。

▲对将要停奶的泌乳牛，在干奶前10天进行1次临床检查和隐性乳房炎检测。

▲对临床性乳房炎和检出的隐性乳房炎病牛，必须在彻底治愈后再干奶。

②干奶期治疗采用乳房灌注的办法较为普遍，按下列方法进行操作：将奶挤干净→用酒精棉球对乳头消毒，一个棉球只能消毒一个乳头，先消毒外侧的一对→灌注药物时先从近侧的一对乳头开始，为避免感染，使用一次性专用干奶药→灌注后按摩乳房→再进行一次乳头药浴。

③在干奶后的头一周和预产的前一周每天至少药浴乳头一次。

④干奶期间应注意观察乳房变化，发现患病乳区要及时彻底治疗，治愈后重新干奶。

⑤干奶牛乳房炎的治疗有两种方案：

▲对所有进入干奶期的牛逐个进行治疗，这种方法简单易行，无须送样检测，能够治疗牛群中每头牛的每个乳区。现已普遍应用。

▲选择性治疗，只处理体细胞含量高的牛和乳区，它可以缩小治疗范围，节省人力和开支。

（8）免疫接种，增强机体的特异性免疫力

有条件时可采用疫苗来控制奶牛乳房炎，但其效果不稳定，应注意跟踪监测疫苗效价。

第三节　其他疾病

兽医临床上常见的疾病较多，有些疾病仅在某一阶段发生（如奶牛产后瘫痪发生在奶牛分娩后），而有些疾病在奶牛生命中任何一个阶段都可能发生（如骨折）。在这里，我们大致根据规模化奶牛场不同饲养阶段奶牛疾病发生的特点，将常见疾病列于表6-4。

表6-4　不同饲养阶段奶牛发生的主要疾病

奶牛阶段及患病类型		疾　病
后备牛疾病		犊牛脐病、犊牛下痢、犊牛肺炎、犊牛肠毒血症、球虫病、钱癣
成母牛疾病	代谢病	瘤胃酸中毒、真胃移位、酮病、产后瘫痪、蹄叶炎
	繁殖疾病	流产、难产、胎衣不下、阴道脱出、子宫脱出、子宫内膜炎、子宫蓄脓、卵巢囊肿、持久黄体、卵巢机能减退

奶牛阶段及患病类型		疾　病
成母牛疾病	蹄病	蹄变形、腐蹄病、指（趾）间皮炎、指（趾）间赘生
	乳房疾病	乳房炎、血乳、无乳症、酒精阳性乳、漏奶

由于篇幅所限本节重点介绍几种常见的奶牛疾病。

一、犊牛下痢

（一）简介

犊牛下痢通常称为犊牛腹泻，又称犊牛拉稀，是由多种致病因素引起的急性腹泻综合征。大致分为病毒性腹泻、细菌性腹泻、消化不良性腹泻、寄生虫性腹泻等。

1. 病因

（1）细菌引起

①大肠杆菌、弯曲杆菌、沙门氏杆菌、产气荚膜梭状芽孢杆菌等均可引起犊牛腹泻。

②大肠杆菌是引起1周龄内的犊牛腹泻的主要细菌，其侵入犊牛体内后释放一种或两种肠毒素而导致犊牛腹泻。

③产气荚膜梭状菌是犊牛患肠毒血症的病原菌。

（2）病毒引起　轮状病毒、冠状病毒、星形病毒、黏膜病毒、细小病毒等都可引起犊牛腹泻，而轮状病毒和冠状病毒是非常重要的致病病毒。

（3）饲养管理不当引起

①母牛管理不当　妊娠期间日粮不平衡、不全价，缺乏运动，使母牛的营养代谢过程发生紊乱，结果使胎儿在母体内的正常发育受到影响，导致新生犊牛发育不良，抵抗力低下，出生后的最初几天，易患腹泻。

②母牛营养及管理不当，产后初乳量少、品质差。

③犊牛的饲养、管理及护理不良。

▲初乳品质差、犊牛在出生后2小时内未能吃到足量初乳，犊牛免疫功能低下。

▲人工哺乳没有做到"四定（定时、定量、定温、定人）"，妨碍犊牛消化机能的正常活动。

▲用患乳房炎母牛的乳汁喂犊牛。

▲犊牛舍潮湿、通风不良、闷热拥挤或受贼风侵袭、机体受寒。

▲犊牛哺乳期补料不当。由母乳改向饲料饲喂过渡时，断奶过急，或补给饲料在质量上或调制上不适当，则易使犊牛的胃肠道受刺激而发生消化不良性腹泻。

▲卫生条件不良。饲喂犊牛的乳汁不洁，饲槽、饲具污秽不洁，牛舍环境不洁等，增加了发病。

（4）应激引起　新生犊牛消化器官的结构和功能发育不够完善，对外界环境的适应性差，一些不良因素，如冷、热、噪声等常导致犊牛消化系统紊乱，发生营养障碍。

（5）隐孢子虫、球虫等引起。

2. 特征

（1）一年四季均可发生。

（2）出生后 2～3 天开始发病，对犊牛的成活、生长、发育等影响很大。

（3）饲养规模越大，腹泻引起的犊牛死亡率越高。

（4）犊牛群饲时患病率和死亡率都比单独喂养高。

（二）诊断

1. 主要症状

（1）大肠杆菌引起的腹泻

①最常见急性肠炎症状。

②病初粪便通常是先干后稀，为淡黄粥样恶臭便，继之为灰白色或水样便，有时带有泡沫，随后排便频繁且多带腥臭味，有的呈腐臭味。

③排水样粪便时，往往不沾尾毛。

④病程中期则肛门失禁，常有腹痛，体温升高到 40℃ 以上。

⑤后期体温降到常温以下，昏睡，其死亡率在 10% 左右。

⑥如发生菌血痢则体温升高，脉搏急速，呼吸增数。

⑦结膜潮红或暗红，精神沉郁，食欲减少或废绝，肠音亢进，以后多减弱，有的有腹痛表现。

⑧剧烈腹泻，脱水而迅速消瘦，眼窝凹陷，皮肤干燥，弹力减退，排尿减少，血液浓缩。

⑨可在 1～3 天内死亡。

（2）病毒引起的腹泻

①突然发病，迅速扩散流行。

②排灰褐色水样便，混有血液、黏液。

③病犊极度沉郁、厌食，腹泻过后还恢复食欲，往往因过量采食而复发。

④犊牛受轮状病毒感染主要发生在 1 月龄以内，潜伏期为 15 小时至 4 天。精神沉郁、厌食，脱水性腹泻。发病期可持续 1～8 天，月龄越小，发病时间越长。

⑤轮状病毒引起的腹泻如没有大肠杆菌的协同作用，一天即可痊愈。如与大肠杆菌混合感染，则病犊体温升高，白细胞减少，可死于消化道溃疡引起的出血性肠炎，以及局部淋巴结、集合淋巴结、脾脏和胸腺内淋巴组织缺乏症。

⑥冠状病毒感染后的潜伏期为 19～24 小时，症状和肠道病变比感染轮状病毒时严重。即使没有大肠杆菌并存，冠状病毒引起的腹泻也可使 1 周龄以上的犊牛死亡。

（3）隐孢子虫引起的腹泻　表现厌食，进行性消瘦，病程长，时断时续的水样便，便中潜血，并含有黏液。

（4）由饲养管理不当引起的腹泻，多发生于哺乳期。

①病初，多呈粥样稀便，淡黄色、灰黄色乃至灰白色。

②以后，有的排水样的深黄色，有时呈黄色，也有时呈粥样的暗绿色粪便，臭味不大，若病情严重时有腥臭味。

③肛门周围、尾毛、飞节及股部常沾有粪便。病犊体温一般正常，或稍高或者稍低。

④脉搏、呼吸稍加快，精神不振，食欲减退或废绝，多喜卧。

⑤粪便带酸臭气味，且混有小气泡及未消化的凝乳块或饲料碎片。

⑥肠音高朗，并有轻度臌气和腹痛现象。

⑦心音增强，心搏增速，呼吸加快。

⑧持续腹泻不止时，皮肤干皱且弹性降低，被毛粗乱失去光泽，眼球凹陷。

⑨严重时站立不稳，全身战栗。

⑩后期，体温多突然下降，四肢及耳尖、鼻端厥冷，终至昏迷而亡。

2. 实验室诊断

（1）采取病犊牛粪便或肠道内容物，用 PCR 进行鉴定，判断感染的细菌及病毒。

（2）采取病犊牛粪便或肠道内容物，用饱和盐水漂浮法确定是否球虫感。

（3）采取病犊牛粪便或肠道内容物，用饱和蔗糖溶液漂浮法收集隐孢子虫卵囊，镜检确定；还可采用改良的酸性染色法，制成虫体抹片，染色镜检，虫卵呈红色。

（三）防治

1. 预防

（1）加强对妊娠母牛的饲养管理

①保证妊娠母牛得到充足的全价日粮，特别是妊娠后期，应增喂富含蛋白质、脂肪、矿物质及维生素的优质饲料。

②妊娠母牛合理、适量运动。

③加强干奶期、围产期奶牛的卫生管理，做好产房及产间卫生、消毒，保持母牛乳房的清洁。

④干奶期乳房炎管理。

（2）加强初乳管理

①初乳质量管理

▲不给犊牛饲喂乳房炎、血乳等异常乳。

▲用初乳检测仪对每头新产牛的初乳进行检测，不合格者不能作为犊牛首次饮用的初乳。

②初乳饲喂管理　保证犊牛在出生后1小时内饲喂体重10％的初乳。一般采取两种方案，最好选用第一种方案。

▲第一种方法是在出生后1小时内给犊牛强制灌服4升初乳。

▲第二种方法是在出生后1小时内饲喂2升初乳，4～6小时再喂2升初乳。

2. 治疗　由于引起犊牛腹泻的原因是多方面的，治疗时应采取包括改善卫生条件、食饵疗法、药物疗法、补液疗法等措施的综合疗法。维护心脏血管机能，改善物质代谢，抑菌消炎，防止酸中毒，制止胃肠道的发酵和腐败过程是治疗犊牛腹泻的原则。

（1）首先应将病犊置于干燥、温暖、清洁、单独的牛舍或牛栏内，并厚铺干燥、清洁的垫草，消除病因，加强饲养管理，注意护理。

（2）为缓解对胃肠道的刺激作用，根据病情减少哺乳次数或禁乳（绝食）8～10小时，在此期间可喂给葡萄糖生理盐水，每次300毫升。可按以下方法治疗：

①排出胃肠内容物。腹泻不甚严重的病犊，可应用缓泻剂。

②清除胃肠内容物后，为维持机体营养可给予稀释乳或人工初乳（鱼肝油10～15毫升，氯化钠5～10克，鲜鸡蛋2～3个，鲜温牛奶1 000毫升，混合搅拌均匀），每天饮喂4～6次。

（3）为恢复胃肠功能，可给予帮助消化的药物：

①口服生理盐酸水溶液（氯化钠5克，33％盐酸1毫升，凉开水1000毫升）。

②含糖胃蛋白酶8克，乳酶生8克，葡萄糖粉30克，混合成舔剂，每天分三次内服，临用时加入稀盐酸2毫升。

③胃蛋白酶3克，稀盐酸2毫升，龙胆酊5毫升，温开水100毫升。混合，灌服。

④助消化的药物还可用胰酶、淀粉酶、乳酶生或酵母等。

（4）对于因为营养缺乏而引起的腹泻，可内服营养汤：氯化钠、碳酸氢钠各4.8克，葡萄糖20克，甘氨酸10克，溶于1000毫升水内，灌服。并采取对症疗法。

（5）对肠毒血症之类的疾病，抗菌药物治疗一般无效，必须给所有的犊牛投喂抗毒素，以防止本病蔓延。

（6）对于球虫、隐孢子虫引起的犊牛腹泻：

①磺胺类药物（如磺胺胍）或氨丙嘧啶有一定效果。

②氯氨灭球灵、氨丙啉和氯甲羟吡啶是治疗球虫病较有效的药物，使用剂量依次为每千克体重40毫克、50毫克、20毫克，经3～5天治疗，粪便中的血液和肠黏膜分泌物消失，再经过2天，腹泻停止。

（7）因感染大肠杆菌而腹泻的犊牛，可用以下处方：

①新霉素内服每千克体重10～30毫克，肌内注射每千克体重10毫克，每日2～3次。

②链霉素每千克体重500国际单位，每日2次肌内注射，连续3天。

（8）严重病例应进行抗炎、补液解毒，可选用下列药物：

①长效磺胺每千克体重0.1～0.3克，每天一次内服。或磺胺脒，首次量2～5克，维持量1～3克。每日2～3次内服。

②氨苄青霉素160万国际单位，混于葡萄糖溶液1000毫升中，静脉注射。

③氨苄青霉素每千克体重7～10毫克，肌内注射或口服，每天2次。

④痢菌净每千克体重2.5毫克，1次内服，每天1～2次，连服不超过3天（用于犊牛白痢）。

⑤金霉素、土霉素或链霉素0.5～1克。内服，每天2～3次（犊牛下痢）。

（9）及时补充体液。预先评估体液损失情况，依次补给必要的体液。

①脱水占体重8％以下时，口服补液即可。

②脱水占体重8％以上或腹泻严重时，应在口服补液的同时，皮下或静脉

注射含有碳酸钠的林格氏液。

二、奶牛球虫病

（一）简介
艾美耳属的球虫寄生于牛的肠道内破坏肠道黏膜，引起肠管发炎和上皮细胞崩解的原虫性寄生虫病。

1. 多发生于犊牛阶段。
2. 喝奶、断奶后不久的犊牛发病率更高。
3. 成年母牛常是带虫者。
4. 典型症状是腹泻带有或多或少的血，渐进性消瘦，贫血。

（二）诊断

1. 主要症状

（1）典型症状

①排出粪便稀软带血呈粉红色（图6-11），有的为水样血性稀便。

②随着病程发展，体温升高至39.5℃以上。

③反刍停止，肠蠕动音增强，食欲减退甚至废绝。

④犊牛消瘦，喜卧，眼窝塌陷。

⑤后肢及尾部被粪便污染，有时可见带血稀粪中混有纤维性薄膜，恶臭。

⑥里急后重症状十分明显。

⑦病后期，体温降低至37.5℃以下，虚弱，极度消瘦，心率紊乱，脱水加重。排出粪便呈黑褐色，几乎全部是血，排粪失禁，个别犊牛会表现神经症状。

（2）非典型症状　在球虫病流行的牧场，群养的犊牛在患球虫病后多数表现的症状都不是十分明显。

①主要症状为粪便松软，体况差，生长缓慢，在粪便中很少有血液和黏液，较严重者可看见会阴、尾巴和飞节被粪便污染。

②有些病牛，典型症状出现前2～3天，开始体温升高、不喝奶，而后表现出慢性或急性的症状。

③7～12月龄的小育成牛，多表现为腹泻，带有出血点。

④大育成牛，有的表现为成形的粪便表面包有一层鲜红鲜血；有的表现为稀粪伴有黏膜和鲜血。

⑤产奶母牛，粪便比正常粪便少稀，呈粉红色（图6-13），含血均匀。

2. 病理剖检

（1）病死犊牛尸体极度消瘦，可视黏膜苍白。

（2）肛门开张、外翻。

（3）肠黏膜广泛性、不同程度的出血、肿胀。

（4）直肠出血性炎症和溃疡最明显，黏膜点状或索状出血点（图6-14）、大小不同的白点或灰白点，并常见溃疡（图6-12），直径在4～15毫米。直肠内容物呈褐色，恶臭，可见纤维素性假膜和黏膜碎片。直肠黏膜肥厚。

图6-13　粪便呈粉红色

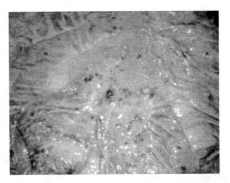

图6-14　直肠点状出血、溃疡

（5）肠系膜淋巴结肿大。

3. 实验室诊断

（1）血常规检查

①红细胞下降为200万～300万个/米^2（正常值为550万～720万个/米^2）。

②血红蛋白下降为28～50克/升（正常值为81～107克/升）。

（2）卵囊检查

①刮取直肠黏膜，与甘油饱和盐水等量混合，取混合液1～2滴于载玻片上加盖玻片10×40倍显微镜下观察，发现有大量的椭圆形卵囊。

②取新鲜带血粪便，放于烧杯内，加入15倍的饱和盐水，搅匀。将粪水用两层纱布过滤到另一烧杯内，静置10分钟。用金属圈蘸取粪水液膜于载玻片上，加盖玻片，10×40倍显微镜检查发现多量的圆形、椭圆形卵囊，虫卵中央有一深褐色的圆形物，周围透明，整个卵囊外面有双层壳膜。

（3）卵囊孵育　将直肠黏膜刮取物置于2.5%的重铬酸钾溶液中，于25℃温箱中培育3天，显微镜检查可见有二层囊壁和卵膜孔的褐色卵囊，卵囊内的孢子形成四个孢子囊，每个孢子囊内含有两个子孢子，为牛的艾美耳球虫。

（三）防治

1. 预防

（1）建立消毒制度，并持之以恒

①犊牛从单独饲养场地转出后，该场地必须经过严格、彻底的消毒后才能转入新的犊牛。

②犊牛集中饲养的场地要保持每周用 $2\% \sim 3\%$ 的氢氧化钠消毒一次。

（2）合理预防用药，控制球虫病的发生　在奶或料里添加药物内服，收效明显。

（3）加强环境卫生管理，防止球虫卵囊污染

①及时清理被粪尿污染的垫草，防止犊牛误食或污染躯体。

②设置专用饲槽，禁止平地饲喂，饲槽内即要及时清理剩余草料，防止变质或被粪便污染，又要经常保持有新鲜饲料，使其可以随时采食。

③及时更换饮水，保持饮水的清洁卫生。

④做好分群管理，防止密度过大。

⑤保持牛舍的通风，既要防止贼风侵袭，又要防止通风不畅引起氨气积聚。

⑥在球虫病没有得到很好控制的情况下，建议不要使用土运动场，因为土运动场在被球虫卵囊污染后无法连续进行彻底的消毒，污染源持续存在。

2. 治疗　首先要及时补水补液，否则血管下陷。药物治疗可选以下三种方案：

（1）盐酸氨丙啉配合土霉素片内服。每头犊牛每次内服盐酸氨丙啉 2 克，土霉素片 1 克，一天 2 次，连用 6 天。

（2）球虫耐药性产生得快，药品需要不断轮流更换。

（3）当犊牛表现出代谢性酸中毒时，可用 5% 的碳酸氢钠 100 毫升静脉注射。

（4）当犊牛大量失血，卧地不起时，除补液外，还应立即输血，一次可输 500 毫升。

三、瘤胃酸中毒

（一）简介

瘤胃酸中毒是由于大量饲喂碳水化合物饲料，致使乳酸在瘤胃中蓄积而引起的全身代谢紊乱的疾病。

1. 病因

（1）大量饲喂精饲料、粉碎过细谷物饲料、糟粕类饲料，粗饲料严重不足。

（2）过食含碳水化合物的饲料如小麦、玉米及块根类饲料如甜菜、白薯、马铃薯。

（3）采食易发酵的精料或高酸性的饲料，出现暂时性瘤胃酸度升高，日粮中缺乏足够有效纤维（如 TMR 粒度太细）的刺激引起反刍减少，导致唾液分泌量不足，不能恢复瘤胃中的酸碱平衡，诱发持续性的亚临床瘤胃酸中毒。

（4）临产牛、高产牛抵抗力低、寒冷、气候骤变、分娩等应激因素。

2. 特征

（1）消化紊乱，瘫痪，休克。

（2）散发零星地出现。

（3）亚临床瘤胃酸中毒较传统的瘤胃酸中毒常见。

（4）规模化奶牛场易于发生。

（二）诊断

1. 主要症状

（1）最急性型　采食后 3～5 小时即出现中毒，通常无明显前驱症状，突然倒地死亡。

（2）急性型　步态不稳，不愿行走，呼吸急促，心跳增数至 100 次/分钟以上，气喘，往往在发现症状后 1～2 小时死亡。死前张口吐舌，高声哞叫，摔头蹬腿，卧地不起，从口内流出泡沫状含血液体。

（3）亚急性型　食欲废绝，精神沉郁，呆立，不愿行走，步态蹒跚，眼窝凹陷，肌肉震颤，奶牛蹄部皮肤发红（图 6-15）。病情加重的奶牛瘫痪卧地，初能抬头，很快呈躺卧姿势，头平放于地，并向背侧弯曲，呈角弓反张样，呻吟，磨牙，兴奋摔头，四肢直伸，来回摆动，后沉郁，全身不动，眼睑闭合，呈昏睡状（图 6-16），粪稀，色呈黄褐色、黑色，内含血液，无尿或少尿。体温多数正常，偶有轻微升高，心跳正常，重病奶牛增数至 120 次/分钟以上。伴肺水肿者，有气喘。

（4）其他

①在患有亚临床瘤胃酸中毒的牛群中常高发真胃疾患、消化不良、腹泻及蹄叶炎引起的跛行。

②奶牛蹄部皮肤发红常提示有亚临床的瘤胃酸中毒迹象。

③奶牛群中反刍的奶牛数目降低（奶牛一般在采食半小时后开始反刍。采

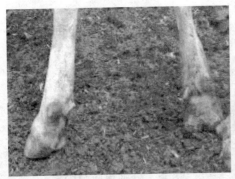

图 6-15　奶牛蹄部皮肤发红　　　　　图 6-16　奶牛瘫痪、平躺、昏睡

食后 2 小时，反刍奶牛的比例最高，可达在群躺卧奶牛的 90％。任何时候反刍奶牛的比例高于躺卧奶牛的 50％），常提示亚临床性瘤胃酸中毒。

2. 剖检特征　主要病变在胃。

（1）**急性病例**　瘤胃和网胃内容物稀软，散发酸臭味，胃黏膜易脱落，底部出血。真胃见水样内容物，黏膜潮红。

（2）**亚急性病例**　瘤胃和网胃胃壁坏死，黏膜脱落，溃疡，被侵害的瘤胃区增厚 3～4 倍，呈暗红色隆起。

（3）**亚临床病例**　瘤胃黏膜局部损伤，肝脓肿，有的可见后腔静脉栓塞。

3. 实验室诊断　通过胃管或穿刺抽取瘤胃内容物进行 pH 测定，急性病例的 pH<5，可作为诊断依据。亚临床瘤胃酸中毒时 pH≤6，基本可做诊断。

（三）防治

1. 预防

（1）严格控制精料喂量，精、粗比要平衡。

（2）防止奶牛偷食精料。

（3）不要突然变更饲料日粮，尤其是增加精料时，要逐渐增量。

（4）加工谷物饲料时，防止加工成的饲料太细。

（5）日粮中增加碳酸氢钠、氧化镁等瘤胃缓冲剂。

（6）制作粒度合适的 TMR 日粮，保证日粮中足够的有效纤维含量。

（7）在奶牛产后第 5～150 天，随机抽取 10％奶牛进行瘤胃液的 pH 检查，如果 pH 低于 5.5 的奶牛超过该阶段奶牛的 25％，说明该阶段牛群为亚临床瘤胃酸中毒。需要从饲养上对奶牛进行调整。

2. 治疗　治疗的原则是补液、补糖、补碱。增加血容量，促进血液循环，纠正瘤胃和全身性酸中毒，恢复体内的酸碱平衡，恢复前胃机能。

（1）禁食 1～2 天，并限制饮水。

（2）常用碳酸氢钠粉 150～300 克或石灰水灌服，也可 5% 的碳酸氢钠 1 500～5 000 毫升静脉注射。

（3）为扩充血容量，常用 5% 葡萄糖生理盐水 3 000～5 000 毫升，1 次静脉注射。

（4）当病牛兴奋不安时，输液中可加入山梨醇或甘露醇 300～500 毫升，1 次静脉注射，以降低颅内压，解除休克。

（5）为防止继发感染，可将庆大霉素 100 万～300 万单位、四环素 250 万单位加入输液中一并静脉注射。

（6）为促进乳酸代谢，可肌内注射维生素 B_1 0.3 克，同时内服酵母片。

（7）当患畜全身中毒症状减轻，脱水缓解，但仍卧地不起时，可以补充低浓度的钙制剂。常用 2%～3% 氯化钙 500 毫升，一次静脉注射。

（8）后期可适当应用瘤胃兴奋剂，皮下注射新斯的明、毛果芸香碱或氨甲酰胆碱等。

（9）洗胃疗法　向瘤胃中灌入常水后，再将其导出。

（10）瘤胃切开术　适用于病情轻，尚能站立病牛，切开瘤胃，取出内容物，以降低其酸度。

四、酮病

（一）简介

酮病，也叫酮血症，是体内物质代谢和能量代谢障碍，尤指碳水化合物及脂肪代谢紊乱，使得体内酮体浓度增高的一种代谢性疾病。患牛呼出的气体中带有酮味，产奶量降低。有临床症状的称临床型，亚临床型由于无明显的临床症状常常被忽视，给生产带来严重的损失。酮病通常被看作是某种代谢病的先兆，如奶牛肥胖综合征或真胃变位，而不是一种单独的疾病。

1. 原发性酮病　主要是精、粗饲料比例不当，蛋白质和脂肪含量高的饲料供给过多，粗饲料尤其是碳水化合物饲料不足。

2. 继发性酮病　是由奶牛肥胖综合征、真胃变位、乳房炎等疾病，引起奶牛采食量不足，导致机体干物质摄入量减少而发病。如果发生皱胃变位，患酮病发生率增加。

（二）诊断

1. 主要症状　分临床型和亚临床型。

（1）临床型　分神经型、消化型、瘫痪型。

①神经性酮病是一种急病，以神经症状为主。突然发病，过度兴奋、狂躁，啃咬牛栏等，还会冲撞建筑或人。

②消化型的奶牛常常拒食或采食不佳，泌乳量、体重明显下降，病牛呼出的气体中常带有酮味。

③瘫痪型的病牛较少，多发于分娩数天后，先兴奋后抑制，四肢无力，继发瘫痪，昏迷状，头颈弯向一侧，类似产后瘫痪。

（2）亚临床型　除了产奶量减少，没有可以看见的症状。

2. 剖检特征　肝脏肿大、质脆弱，呈轻度脂肪肝。胸腺、淋巴组织、胰腺退行性变化。

3. 实验室诊断

（1）取牛奶或牛尿，用酮粉检测，结果阳性者为酮病。

（2）用试纸条检测奶牛血液中 β-羟丁酸（BHBA）的含量。

（三）防治

1. 预防　对于规模化奶牛饲养场来讲，牛群中亚临床型酮病给生产带来的损失是不可低估的。如酮病这样的泌乳早期常见的代谢性疾病是真正的管理性疾病，在群的水平上，疾病是否发生取决于干奶后期和泌乳早期的饲养和管理，在这个时期，为追求奶牛本胎次高的产奶量，日粮向高营养浓度过渡。

（1）日粮平衡　产前避免奶牛过肥，产后要逐渐提高谷物的采食量，不能为了催奶而操之过急。日粮中除青贮外，应加喂优质干草。

（2）群发问题的酮病评估　如果奶牛开始泌乳6周内酮病的发生率超过可以接受的范围，就认为是群发问题。在泌乳期第5～50天为奶牛做血清BHBA测定。

2. 治疗　多种可行的治疗方案，最主要的方案是给奶牛补充能量。如静脉输糖，口服丙二醇等。有时静脉注射重碳酸盐很有必要。

五、真胃移位（真胃变位）

（一）简介

真胃变位是指奶牛真胃的正常解剖学位置发生了改变，可分为左方变位和右方变位。现在规模化奶牛场，该病是主要的常见病。

1. 左方变位　真胃从正常位置通过瘤胃下方移到左侧腹腔，位于瘤胃和左腹壁之间，又因皱胃内常集聚大量的气体，而使其飘升至瘤胃背囊的左上方。

2. 右方变位 真胃顺时针扭转，转到瓣胃的后上方位置，置于肝脏和腹壁之间。常呈现亚急性扩张、积液、膨胀、腹痛、碱中毒和脱水等幽门阻塞综合征。

（二）诊断

1. 主要症状 真胃移位左方变位和右方变位的主要症状及其区别见表 6-5。

表 6-5　真胃移位的主要症状

	左方变位	右方变位
发病时间	多在分娩之后	多在产犊后 3～6 周
食欲	食欲减少，时有时无	突然拒食
临床表现	回顾腹部、后肢踢腹等腹痛表现	比较严重，蹴踢腹部，背下沉
粪便	粪便减少、呈糊状、深绿色，往往呈现腹泻	下痢，粪便呈黑色
产奶	产奶量下降有时甚至无奶	产奶量下降有时甚至无奶
气味	乳汁和呼吸气息有时有酮体气味	乳汁和呼吸气息有时有酮体气味
外观	瘦弱，腹围缩小，有的患牛左侧腹壁最后三个肋弓区与右侧相对部位比较明显膨大，但左侧腰旁窝下陷	右侧最后肋弓周围明显膨胀
听诊、叩诊	在左侧倒数第 2～3 肋间处叩诊可听到典型的钢管音，瘤胃蠕动音减弱	瘤胃蠕动音弱或完全消失，右侧最后 3 个肋间，叩诊出现钢管音
呼吸、脉搏、体温	体温、呼吸、脉搏变化不大	心跳加快达 100～120 次/分钟，体温偏低
直肠检查		通过直肠检查可以摸到扩张后移的真胃
病程	病程长，10～30 天不等	

2. 实验室诊断 尿酮检查呈强阳性。

（1）**左方变位** 疑似左方变位时，在左侧倒数第 2～3 肋间处穿刺抽取胃液，若胃液呈酸性反应（pH1～4）、棕黑色、缺少纤毛虫等，可证明为真胃左方变位。

（2）**右方变位** 实验室检验常出现碱储升高和血钾降低。

（三）防治

1. 保守疗法

（1）**左方变位** 少数病例施保守治疗后可康复，在病初采取滚转复位法，事先使病牛饥饿数日，并适当限制饮水。滚转复位法比较简单，但是其复发率高。

（2）**右方变位** 保守疗法无效，应尽快施行手术。

2. 手术治疗 治愈率高，术后很少复发，尤其是对于保守疗法无效的右方变位，几乎是唯一的治疗方法。

（1）*术前准备* 对瘤胃积液过多的牛进行导胃减压，对有脱水和电解质紊乱的奶牛进行补液和纠正代谢性碱中毒。

（2）*左方变位*

①站立保定。

②3％盐酸普鲁卡因进行腰旁神经传导麻醉配合术部浸润麻醉，必要时可肌内注射静松灵1毫升进行全身麻醉。

③切口的选取常用的有取三种：一是左肷部切口，变位的真胃能充分暴露，便于放气、排液，然而复位和固定困难；二是右肷部切口（图6-13），真胃的复位比较困难，可是真胃固定容易做；三是在左右肷部各做一个切口，真胃暴露，复位和固定都好做，但对于奶牛的损伤比前两种方法大。手术的方法是：第一步，如果真胃积气、积液过多，应先放气、排液，以减轻真胃内压力，便于整复。第二步，将减压后的真胃恢复到正常的位置，进行整复（图6-14）。第三步，将整复好的真胃进行固定，防止再次变位。最后是关闭腹腔，缝合创口。

（3）*右方变位*

①保定与麻醉同左方变位。

②作右肷部前切口（图6-17），打开腹腔后，变位的真胃就暴露于切口内。

③大多数病例需要放气、排液，施行减压。

④探查真胃的扭转方向，作与扭转方向相反方向的整复（图6-18）。

⑤为防止整复的真胃再度变位，可参照左方变位的整复方法将真胃固定在右侧腹底壁上。

⑥常规闭合右肷部切口。

（4）*术后护理*

①术后7天内，使用抗生素和氢化可的松控制炎症的发展，纠正脱水和代谢性碱中毒。

②使用兴奋胃肠蠕动的药物以恢复胃肠蠕动。

③可适当使用缓泻剂，以清除胃肠内滞留的腐败内容物。

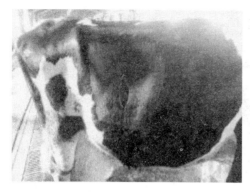

图 6-17 右侧切口

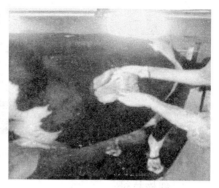

图 6-18 整复

3. 预防 增加 TMR 日粮有效纤维含量，加强运动。

六、产后瘫痪

（一）简介

产后瘫痪又称分娩牛低血钙症、产乳热。是奶牛分娩前后突然发生的急性低血钙症。研究表明，产后瘫痪的奶牛发生酮病、胎衣不下、临床性乳房炎的概率都有增加。

1. 分娩前后血钙浓度剧烈降低是引起产后瘫痪的直接原因。

2. 精神沉郁、知觉丧失、四肢瘫痪、体温下降及低血钙为主要特征。

3. 多发生在产后 3 天内，少数发生在产前和产后数周。

4. 多发生于 3～6 胎的奶牛。

（二）诊断

1. 主要症状

（1）典型症状

①病初奶牛不安，反刍和食欲停止，有的肌肉震颤，站立、行走不稳，易于倒地，随后起立困难，卧地不起，精神高度抑制，头颈呈 S 状弯曲，人工拉直松手后又恢复原样（图 6-15）。

②随病情的发展知觉消失，闭目昏睡，眼睑反射弱或消失，体温 35～36℃，甚至更低，心跳 100 次/分以上。

（2）非典型症状 病情轻，瘫痪症状不明显。精神沉郁，对外界反应迟钝。食欲降低瘤胃蠕动弱，不能站立而卧地，头颈也呈 S 状弯曲（图 6-19）。

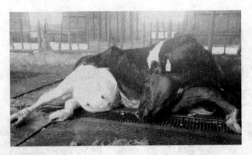

图 6-19　卧地不起，头颈 S 状弯曲

2. 剖检特征

(1) 没有特征性病变。

(2) 有的病例心、肝、肾等发生脂肪浸润。

3. 实验室诊断　血钙含量低于 60 毫克/升，即可确诊。

(三) 防治

1. 治疗

(1) 临床治疗时，补钙是关键。

(2) 使用磷酸二氢钠配合治疗比单纯使用钙制剂治疗，效果更显著。

2. 预防

(1) 加强干奶期和围产前期的饲养管理。合理分群，严格实行对奶牛阶段性饲养，防止奶牛过肥。干奶期饲喂低钙日粮。围产前期单独饲养，配给的日粮浓度要使得奶牛瘤胃适应产后高浓度日粮的要求。

(2) 对成年奶牛群而言，产后瘫痪（包括非典型性）的奶牛占 20% 时，就成为群发问题。兽医应进行抽样采血分析，进行评估，奶牛营养师就应该对该群奶牛所采食的全价日粮进行检查、改进。通过给日粮中添加阴离子盐来控制无机阴、阳离子的含量，可以解决一些牛群中大量发生产后瘫痪的问题。

(3) 对有瘫痪病史和肥胖的奶牛，产前 8 天开始肌内注射维生素 D_3 10 000国际单位，每天 1 次，直到分娩。同时静脉补钙补磷．预防效果很好。现在可以通过口服能在胃内缓慢释放的钙离子来达到预防的目的，从产前 2 天开始，每天 1 次即可。

七、胎衣不下

(一) 简介

母牛分娩后一般在 6~12 小时内排出胎衣，如果超过 12 小时仍不能排出时，为胎衣不下。常分为全部胎衣不下和部分胎衣不下。如果胎衣不下的牛占分娩牛的 5%，管理者就要给予必要的关注。

1. 热应激。

2. 围产期低血钙。

3. 营养性因素（如干奶期营养过高、维生素 A 水平低下、维生素 E 及硒不足）。

4. 发生胎衣不下的奶牛在以后的分娩中发生胎衣不下的风险更大。

5. 发生胎衣不下的奶牛其代谢性疾病、乳房炎、子宫炎、真胃移位、尿路上行感染及今后发生流产的概率更高。

（二）诊断

1. 母牛分娩后，阴门外垂有少量胎衣（图 6-20），有的因时间长，而变黑变干（图 6-21）。

2. 虽有少量胎衣排出，但大半仍滞留在子宫内不能排出。

3. 少数母牛产后在阴门外无胎衣露出，只是从阴门流出血水，卧下时阴门张开，才能见到内有胎衣。

4. 胎衣在子宫内腐败、分解和被吸收，从阴门排出红褐色黏液状恶露，并混有腐败的胎衣或脱落的胎盘子叶碎块。

5. 少数病牛由于吸收了腐败的胎衣及感染细菌而引起中毒，出现全身症状，体温升高，精神不振，食欲下降或废绝，甚至转为脓毒败血症。

6. 少数病牛不表现全身症状，待胎衣、恶露排出后则恢复正常。

7. 大多数牛转化子宫内膜炎，影响母牛下一胎的受孕。

图 6-20　阴门外垂有少量胎衣

图 6-21　阴门外胎衣变黑变干

（三）防治

1. 治疗

（1）10％葡萄糖酸钙注射液、25％的葡萄糖注射液各500毫升，1次静脉注射，每日2次，连用2日。

（2）催产素100单位，1次肌内注射；氢化可的松125～150毫克，1次肌内注射，隔24小时再注射1次，共注射2次。

（3）增强子宫收缩，用垂体后叶素100单位或新斯的明20～30毫克肌内注射，促使子宫收缩排出胎衣。

（4）如果出现全身症状，则用全身疗法。

（5）应用抗生素会产生抗生素奶，要引起足够注意。

（6）现在在兽医临床上，不提倡剥离胎衣；子宫灌注要谨慎。

2. 预防

（1）注意干奶期和围产前期的饲养管理，分群饲养，提供合理的全价日粮，特别是钙、磷的含量及其比例要适当。

（2）从泌乳后期开始，到干奶期及围产前期一定要控制好奶牛的体况。合适的体况评分为3.5分。禁忌奶牛肥胖。

（3）对高风险奶牛提前干预。产前肌内注射维生素ADE溶液。如果分娩8～10小时不见胎衣排出，则可肌内注射催产素100单位，静脉注射10％～15％的葡萄糖酸钙500毫升。

八、子宫内膜炎

（一）简介

子宫内膜炎是指子宫黏膜发生炎症。是奶牛产后很重要的一种疾病，发病率高。其病因如下：

1. 环境卫生不良。产房卫生条件差等。

2. 操作不规范，消毒不严。临产母牛的外阴、尾根部污染粪便而未彻底洗净消毒；助产时，术者的手臂、器械消毒不严。

3. 胎衣不下腐败分解，恶露停滞等。

4. 子宫积水、双胎子宫严重扩张、产道损伤、低血钙。

5. 在极冷极热时，身体抵抗力降低和饲养管理不当都会使子宫炎的发病率升高。

6. 一些传染病如滴虫病、钩端螺旋体、牛传染性鼻气管炎、病毒性腹泻等引起。

（二）诊断

1. 主要症状

（1）根据病理过程和炎症性质可分为急性黏液脓性子宫内膜炎、急性纤维蛋白性子宫内膜炎、慢性卡他性子宫内膜炎、慢性脓性子宫内膜炎和隐性子宫内膜炎。

（2）通常在产后一周内发病。

（3）轻者无全身症状，发情正常，但不能受孕。

（4）严重的伴有全身症状，如体温升高，呼吸加快，精神沉郁，食欲下降，反刍减少等表现。

（5）患牛拱腰、举尾，有时努责，不时从阴道流出大量污浊或棕黄色黏液脓性分泌物（图6-22），有腥臭味，内含絮状物或胎衣碎片，常附着尾根，形成干痂。

（6）直肠检查，子宫角变粗，子宫壁增厚。若子宫内蓄积渗出物时，触之有波动感（图6-23）。

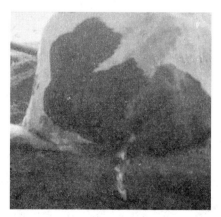 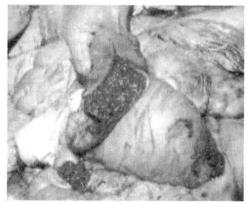

图6-22　阴道流出脓性分泌物　　　　图6-23　子宫内脓性粥样分泌物

2. 剖检特征

（1）急性化脓性子宫内膜炎　子宫弹性降低。子宫腔内有脓性、灰黄色粥样分泌物（图6-23），黏膜充血肿胀，还有轻度糜烂。

（2）急性卡他性子宫内膜炎　子宫弹性降低。宫腔内有乳白色、灰白色黏液，子宫黏膜潮红、充血、肿胀，可见小出血点，黏膜表面呈暗红色，无光泽。

（3）慢性子宫内膜炎　子宫肥大，弹性强。宫腔内可见多量灰白色粥样分泌物，黏膜灰暗。

3. 实验室诊断

（1）子宫分泌物的镜检检查　分泌物涂片可见脱落的子宫内膜上皮细胞、白细胞或脓球。

（2）发情时分泌物化学检查　4％氢氧化钠2毫升，加等量分泌物煮沸冷却后，无色为正常，呈微黄或柠檬黄为阳性。

（3）细菌学检查　无菌采取子宫分泌物分离培养确定病原物。

（4）鉴别诊断

①阴道炎　类似炎性阴道炎，触诊疼痛。

②慢性子宫颈炎　类似处是有些有脓性分泌物流出。不同处是患慢性子宫颈炎，可引起结缔组织增生，子宫颈黏液皱襞肥大，呈菜花样。直肠检查子宫颈变粗，而且坚实。

（三）防治

1. 预防

（1）产房要彻底打扫消毒。

（2）临产母牛的后躯要清洗消毒。

（3）助产要无菌操作。

2. 治疗

（1）主要是控制感染、消除炎症和促进子宫腔内病理分泌物的排出。

（2）有全身症状的进行对症治疗。

（3）如果子宫颈未开张，可肌内注射雌激素制剂促进开张，开张后肌内注射催产素或静注10％氯化钙溶液100～200毫升，促进子宫收缩而排出炎性产物。向子宫腔内灌注抗生素，每天或隔天一次，连续3～4次。

（4）慢性化脓性子宫内膜炎的治疗可选用中药活血、止痛、排脓。

九、卵巢疾病

（一）卵巢静止

卵巢机能受到扰乱后处于静止状态，也称卵巢机能减退。

1. 病因

（1）饲养管理差，母牛体质虚弱，促性腺激素分泌不足。

（2）患有严重子宫疾病，并发全身性严重疾病而引起。

（3）冬末春初多见，尤其多发于 16～27 月龄的育成母牛。

2. 诊断

（1）母牛长期不发情

（2）直肠检查

①卵巢形状、大小、质地一般无明显变化，有时较正常小，质地稍硬，表面光滑，既无黄体又无卵泡，有的在一侧卵巢上感觉到有很少的黄体残迹。

②子宫角较小，子宫迟缓，缺乏弹性。

③如果得不到及时治疗，卵巢机能长久衰退，则可能引起卵巢组织的萎缩、硬化，其卵巢小如豌豆或小指肚，子宫角细小。

3. 防治

改善饲养管理，增加营养，促使卵巢功能恢复。可采用下列治疗方法：

（1）按摩刺激卵巢、子宫，每天 1 次，每次每侧 3～5 分钟，7 天为 1 疗程。

（2）促卵泡素（FSH）和促黄体素（LH）各 200～400 国际单位，每日或隔日 1 次肌内注射，2～3 日为 1 个疗程。对于卵巢已经萎缩的奶牛，须连续肌内注射 FSH3 次，观察母牛发情后再肌内注射 LH。

（3）绒毛膜促性腺激素（HCG）2 000～2 500 国际单位，静脉注射或肌内注射。

（4）孕马血清（PMSG）1 000～2 000 国际单位，肌内注射。

（5）对久不发情的患卵巢萎缩的母牛，可肌内注射黄体酮 3 次，2 天注射 1 次，每次 100 毫克，第 8 天再注射孕马血清 30 毫升。

（二）持久黄体

1. 病因　母牛在发情和分娩后，性周期黄体或妊娠黄体超过正常时间（25～30 天）而不消失，并继续分泌孕酮，抑制卵泡发育，使母牛发情周期停止循环。

2. 诊断　患病母牛长期不发情，直肠检查，一侧或两侧卵巢增大，卵巢表面上有突出的黄体，黄体体积较大，质地较卵巢实质为硬，有的呈蘑菇状，中央凹陷。有时在一个卵巢上摸到 1～2 个或多个较小的黄体。子宫松软，触诊无收缩反应，有时伴有子宫内膜炎等疾病。

3. 防治　改善饲养管理条件，消除病因。可采用下列治疗方法：

（1）前列腺素 $F_{2\alpha}$（$PGF_{2\alpha}$）5～10 毫克，肌内注射，每天一次，连续 2 天；或 4～7 毫克，子宫内一次灌注。

（2）氯前列烯醇0.8毫克，一次肌内注射。

（3）促排卵素3号（LRH-A₃）400～600国际单位，肌内注射，每天一次，连续3～4次。至正常发情后适时输精，并于输精后第7天和第11天各肌内注射黄体酮100毫克。

（4）摘除黄体　先给母牛注射维生素 K₃，然后，用手伸入直肠，隔着直肠壁抓住卵巢，以食指和中指夹住卵巢的韧带，用拇指在黄体的基部把黄体摘除。

（5）压碎黄体　用手插进直肠，隔着直肠壁用拇指、食指和中指握住卵巢，把卵巢放在食指和中指之间，在卵巢和黄体交界的凹陷处，用拇指积压，把黄体压碎。黄体被压碎之后，还要用手指再按压5分钟左右，防止出血。

(三) 卵巢囊肿

卵巢囊肿分为卵泡囊肿和黄体囊肿。

1. 病因

（1）卵泡囊肿是卵泡上皮细胞变性，卵泡表膜纤维化，卵泡壁组织增生变厚，卵细胞死亡，卵泡液未被吸收或者增多而形成的一种异常状态。

（2）黄体囊肿是由于未排卵的卵泡壁上皮黄体化，或卵泡囊肿长期得不到治愈，卵泡壁上皮细胞发生黄体化，或这是正常排卵后黄体化不足，在黄体内形成空腔，腔内聚积液体而形成的一种异常状态。

2. 诊断

（1）卵泡囊肿

①患牛初期有发情表现，但不排卵，发情持续时间可达7～15天，没有发情规律。

②性机能高度亢进、失调，呈现"慕雄狂"，焦躁不安，食欲不振，长时间爬跨，前肢刨地哞叫似公牛。

③若卵泡囊肿长时间得不到缓解，卵泡上皮则变形萎缩，不再分泌卵泡素，患牛表现不发情，或仅有微弱发情，卵泡不减退，不消失，阴门水肿和鼓起，似临产母牛，其颈部肌肉增厚似公牛，而荐坐韧带松弛，臀部肌肉塌陷，尾根抬高，尾根与坐骨结节之间出现一个深的凹陷。

④直肠检查，在肿大的卵巢上有一个或数个壁紧张而有波动的囊泡（图6-24），其直径一般超过2厘米以上，有的达到5～7厘米（图6-25），间隔2～3天以上不消失。

⑤兽医用 B 超仪能检查出囊泡的大小（图6-24），也可检出囊泡的个数。

⑥长期的卵泡囊肿可并发子宫内膜炎和子宫积液。

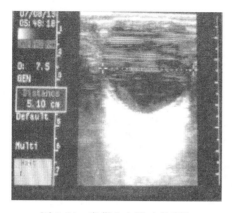
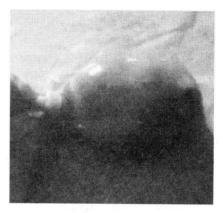

图 6-24　卵巢上有波动的囊泡　　　　图 6-25　直径超过 5 厘米的囊泡

（2）黄体囊肿

①外表症状是长时间不发情，阴道干涩，黏膜苍白，外阴部收缩较紧。

②直肠检查，在较硬的卵巢上有一个或多个壁厚而软的囊泡，多次反复检查，囊肿存在一个发情周期以上，母牛仍不发情。

3. 防治

（1）卵泡囊肿　较难治疗，发现越早，治疗越及时，疗效越好。

①促黄体激素（LH）100～200 国际单位，一次肌内注射。用药一周后症状未见好转，可稍加大药量再用一次。

②促黄体素释放激素（LH-RH）1.2 毫克，一次静脉注射，或 1.5～2.0 毫克，一次肌内注射。

③绒毛膜促性腺激素（HCG）3 000～5 000 国际单位，一次静脉注射，或 10 000～20 000 国际单位，一次肌内注射。

④地塞米松 10～20 毫克，肌内注射，隔日一次，连注 3 次。

⑤通过直肠按摩卵泡，促其卵泡液逐渐吸收。

（2）黄体囊肿

①前列腺素 2～4 毫克，一次肌内注射，可连注 2～3 次。

②氯前列烯醇 0.8 毫克，一次肌内注射，可连注 2～3 次。

③促排 3 号 400～600 国际单位，每天一次，肌内注射，可连注 3～4 次。

十、蹄病

奶牛蹄病是奶牛生产中的常见病，轻则引起跛行，重则引起奶牛被动淘汰。

（一）蹄变形

指蹄的形状发生改变。由于蹄变形发生后所呈现的形状不同，临床上可分为长蹄、宽蹄、翻卷蹄三种。

1. 诊断

（1）长蹄　蹄的两侧指（趾）超过了正常蹄的长度，蹄角质向前过度伸延，外观呈长形。

（2）宽蹄　蹄角质向前及两侧过度延伸，长度和宽度都超过高正常蹄的范围，外观宽而大，又叫"大脚板"。此类蹄角质部较薄，蹄踵部较低，在站立时和运步时，蹄的前缘负重不实，向上稍翻。

（3）翻卷蹄　蹄的内侧指（趾）或外侧指（趾）蹄底翻卷。从蹄底面看，外侧缘过度磨损，蹄背部翻卷已变为蹄底，靠蹄叉部角质增厚，磨灭不正，蹄底负重不均，往往见后肢跗关节以下向外侧倾斜，呈 X 或 O 状。严重的病牛两后肢向后方伸延，病牛弓背、运步困难，呈拖曳式。

2. 防治　采用修蹄疗法，根据蹄变的程度不同采用相应办法给予修整、校正。因此，防治该病的关键在于搞好预防。

（1）加强奶牛的饲养管理，合理配制日粮，充分重视蛋白质、矿物质的供应，保证合理的钙、磷比例。

（2）制订奶牛蹄部保健计划，定期给奶牛修蹄。

（3）每年对奶牛普查蹄形，凡变形蹄，进行多次修整。

（4）为防止蹄被粪、尿、污物浸渍，保持奶牛蹄部干净、干燥。

（5）为防止牛蹄感染，修蹄不宜在雨季进行。

（6）加强种奶牛的选育工作，不用有遗传缺陷的种公牛。

（二）腐蹄病

1. 简介　腐蹄病是指蹄的真皮和角质层组织发生化脓性病理过程的一种疾病，其特征是真皮坏死与化脓，角质溶解，病牛疼痛，跛行。

（1）犊牛、育成牛和成年乳牛都有发生，但以成年牛多见。

（2）成年乳牛发病最多，全年皆可发生，以 7～9 月发病最多。

（3）四蹄皆可发病，后蹄多见。

2. 诊断

（1）蹄趾间腐烂

①乳牛蹄趾间表皮或真皮的化脓性或增生性炎症。

②通过蹄部检查可以发现蹄趾皮肤充血、发红肿胀、糜烂。

③有的蹄趾间腐肉增生，呈暗红色，突于蹄趾间沟内，质度坚硬，极易出血，蹄冠部肿胀，呈红色。

④病牛跛行，以蹄尖着地。站立时，患肢负重不实，有的以患部频频打地或蹭腹。

（2）腐蹄

①乳牛蹄的真皮、角质部发生腐败性化脓，表现在两指（趾）中的一侧或两侧。

②病牛站立时，患蹄为球关节以下屈曲，频频换蹄、打地或踢腹。

③前肢患病时，患肢向前伸出。进行蹄部检查时，可见蹄变形，蹄底磨灭不正，角质部呈黑色。

④如外部角质尚未变化，修蹄后见有污灰色或污黑色腐臭脓汁流出。

⑤由于角质溶解，蹄真皮过度增生，肉芽突出于蹄底之外，大小由黄豆大到蚕豆大，呈暗褐色。

⑥炎症蔓延到蹄冠、球关节时，关节肿胀，皮肤增厚，失去弹性，疼痛明显，步行呈"三脚跳"。

⑦化脓后关节处破溃，流出脓汁，病牛全身症状加剧，体温升高，食欲减退，产乳量下降，卧地不起。

2. 防治

（1）预防

①定期修蹄，保持牛蹄干净、干燥。

②及时清扫牛棚、运动场，保持干燥卫生。

③加强对牛蹄的监测，及时治疗蹄病，防止病情恶化。

④保持日粮平衡，钙、磷的喂量和比例应适当。

（2）治疗

①指（趾）间腐烂

▲用10％～30％硫酸铜溶液，或10％来苏儿洗净患蹄，涂以10％碘酊，用松馏油涂布（鱼石脂也可）于指（趾）间部，装蹄绷带。

▲如蹄趾间有增生物，用外科法除去；或用硫酸铜粉、高锰酸钾粉撒于增生物上，装蹄绷带，隔2～3天换药1次，常于2～3天次治疗后痊愈，也可用烧烙法将增生肉烙去。

②急性腐蹄病，应先消除炎症。

▲金霉素、四环素按每千克体重用0.01克，或磺胺二甲基嘧啶每千克体重用0.12克，一次静脉注射，每天1～2次，连用3～5天。

▲青霉素 250 万国际单位，1 次肌内注射，每天 2 次，连用 3～5 天。

③慢性腐蹄病的奶牛，单独隔离饲养。将蹄部修理平整，找出角质部腐烂的黑斑，用小刀由腐烂的角质部向内深挖，一直挖到黑色腐臭脓汁流出为止，然后用 10％硫酸铜冲洗患蹄，内涂 10％碘酊，填入松馏油棉球，或放入高锰酸钾粉、硫酸铜粉，最后装蹄绷带。

④如伴有关节炎、球关节炎

▲局部可用 10％酒精鱼石脂绷带包裹。

▲全身可用抗生素、磺胺等药物，如青霉素 200 万～250 万国际单位，肌内注射，每天两次。

▲或 10％磺胺噻唑钠 150～200 毫升静脉注射，每天 1 次，连续 7 天。

⑤如患牛食欲减退，为消除炎症，可静脉注射葡萄糖，5％碳酸氢钠 500 毫升或 40％乌洛托品 50 毫升。

(三) 指（趾）间皮炎

1. 简介　没有扩延到深层组织的指（趾）间皮肤的炎症，称为指（趾）间皮炎。特征是皮肤呈湿疹性皮炎的症状，有腐败气味。

2. 诊断

（1）无急性跛行，但可见动物运步不自然，蹄表现非常敏感。

（2）病变局限在表皮，表皮增厚和稍充血，在指（趾）间隙有一些渗出物，有时形成痂皮。

（3）严重者，继发蹄底溃烂。

3. 防治

（1）保持蹄的干燥和清洁。

（2）局部应用防腐和收敛剂，一日两次，连用 3 天。

（3）进行蹄浴。

(四) 蹄叶炎

1. 简介　蹄真皮的弥散性、无败血性炎症称为蹄叶炎。

（1）最常见病因是奶牛过食高精料，引起亚临床或临床性瘤胃酸中毒，乳酸、内毒素及其他血管活性物质通过瘤胃吸收而引起蹄叶炎。

（2）夏季热应激导致瘤胃内微生物死亡，产生内毒素等物质，经瘤胃吸收引起蹄叶炎。这是夏季过后奶牛群高发蹄叶炎的一个很重要的原因。

（3）跛行、蹄过长、出现蹄轮及蹄底出血。

（4）通常在所有四蹄多有不同程度的发生，某些奶牛仅表现在两前蹄，或是很偶然地发生于两后蹄或单独一蹄发病。

2. 诊断　主要症状为跛行，肢势改变，不愿意站立和运动。可分为急性、慢性、亚临床性。

（1）急性

①蹄壁温度升高。

②典型的跛行，步状僵硬，运步疼痛，背部弓起，后肢叉开（图6-26）。

③蹄部严重变形（图6-27），由于疼痛对检蹄器敏感。

④严重时，为了减轻疼痛，病牛两前肢交叉，两后肢叉开，动物不愿站立，趴卧不起。

⑤食欲和产乳量下降。

图6-26　弓背，两后肢叉开

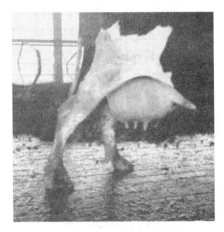

图6-27　右后蹄变形

（2）慢性

①呈典型"拖鞋蹄"，蹄背侧缘与地面形成很小的角度，蹄扁阔而变长。蹄背侧壁有峭和沟形成，弯曲，出现凹陷，蹄变形（图6-17）。蹄底切削出现角质出血，变黄，穿孔和溃疡。

②"奶牛水泥地病"常继发于慢性蹄叶炎，病牛长时间躺卧，起卧笨拙，造成肌肉、骨骼的多处损伤、脓肿及撕裂。

（3）亚临床型病例

①不表现跛行。

②削蹄时可见蹄底出血，角质变黄，而蹄背侧不出现峭和沟。

③亚临床性蹄叶炎是白线分离、蹄底脓肿、蹄裂、蹄壁过度生长等疾病的病因。

对规模化奶牛场的兽医来说，确定牛群作为群问题的亚临床性蹄叶炎要进行多方面的论证，对奶牛群的饲养、管理的调整起指导作用。

3. 防治

（1）预防

①配制营养均衡的日粮，合理分群饲养

▲配制符合奶牛营养需要的日粮，保证精、粗比，钙、磷比适当，注意日粮中阴阳离子的平衡。

▲为了保证牛瘤胃 pH 在 6.2～6.5，可以添加缓冲剂。

▲制作的 TMR 日粮的粒度、水分适当。

②提高奶牛福利

▲加强牛舍卫生管理，保持牛舍、牛床、牛体、牛蹄清洁干燥。

▲奶牛的上床率应保持在 85％以上。

▲奶牛喜欢躺卧，其每天的躺卧时间在 14 小时，应尽量满足。

③定期喷蹄浴蹄

▲夏季每周用 4％硫酸铜溶液或消毒液进行浴蹄，浴蹄时应扫去牛粪、泥土等污物。

▲浴蹄可在挤奶台的过道上和牛舍、运动场的过道上，建造长 5 米，宽 2～3 米，深 10 厘米的药浴池，池内放有 4％硫酸铜溶液（也可放置生石灰粉末），让奶牛上台挤奶和运动时走过，达到浸泡目的。

▲注意经常更换药液。

④适时正确地修蹄护蹄

▲专业修蹄员，每年至少应进行两次维护性修蹄。

▲修蹄时间可定在分娩前的 3～6 周和产后 120 天左右。

▲修蹄应注意蹄的角度和弧度，适当保留部分角质层，蹄底要平整，前端呈钝圆。

（2）治疗

①分清是原发性还是继发性。

▲原发性多因饲喂精饲料过多所致，故应改变日粮结构，增加优质粗饲料喂量。

▲继发性多因乳腺炎、子宫炎和酮病等引起，应加强对这些原发性疾病的治疗。

②彻底清洗蹄部，去除蹄部污物，然后对患蹄进行必要的修整，充分暴露病变部位，彻底清除坏死组织。

③用 10％碘酊涂布，用呋喃西林粉、消炎粉和硫酸铜适量压于伤口，再

用鱼石脂外敷，绷带包扎蹄部即可。

④如患蹄化脓，应彻底排脓，用3％的过氧化氢溶液冲洗干净。

⑤如有较大的瘘管则作引流术。

⑥3天换药一次，一般1～3次即可痊愈。

⑦为缓解疼痛，防止悬蹄发生，可用1％普鲁卡因20～30毫升行蹄趾神经封闭，也可用乙酰普吗嗪肌内注射。静脉注射5％碳酸氢钠液500～1 000毫升、5％～10％葡萄糖溶液500～1 000毫升。也可静脉注射10％水杨酸钠液100毫升、葡萄糖酸钙500毫升。

⑧严重蹄病应配合全身抗生素药物疗法，同时可以应用抗组胺制剂、可的松类药物。

（五）趾间赘生

1. 简介　奶牛蹄趾间皮肤增殖又称指间赘生，又叫趾间增殖性皮炎，是蹄趾皮肤慢性增殖性疾病。其病因如下：

（1）圈舍阴暗潮湿，运动场污秽、泥泞，粪便不能及时清除。

（2）微量元素锌、镁、钼缺乏或比例失调。

（3）多发生于2～4胎的奶牛，7胎后发病较少。

（4）后蹄比前蹄多发。

（5）蹄趾的过度开张，引起趾间过度伸展与紧张。

2. 诊断

（1）症状初期，趾间隙背部皮肤发红、肿胀，有一小的舌状突起，这时还不跛行。

（2）随着病程的发展，增生物不断增大（图6-28），可见组织增生完全填满趾间隙，甚至达到地面，压迫蹄部而使两趾分开，呈现持久性跛行。

（3）增生物由于受压迫坏死，或受外力损伤，表面破溃，经坏死杆菌、霉菌感染，破溃面上有渗出物流出，具有恶臭味，或成干痂覆盖于破溃面。

（4）有的形成疣样乳头状增生（图6-29），由于真皮暴露，当受到挤压及外力作用时，疼痛异常，跛行更加严重。

（5）本病与腐蹄病的区别。

①病变在局部，肿胀范围小。

②深部组织未见坏死和化脓所形成的窦道。

③常并发趾间纤维瘤。

3. 防治

（1）赘生物小的情况下，用PP（高锰酸钾）粉、硫酸铜对增殖物进行腐

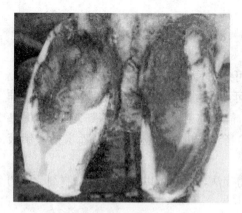
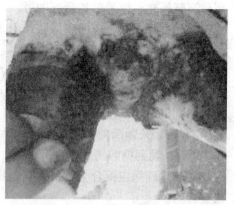

图 6-28　趾间增生物增大　　　　　图 6-29　趾间增生物疣样乳头状增生

蚀，烧烙。外涂松馏油，用绷带包扎。

（2）手术疗法。

①洗刷擦拭蹄部，去除所有污物，然后用 0.1％的新洁灭尔泡蹄。

②全身镇静，增殖物基部可注射普鲁卡因 20 毫升麻醉，10 分钟后产生药效。

③手术前在手术上方（球节）打止血带，用绷带分别拴在两趾尖上向两侧拽开，使增殖物充分暴露出来用钳夹住增生物，沿其基部做梭形切口，切开皮肤及结缔组织直到脂肪显露为止。

④术后用止血带止血，40 分钟后解除止血带，用土霉素粉或冰片撒布伤口。

⑤创缘用丝线做结节缝合，外涂松馏油，最后在两趾间钻孔用铁丝连接，防止趾间过度伸展。

⑥最后用绷带包扎，3～4 天换药绷带 1 次，在趾间打绷带时把药粉敷住就行，不要打得太多。2 周后拆除绷带。

第四节　常用兽药使用规范

一、兽药的类型和剂型

兽药按照其来源可分为天然药（如药用植物及其活性成分提取物）、合成药（如各种人工合成的化学药）和生物技术药（如通过细胞工程、基因工程生产的药物)。临床上可按照兽药的作用对兽药进行分类（表 6-6）。

表 6-6　按照兽药作用对兽药进行的分类

神经系统药物	外周神经系统药物	传出神经系统药物	拟胆碱药，如乙酰胆碱	抗胆碱药，如阿托品	拟肾上腺素药，如去甲肾上腺素	抗肾上腺素药，如苯妥拉明
		传入神经系统药物	刺激药，如松节油	保护药，如鞣酸	局部麻醉药，如普鲁卡因	
	中枢神经系统药物	全身麻醉药	吸入性麻醉药，如氟烷		非吸入性麻醉药，如戊巴比妥	
		镇静药，如氯丙嗪				
		抗惊厥药，如硫酸镁注射液				
		镇痛药	麻醉性镇痛药，如吗啡		其他镇痛药，如赛拉嗪	
		中枢兴奋药，如咖啡因				
血液循环系统药物	作用于心脏的药物	强心苷，如洋地黄毒苷				
		抗心律失常药，如奎尼丁				
	促凝血药，如维生素 K					
	抗凝血药，如枸橼酸钠					
	抗贫血药，如铁制剂					
作用于消化系统药物	健胃药，如龙胆、人工盐		助消化药，如胃蛋白酶			
	止吐药，如舒比利（止吐灵）		催吐药，如阿扑吗啡			
	抗酸药，如氧化镁		瘤胃兴奋药，如氨甲酰甲胆碱			
	制酵药，如鱼石脂		消沫药，如二甲硅油			
	泻药，如液体石蜡		止泻药，如鞣酸蛋白			
呼吸系统药物	祛痰药，如氯化铵		镇咳药，如可待因	平喘药，如异丙阿托品		
利尿药与脱水药	利尿药，如呋塞米		脱水药，如甘露醇			
生殖系统药物	生殖激素类药物	性激素类药物，如雌二醇				
		促性腺激素，如促卵泡素				
		促性腺激素释放激素类药物，如促性腺激素释放激素				
	子宫收缩药，如缩宫素					
皮质激素类药物，如氢化可的松						
自体活性物质	抗组胺药，如苯海拉明					
	前列腺素，如氯前列醇					

解热镇痛抗炎药	水杨酸类，如阿司匹林		苯胺类，如扑热息痛
	吡唑酮类，如氨基比林		吲哚类，如消炎灵（苄达明）
	丙酸类，如布洛芬		
水盐代谢调节药和营养药	水盐代谢调节药	水和电解质平衡药，如氯化钠	能量补充药，如葡萄糖
		酸碱平衡药，如碳酸氢钠	血容量扩充剂，如右旋糖酐
	钙，如氯化钙		磷，如磷酸二氢钠
	微量元素，如铜		维生素，如维生素 A
抗微生物药	抗生素	β内酰胺类抗生素，如青霉素	氨基糖苷类抗生素，如链霉素
		四环素类抗生素，如四环素	氯霉素类，如氟苯尼考
		大环内酯类，如红霉素	林可胺类，如林可霉素
		多肽类，如杆菌肽	其他类，如制霉菌素、黄霉素
	合成抗生素	磺胺类及增效剂，如磺胺嘧啶、甲氧苄啶	喹噁啉类，如喹乙醇
		喹诺酮类，如诺氟沙星（氟哌酸）	其他类
	抗真菌药，如灰黄霉素		抗病毒药
消毒防腐药	环境消毒药	酚类，如苯酚	醛类，如甲醛溶液
		碱类，如氢氧化钠	酸类，如盐酸
		卤素类，如含氯石灰（漂白粉）	过氧化物类，如过氧乙酸
	皮肤黏膜消毒防腐药	醇类，如乙醇	表面活性剂，如新洁尔灭
		碘与碘化物，如聚维酮碘	有机酸类，如醋酸
		过氧化物类，如过氧化氢溶液	染料类，如甲紫
抗寄生虫药	抗蠕虫药	驱线虫药，如左旋咪唑	驱绦虫药，如吡喹酮
		驱吸虫药，如硝氯酚	抗血吸虫药，如硝硫氰醚
	抗原虫药	抗球虫药，如盐霉素	抗锥虫药，如苏拉明
		抗梨形虫药，如双脒苯脲	抗滴虫药
	杀虫药	有机磷类杀虫药，如敌百虫	拟菊酯类杀虫剂，如胺菊酯
		大环内酯类杀虫药，如莫西菌素	其他杀虫剂
特效解毒药	金属络合剂，如依地酸钙钠		胆碱酯酶复活剂，如碘解磷定
	高铁血红蛋白还原剂，如亚甲蓝		氰化物解毒剂，如亚硝酸钠
	其他解毒剂，如乙酰胺（解氟灵）		

兽药制剂的具体存在形式就是兽药的剂型，如片剂、酊剂、粉剂、注射剂、丸剂、膏剂等。

二、兽药的选择和使用

中华人民共和国农业行业标准《无公害食品　畜禽饲养兽药使用准则》（NY 5030—2006）对无公害牛奶标准化生产中使用的兽药种类和使用准则作出了规定。饲养者应供给奶牛充足的营养，所用饲料、饲料添加剂和饮水应符合《无公害食品　畜禽饲料和饲料添加剂使用准则》（NY 5032—2006）和《无公害食品　畜禽饮用水水质》（NY 5027—2008）的规定。严格按照《中华人民共和国动物防疫法》和《无公害食品　奶牛饲养兽医防疫准则》（NY 5047—2001）的规定进行疫病预防，建立严格的生物安全体系，防止奶牛发病和死亡，最大限度地减少药品的使用。确需使用治疗用药的，经实验室诊断确诊后再对症下药。用于预防、治疗和诊断疾病的兽药应符合《中华人民共和国兽药典》、《中华人民共和国兽药规范》、《中华人民共和国兽用生物制品质量标准》、《兽药质量标准》、《进口兽药质量标准》和《饲料药物添加剂使用规范》的相关规定。所用兽药应来自具有《兽药生产许可证》和产品批准文号的生产企业或者具有《进口兽药许可证》的供应商。所用兽药的标签应符合《兽药管理条例》的规定。

（一）慎用的兽药
作用于神经系统、循环系统、呼吸系统、泌尿系统的兽药及其他兽药。

（二）禁止使用的兽药
1. 禁止使用致畸、致癌和致突变的兽药。

2. 禁止在饲料及其产品中添加《饲料药物添加剂使用规范》以外的兽药品种，特别是影响奶牛生殖的激素类药、具有雌激素样作用的物质、催眠镇静药和肾上腺素能药物等兽药。

3. 禁止使用未经国家畜牧兽医行政管理部门批准作为兽药使用的药物。

4. 禁止使用未经国家畜牧兽医行政管理部门批准的用基因工程方法生产的兽药。

（三）奶牛饲养允许使用的兽药及使用规定
奶牛饲养允许使用的抗菌药、抗寄生虫药和生殖激素类药及使用规定见表6-7。

表 6-7　奶牛饲养允许使用的抗菌药、抗寄生虫药和生殖激素类药及使用规定

类别	药 名	制 剂	用法与用量（用量以有效成分计）	休药期
抗生素	氨苄西林钠	注射用粉针	肌内、静脉注射，一次量每千克体重10～20毫克，2～3次/日，连用2～3日	6天，奶废弃期2天
		注射液	皮下或肌内注射，一次量每千克体重5～7毫克	
	氨苄西林钠＋氯唑西林钠（干乳期）	乳膏剂	乳管注入，干乳期奶牛，每乳室氨苄西林钠0.25克＋氯唑西林钠0.5克，隔3周再输注1次	28天，奶废弃期30天
	氨苄西林钠＋氯唑西林钠（泌乳期）	乳膏剂	乳管注入，泌乳期奶牛，每乳室氨苄西林钠0.075克＋氯唑西林钠0.2克，2次/日，连用数日	7天，奶废弃期2.5天
	苄星青霉素	注射用粉针	肌内注射，一次量每千克体重2万～3万单位，必要时3～4日重复1次	30天，奶废弃期3天
	苄星邻氯青霉素	注射液	乳管注入，每乳室50万单位	28天及产犊后4天的奶，泌乳期禁用
	青霉素钾（钠）	注射用粉针	肌内注射，一次量每千克体重1万～2万单位，2～3次/日，连用2～3日	奶废弃期3天
	硫酸小檗碱	注射液	肌内注射，一次量0.15～0.4克	0天
	头孢氨苄	乳剂	乳管注入，每乳室200毫克，2次/日，连用2日	奶废弃期2天
	氯唑西咧钠	注射用粉针	乳管注入，泌乳期奶牛，每乳室200毫克	泌10天，奶废弃期2天
			乳管注入，干乳期奶牛，每乳室200～500毫克	30天
	恩诺沙星	注射液	肌内注射，一次量每千克体重2.5毫克，1～2次/日，连用2～3日	28天，泌乳期禁用
	乳糖酸红霉素	注射用粉针	静脉注射，一次量每千克体重3～5毫克，2次/日，连用2～3日	21天，泌乳期禁用
	土霉素	注射液（长效）	肌内注射，一次量每千克体重10～20毫克	28天，泌乳期禁用
	盐酸土霉素	注射用粉针	静脉注射，一次量每千克体重5～10毫克，2次/日，连用2～3日	19天，泌乳期禁用
	普鲁卡因青霉素	注射用粉针	肌内注射，一次量每千克体重1万～2万单位，1次/日，连用2～3日	10天，奶废弃期3天

类别	药 名	制 剂	用法与用量（用量以有效成分计）	休药期
抗生素	硫酸链霉素	注射用粉针	肌内注射，一次量每千克体重 10～15 毫克，2 次/日，连用 2～3 日	14 天，奶废弃期 2 天
	磺胺嘧啶	片剂	内服，一次量，首次量每千克体重0.14～0.2 克，维持每千克体重 0.07～0.1 克，2 次/日，连用 3～5 日	8 天，泌乳期禁用
	磺胺嘧啶钠	注射液	静脉注射，一次量每千克体重 0.05～0.1 克，1～2 次/日，连用 2～3 日	10 天，奶废弃期 2.5 天
	复方磺胺嘧啶钠	注射液	肌内注射，一次量每千克体重 20～30 毫克（以磺胺嘧啶计），1～2 次/日，连用 2～3 日	10 天，奶废弃期 2.5 天
	磺胺二甲嘧啶	片剂	内服，一次量，首次量每千克体重0.14～0.2 克，维持量每千克体重 0.07～0.1 克，1～2 次/日，连用 3～5 日	10 天，泌乳期禁用
	磺胺二甲嘧啶钠	注射液	静脉注射，一次量每千克体重 0.05～0.10 克，1～2 次/日，连用 2～3 日	10 天，泌乳期禁用
抗寄生虫药	阿苯达唑	片剂	内服，一次量每千克体重 10～15 毫克	27 天，泌乳期禁用
	双甲脒	溶液	药浴、喷洒、涂擦，配成 0.025%～0.05%的溶液	1 天，奶废弃期 2 天
	青蒿琥酯	片剂	内服，一次量每千克体重 5 毫克，首次量加倍，2 次/日，连用 2～4 日	
	溴酚磷	片剂、粉剂	内服，一次量每千克体重 12 毫克	21 天，奶废弃期 5 天
	氯氰碘柳胺钠	片剂、混悬液	内服，一次量每千克体重 5 毫克	28 天，奶废弃期 28 天
		注射液	皮下或肌内注射，一次量每千克体重 2.5～5 毫克	
	芬苯达唑	片剂、粉剂	内服，一次量每千克体重 5～7.5 毫克	28 天，奶废弃期 4 天
	氰戊菊酯	溶液	喷雾，配成 0.05%～0.1%的溶液	1 天，奶废弃期无
	伊维菌素	注射液	皮下注射，一次量每千克体重 0.2 毫克	35 天，泌乳期禁用
	盐酸左旋咪唑	片剂	内服，一次量每千克体重 7.5 毫克	2 天，泌乳期禁用
		注射液	皮下、肌内注射，一次量每千克体重 7.5 毫克	14 天，泌乳期禁用

类别	药 名	制 剂	用法与用量（用量以有效成分计）	休药期
抗寄生虫药	奥芬达唑	片剂	内服，一次量每千克体重 5 毫克	11 天，泌乳期禁用
	碘醚柳胺	混悬液	内服，一次量每千克体重 7～12 毫克	60 天，泌乳期禁用
	三氯苯唑	混悬液	内服，一次量每千克体重 6～12 毫克	28 天，泌乳期禁用
生殖激素类药	甲基前列腺素 $F_{2\alpha}$	注射液	肌内注射或宫颈内注入，一次量每千克体重 2～4 毫克	
	绒促性素	注射用粉针	肌内注射，一次量 1 000～5 000 国际单位，2～3 次/周	泌乳期禁用
	苯甲酸雌二醇	注射液	肌内注射，一次量 5～20 毫克	泌乳期禁用
	醋酸促性腺激素释放激素	注射液	肌内注射，一次量 100～200 微克	泌乳期禁用
	促黄体素释放激素 A_2	注射用粉针	肌内注射，一次量，排卵迟滞 12.5～25 微克；卵巢静止 25 微克，1 次/日，可连用至 3 次；持久黄体或卵巢囊肿 25 微克，1 次/日，可连用至 4 次	泌乳期禁用
	促黄体素释放激素 A_3	注射用粉针	肌内注射，一次量 25 微克	泌乳期禁用
	垂体促卵泡素	注射用粉针	肌内注射，一次量 100～150 国际单位，隔 2 日 1 次，连用 2～3 次	泌乳期禁用
	垂体促黄体素	注射用粉针	肌内注射，一次量 100～200 国际单位	泌乳期禁用
	黄体酮	注射液	肌内注射，一次量 50～100 毫克	21 天，泌乳期禁用
	复方黄体酮	缓释圈	阴道插入，一次量黄体酮 1.55 克＋苯甲酸雌二醇 10 毫克	泌乳期禁用
	缩宫素	注射液	皮下、肌内注射，一次量 30～100 国际单位	泌乳期禁用
	氨基丁三醇前列腺素 $F_{2\alpha}$	注射液	肌内注射，一次量 25 毫克	泌乳期禁用
	血促性素	注射用粉针	皮下、肌内注射，一次量，催情 1 000～2 000 国际单位；超排 2 000～4 000 国际单位	泌乳期禁用

三、兽药的安全使用

一般奶牛有病，尽量不要使用抗生素，产生的抗生素奶对牛场来说是很大的损失。对成年奶牛使用抗生素，通过注射的途径。因为牛是多胃动物，口服时，抗生素会把奶牛瘤胃的部分有益微生物杀死，造成微生物群落失衡。一般小犊牛在瘤胃微生物群落还未建立起来之前，可以喂一点抗生素，但时间不宜过长。奶牛性情胆小，给奶牛打针的次数要尽量少，所以接种疫苗，尽量采用联苗。在奶牛用药过程中要注意以下几点：

1. 允许在临床兽医的指导下使用符合《中华人民共和国兽药典》、《中华人民共和国兽药规范》、《兽药质量标准》、《兽用生物制品质量标准》、《进口兽药质量标准》规定的钙、磷、硒、钾等补充药、酸碱平衡药、体液补充药、电解质补充药、营养药、血容量补充药、抗贫血药、维生素类药、吸附药、泻药、润滑剂、酸化剂、局部止血药、收敛药和助消化药。

2. 对饲养环境、厩舍、器具进行消毒时，不能使用酚类消毒剂，如苯酚（石炭酸）、甲酚等。

3. 禁止在奶牛饲料中添加和使用肉骨粉、骨粉、血粉、血浆粉、动物下脚料、动物脂粉、干血浆及其他血液制品、脱水蛋白、蹄粉、角粉、鸡杂碎粉、羽毛粉、油渣、鱼粉、骨胶等动物源性饲料。

4. 泌乳期奶牛禁止使用恩诺沙星注射液、注射用乳糖酸红霉素、土霉素注射液、注射用盐酸土霉素、磺胺嘧啶片、磺胺二甲嘧啶钠注射液等抗生素。

5. 泌乳期奶牛禁止使用阿苯达唑片、伊维菌素注射液、盐酸左旋咪唑片、盐酸左旋咪唑注射液等抗寄生虫药。

6. 泌乳期奶牛禁止使用注射用绒促性素、苯甲酸雌二醇注射液、醋酸促性腺激素释放激素注射液、注射用垂体促卵泡素、注射用垂体促黄体素、黄体酮注射液、缩宫素注射液等生殖激素类药物。

7. 严禁使用已被淘汰的兽药品种。

8. 严禁使用已过期的兽药。

9. 严格掌握各类药物的配伍禁忌。

10. 没有注明可用于口服的疫（菌）苗，各种血清、黄体酮、促肾上腺皮质素等，只可用于注射，不可内服。

第七章

粪 污 处 理

奶牛场粪污处理一直是制约奶牛场高产、高效、健康、可持续发展的重要因素，也是美丽牛场建设的一大瓶颈。随着奶牛疫病控制、环境污染排放、食品质量安全等问题的凸显，奶牛场粪污处理越来越被社会所重视，已经成为社会焦点问题之一。但是，如何做好奶牛场的粪污处理，达到节能减排目标，现在依然仁者见仁、智者见智。本章立足天津规模化奶牛场建设的实际，选取较好的典型加以介绍，试图为大家破解这一难题提供参考。

第一节　粪污处理原则及产量测算

一、粪污来源及处理原则

（一）粪污来源

牛粪主要来自牛舍和运动场。牛场废水主要来自产房污水、挤奶厅污水和生活污水。

（二）处理原则

1. 牛场粪便堆放和废水排放是影响地下水环境的两条主要污染途径，因此应按照《畜禽养殖业污染防治技术规范》（HJ/T 81—2001）要求，对牛舍和贮粪场采取防雨、防下渗的措施。

2. 牛场固体粪便一般按照有机肥有关标准制作有机肥，做到牛粪不处理不离场。

3. 牛场液体粪污一般采用全混合厌氧消化反应器（continuous stirred tank reactor，CSTR）处理，其工艺特点是对粪污中悬浮物（suspended solids，SS）浓度大小没有严格要求，使用范围广。为提高沼气发酵速率，沼气发酵罐内一般采用搅拌和加温技术。

（三）对环境影响减缓措施

1. 设置废水事故应急池

（1）事故应急措施　若废水厌氧处理设施发生故障，应将废水切换至事故应急池，待废水处理设施抢修完毕后，再将应急池内废水逐步纳入污水处理系统。

（2）事故应急池设计要求

①最少应能贮存两天废水量。

②上方应加盖以防雨淋，池四周和底部应做好防渗。

③高度应高于周围地平 0.3～0.5 米，并在四周设截水沟，防止径流雨水渗入。

2. 加强恶臭污染源管理

（1）恶臭污染物来源　厌氧发酵过程中会产生恶臭气体，其排放为无组织排放。恶臭气体主要产生源包括调节池、厌氧发酵罐、固液分离器、沼液池、沼渣和有机肥生产车间。

（2）恶臭污染物组分　主要恶臭物质有硫化氢、氨气、乙烯醇、二甲基硫醚、硫化氢、甲胺、三甲胺等物质，各组分排放量很低，但成分复杂。

（3）恶臭污染物管理要求

①牛粪应及时运至沉淀池，防止随意撒落，运输过程采用密封罐，防止粪便撒漏，臭气挥发。

②重点加强对预处理系统的加盖密闭工作，对于沼液贮存池要采取遮盖措施。

③加强养殖场绿化。场界四周种植杨、槐等高大树种形成多层防护林带，场区道路两边种植乔灌木、松柏等，以降低恶臭污染物对环境的影响程度。

二、粪污产量测算

奶牛场粪污产生量、污染物含量等粪污特性数据的测算及牛场粪污收集设施背景资料是粪污处理工艺设计的基础，粪污处理总体设计要求见第一章第二节的第四部分粪污处理系统设计。

（一）牛群结构

在奶牛粪污产量测算中，青年牛的粪污产量和污染物产量参照育成母牛，牛犊的产量和污染物产量参照育成母牛的1/2。

（二）粪污产量测算

奶牛场粪污产量测算见表 7-1，主要污染物产生量测算见表 7-2（程鹏，2008）。

表 7-1　奶牛场粪污产量

类　别	体重区间（千克）	体重均值（千克）	粪便产生量 千克（天·头）	尿液产生量 千克（天·头）
育成母牛	300～450	330	14	8
成年奶牛	550～770	665	33	13

表 7-2　奶牛主要污染物产生量

类别	粪量	尿量	有机质	化学需氧量	氨氮	总氮	总磷	铜	尿液
	千克/（头·天）			克/（头·天）				纳克/（头·天）	pH
育成母牛	13.8	8.2	1.8	219.4	4.4	120.4	11.7	130.9	8.2
成年奶牛	32.8	13.2	4.1	362.5	9.6	257.8	35.3	244.1	8.3

三、清粪工艺及收集设施设备

奶牛场清粪工艺有多种形式，所用设施设备也有所不同，各有利弊，有的只适合于牛舍，有的适合于运动场，奶牛场应根据不同需求进行选择，综合加以利用。

主要清粪工艺及设备见表 7-3 和图 7-1 至图 7-4。

表 7-3　清粪工艺及设备

序号	清粪工艺	特　点	设施设备
1	水冲	能降低牛舍温度，粪污含固率3%～6%，水深为1米，流速为0.15米/秒，牛舍坡度为3%	泵、管路
2	漏粪	地下池深4米，能保证牛蹄干燥和牛舍清洁、节水、投资较大，厌氧发酵易产生硫化氢、甲烷等有害气体、需通风	漏缝地板
3	刮板	当牛舍长度小于120米时，粪坑一般设在牛舍的一端，当牛舍长度超过120米时，需在牛舍两端设两个粪坑或在牛舍中间设粪坑	水泥地板、机械刮粪板
4	机器人	适于漏缝地板	带GPS的智能机械刮粪机

序号	清粪工艺	特　点	设施设备
5	人工	简单、灵活、劳动强度大、环境差、效率低	铁钎、铲板、笤帚、推车
6	铲车	成本较高	铲车

图 7-1　漏缝地板

图 7-2　简易刮粪机

图 7-3　铲　车

图 7-4　人工清粪

第二节　粪污处理工艺和模式

牛场粪污比较常见和可行的处理模式为生物生态处理工艺模式，以此形成较完整的生态循环处理模式。

一、固体粪污处理

(一)堆制有机肥

1. 设计原则 尽可能地利用物料中的养分和能源，积极采用新工艺和新设备，减少或消除污染物排放及对环境的二次污染。

2. 技术特点 堆制有机肥主要分为厌氧发酵和好氧发酵，其技术特点和优缺点见表 7-4。

表 7-4 发酵工艺

工艺	特 点	优 点	缺 点
厌氧发酵	利用自然微生物或接种微生物，在缺氧条件下，将有机物转化为二氧化碳与甲烷	生产沼气（甲烷）可作能源利用	须建沼气池，投资较大，沼渣和沼液难于处理，使用受到限制
好氧发酵/好氧堆肥	在人工控制下，在一定水分、碳氮比和通风条件下通过微生物的发酵作用，将有机物转变为肥料的过程	池体约为厌氧池的 1/10，处理过程与最终产物可减少恶臭气体，易干燥，包装、撒施	需要通气与增氧设备

3. 厌氧堆肥技术要求 厌氧堆肥技术要求见表 7-5。

表 7-5 厌氧堆肥技术要求

工艺参数	范围	备 注	工艺参数	范围	备注
接种量	40%	接种物可取自缺氧或少氧环境中污泥[a]	碳氮比	20～30：1	
温度	55～65℃	高温堆肥[b]	pH	6～8	
搅拌	每2天1次	第5天开始			

注：a 可取阴沟污泥、积水粪坑、河流或湖泊底泥，最好取自同种污泥，以保持生态环境的一致性；b 嗜温菌最适温度 30～40℃，嗜热菌则为 50～65℃。

4. 好氧堆肥技术要求和工艺 好氧堆肥技术要求见表 7-6（尤克强等，2007；邵淼，2010），工艺见表 7-7、图 7-5 和图 7-6。

表 7-6 好氧堆肥技术要求

工艺参数	范围	工艺参数	范围
水分	45%～55%	氧气含量	＞18%[b]

（续）

工艺参数	范围	工艺参数	范围
温度	55～65℃ª	pH	6～8
碳氮比	25～35：1		

注：a 同厌氧堆肥；b 最低不小于 8%，强制通风量 0.01 米³/（分钟·米³）即可。

表 7-7 好氧堆肥工艺

好氧工艺	特　点	所需设备	优缺点
条垛式	上底、下底、高分别约为 1.2 米、2 米、1.2 米的梯形长条条垛式、条堆状垛断面可为梯形、不规则四边形或三角形 初发酵 1～2 周 定期翻堆通风，翻堆约为 2 次/周，堆肥周期 1～3 个月	搅拌机械或人工翻堆	生产效率较高 成本低 占地面积较大 发酵时间长
槽式	将可控通风与定期翻堆相结合 堆肥过程发生在长而窄的槽型通道内 发酵周期一般 2～4 周	与通道匹配的堆肥机 使原料通风和粉碎的搅拌螺旋 建造在建筑物或温室中的堆肥槽	占地面积小 运行成本低 发酵周期短 产品质量高
发酵仓	物料在部分或全部封闭的发酵装置内发酵 控制通气和水分条件 发酵周期约 10 天	发酵仓或发酵塔 通气装置 搅拌装置	堆肥周期短 发酵效率高 易机械化生产
动态好氧	分连续和间歇式工艺 一次发酵期约 1 周	前者反应器为滚筒式，后者主要为生物发酵塔	占地少 发酵周期短 规模不宜过大

图 7-5 槽式发酵

图 7-6 条垛式发酵

5. 设施设备 生产设施主要有发酵大棚和机械设备。

（1）发酵大棚设计

①发酵大棚为轻钢排架结构，根据堆肥量多少，可建多栋大棚。

②长度 50～60 米。

③宽度 8～10 米。

④高度 4～5 米。

示意图和实物图见图 7-7 和图 7-8。

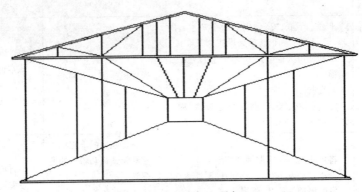

图 7-7 堆肥大棚（骨架）

图 7-8 堆肥大棚（实物）

（2）机械设备 机械设备可参考表 7-8，应根据实际生产量进行具体选型。

表 7-8　机械设备明细表

序号	工程和费用名称	单位	数量	序号	工程和费用名称	单位	数量
1	粉碎机	台	1	5	板式输送机	台	1
2	斗式装载机	台	1	6	滚筒筛分机	台	1
3	造粒机	台	1	7	斗式计量包装秤	台	1
4	推翻机	台	1	8	场区消防、避雷	套	1

（二）制作基质

固体牛粪可制作牛床垫料、食用菌基质和蚯蚓养殖基质等，均为奶牛场生态循环经济的组成部分，在国内外普遍得到采用。

1. 牛床垫料　牛粪制作牛床垫料基质，舒适、方便、节能、环保，可实现奶牛场内部资源循环利用。

（1）制作工艺　牛舍内的新鲜牛粪经过水冲循环系统收集到集粪池进行混合搅拌，然后粪污泵入一次筛分器进行固液分离，筛分器类似筛网，将固体留在网面上，通过传送带进入牛床垫料制作区进行牛床垫料的晒制。一次筛分后的混合液体进入二次筛分中转池，经搅拌后进入二次筛分器，固体作为有机肥原料，液体进入沉砂池和污水转移池为生产区提供回冲用水，工艺流程见图 7-9。

如果奶牛场周围有足够农田消纳所有污水，则可省去二次筛分。含水率80%新鲜粪尿或混合物经过固液分离后可降为60%。分离后的固体用铲车送往发酵槽，发酵槽容积应根据牛场规模而定，依次堆放，堆放高度为 1.2～1.3 米，约 3 天翻堆 1 次，采用行车式翻堆机供氧。一条堆满后，经过约 4 周的好氧高温发酵，腐熟后的牛粪含水率低于 30%，经晾晒干制后可用于牛床垫料。

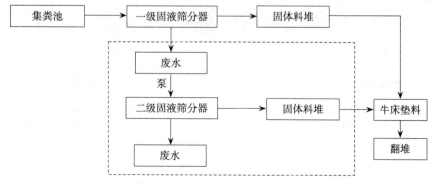

图 7-9　牛床垫料制作工艺

牛粪做牛床垫料的用量一般为每天每头 9 千克，每周添加一次。牛床以土面为床底，夯实之后垫上 10～20 厘米厚的牛粪垫料。

（2）设备　牛床垫料的设备主要为固液筛分器，须注意其安装角度，一般安装角度约 72°，否则直接影响筛分后固液物料比例，见图 7-10 至图 7-12。进口设备和国产设备价格差异很大，应根据牛场经济实力和生产能力等因素进行选择。

图 7-10　筛分机（前为进口设备、后为国产设备）

图 7-11　垫料发酵场　　　　　　　　图 7-12　已垫垫料的牛床

2. 食用菌培育基质　牛粪是双孢菇等食用菌生长繁殖的良好基料，奶牛养殖与双孢菇栽培相结合是种养结合的良好典范，该模式值得大力推广。

（1）基料配方　按 100 米² 计，需稻草 1 400 千克、干牛粪 1 200 千克、豆饼粉 100 千克、尿素 17 千克、碳酸氢铵 10 千克、过磷酸钙 25 千克、石膏粉 30 千克、石灰粉 26 千克。

（2）基料堆制发酵　流程见图 7-13，发酵流程和参数见表 7-9。

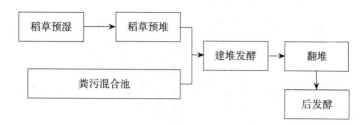

图 7-13 基料堆制发酵流程

表 7-9 基料堆制流程和参数

项　目	堆制流程和参数
稻草预湿	①稻草切成 15～30 厘米长，浸入水中约 10 分钟捞出 ②堆放 1～2 天，每天表面喷水 2 次
稻草预堆	①将预湿稻草铺一层在地上，约 1.8 米宽，30 厘米厚，长度不限 ②稻草表面撒一些石灰粉，用水喷淋 1 次，使石灰粉渗入稻草内 ③撒上少量碳酸氢铵，再铺上一层 30 厘米厚的稻草 ④如此类推铺成高约 1.5 米的草堆，堆期 3 天
牛粪、饼肥预湿	①建堆发酵前 1 天将牛粪粉碎过筛后与豆饼粉混合 ②用 1％石灰水调湿，含水量为手握料指缝间有水滴 2～3 滴即可 ③薄膜盖好发酵备用
建堆发酵	①将过磷酸钙、尿素、石膏粉等混合均匀，与预湿好的牛粪、饼肥充分混合，配成混合料 ②在堆料场上铺 1 层约 1.8 米宽、30 厘米厚的稻草，然后在料面上撒 1 层牛粪、饼肥及化肥的混合料，以此类推，反复往上垛 ③从第 2 层开始可适当喷水，一般下层少喷，往上逐渐多喷，但不能底水四溢，以防养分流失 ④最后在料面上用粪肥等混合物把稻草盖严。前 1～2 天可以薄膜覆盖，以后改用草苫 ⑤每天在草苫表面喷淋清水 1～2 次，以堆底边缘无水流出即可
翻堆	①可按 5 天、4 天、3 天、3 天间隔天数进行 4 次翻堆 ②第 4 次翻堆时加石灰调节 pH 至 7.5～7.8，水分调节以挤出 1～2 滴水为宜
后发酵	①室外堆制发酵结束后，趁热把料搬入菇棚内床架，均匀堆放，堆放时将培养料拌匀，抖松，厚度 50～60 厘米，堆成拱顶面 ②用黑色膜将盛料床架围在一起，关闭通风口，使堆温自然发酵上升到 60℃时 4 次维持 8 小时，进行巴氏消毒 ③若次日达不到 60℃应生炉加温，灭菌后开始通风，使温度降到 48～52℃，再发酵 4 天到培养料无氨味时进行整床、播种

（3）铺料播种

①培养料发酵完成后，即可进行铺料，厚度一般18~20厘米为宜。培养料的含水量约为65%，pH为7.0~7.6。

②菌种接种量为1.5~2瓶（袋）/米²。

③把2/3的菌种撒在料面上，翻入料1/2深处，再将料面整齐、整匀，余下的1/3撒在料面上，用板轻轻压平，松紧适度。

④保持菇棚湿度，并控制温度在28℃，进行菌丝培养。

（4）覆土与催菇管理

①当菌丝长入料内2/3时开始覆土。取地表20厘米的土放在阳光下晒几天，打碎、过筛后加入少许新鲜秕糠（用量按3千克/米²，秕糠用3%~5%的石灰水浸泡2天后沥干备用）拌匀，用石灰调pH为8.0，覆土厚度一般为2.5~3厘米。

②覆土后的5~7天适当通风换气即可，促使料中菌丝尽快爬入土层，5天后通风量逐渐增大。

③经过15天左右，当菌丝串土到覆土层2/3且土层有大量菌丝出现时，及时加大通风量，将棚温调到16~18℃，料温降到15~19℃。

④大通风1~2天后，喷一些结菇水，喷到土粒捏得扁、搓得圆、不粘手为宜。

⑤再大通风1~2天，转入小通风，以促进原基和菇蕾形成，经3~5天便可在表土下0.5~1.0厘米的位置上形成米粒、绿豆大小的子实体幼蕾。

（5）出菇管理

①棚温控制在14~18℃，湿度85%~90%，喷水要勤喷、少喷。

②菇盖直径长至3~4厘米时应及时采收。

③采收一、二潮菇时，应用先捺后旋再提起的采摘方法，不要带动菇周围小菇和菌丝，三潮后，特别是5~6潮菇，应采用拔起的方法，以利于拔掉老化菌索。

④采完一潮菇后，应及时整理床面，剔除菇脚和老菇根，并用粒土性细土将空穴填平，并及时喷打转潮水，为生产下一潮菇提供水分需要，见图7-14。

3. 蚯蚓养殖基质　蚯蚓干燥后可制作鱼类或禽类的高蛋白饲料，牛粪是蚯蚓养殖的良好基质，蚯蚓养殖是在传统堆肥基础上依靠奶牛粪便中的营养进行蚯蚓养殖增效，还利用蚯蚓对粪便进行去污除臭，从而达到节能减排的目标，是两种养殖相结合的资源高效循环利用处理模式，图7-15为牛粪养殖蚯蚓。

图 7-14　双孢菇培育

图 7-15　蚯蚓养殖（大平一号）

（1）牛粪预堆制　牛粪预堆制一般采用传统的堆肥方法，通过调节碳氮比、孔隙度、温度、湿度等因素加速牛粪的发酵速度，提高其适口性，为蚯蚓处理提供必要条件。

（2）蚯蚓处理

①选择品种　选择适合人工养殖，有较强的地表生活适应性，对牛粪具有较强的消化降解能力，并具备高密度旺盛生长和繁殖、食性广等特点的蚯蚓。现今市面上用于养殖的蚯蚓品种主要是爱胜蚓属的赤子爱胜蚓和红色爱胜蚓两大类（罗联，2011）。

②蚯蚓养殖　将一定数量的蚯蚓接种到已预堆制的牛粪中，在适宜的温度、湿度、通气度等条件下经过蚯蚓的摄食和排泄过程，牛粪转化为蚓粪。

③养殖参数 见表7-10。

表 7-10　蚯蚓养殖参数

序号	项目	参数	序号	项目	参数
1	环境温度	20～27℃* （陈德牛等，1997）	5	堆制高度	50～60 厘米
	物料湿度	70%～90%	6	堆制宽度	80～100 厘米
3	物料碳氮比	20～30 （郑金伟，2006）	7	堆制长度	50～60 米
4	接种密度	100 克风干物料 8 条蚯蚓（仓龙等，2002）	8	遮阳保湿	表层铺 3～5 厘米厚的秸秆

　　* 40℃以上或 0℃以下蚯蚓死亡，0～5℃蚯蚓进入休眠状态，高于 32℃生长停止（蒋爱国，2007）。

二、牛场废水处理

（一）处理工艺

牛场废水（牛场液体粪污）处理工艺一般采用厌氧生物结合生态方法进行处理，其工艺流程示意图见图 7-16 和设施示意图见图 7-17。

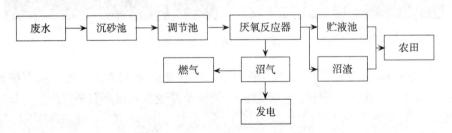

图 7-16　牛场废水处理工艺流程

（二）单元设施

1. 沉砂池

（1）设计原则　牛场废水沉砂池主要采用平流式沉砂池，其上部实际为加宽的明渠，平面为长方形，横截面为矩形，一般一渠两池，池体前后各设有闸门以控制水流进出；池底设 1～2 个砂斗，砂斗下接排砂管。

（2）设计参数　见表7-11，示意图见图7-18。

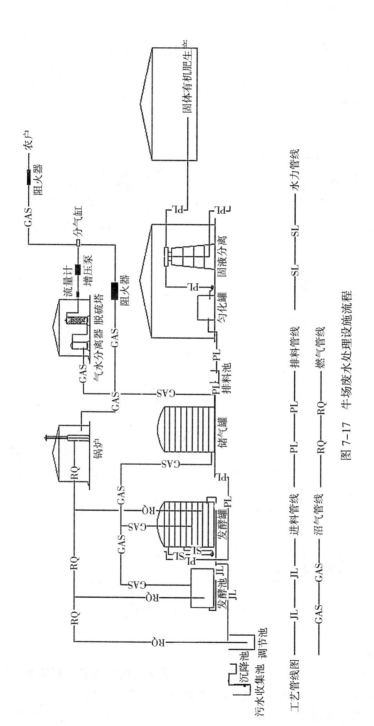

图 7-17　牛场废水处理设施流程

工艺管线图　——JL——JL——进料管线　——PL——PL——排料管线　——SL——SL——水力管线

——GAS——GAS——沼气管线　——RQ——RQ——燃气管线

• 275 •

表 7-11　沉砂池设计参数

序号	沉砂池参数	单位	范围	序号	沉砂池参数	单位	范围
1	流速	米/秒	0.15~0.3	5	池底坡度	/	0.01~0.02
2	最大流量停留时间	秒	30~60	6	砂斗容积	米³	<2 天沉砂量
3	有效水深	米	<1.2, 一般 0.25~1	7	斗壁与水平面倾角	/	>55°
4	每格池宽	米	>0.6	8	超高	米	>0.3

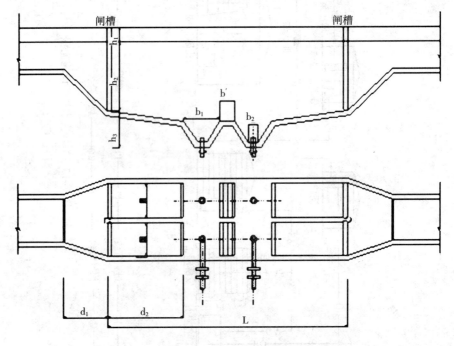

图 7-18　平流式沉砂池

2. 调节池

（1）设计原则　调节池主要对废水水质水量进行调节。调节池一般为水处理总量的 10%~15%即可，池底一般为平底。

（2）设计要点　表 7-12。

表 7-12　调节池设计要点

要　　点	建设内容
水位	最高水位不高于进水管的设计高度，最低为死水位
形状	方形或圆形，矩形水池宜设多个进口和出口
附属设置	应设溢流装置、排除漂浮物装置，出口应设测流装置

3. 厌氧反应器（沼气池）

（1）设计原则

①厌氧反应器一般为方形、矩形和圆形，其中圆形厌氧池结构更稳定。但圆形升流式厌氧反应器（up-flow anaerobic sludge bed，UASB）的三相分离器结构要比方形和矩形的厌氧池要复杂得多。

②矩形厌氧池长宽比一般为 2：1。

③完全混合式厌氧消化器（CSTR）一般采用立式圆柱形，有效高度 6～12 米，顶盖宜采用削球形球壳或圆锥壳，底部宜采用倒圆锥壳或削球形球壳或圆平板，宜设置底部进料、上部出料，见图 7-19。

④一般厌氧池装液量为 70％～90％。

图 7-19　完全混合式厌氧反应器

（2）设计要点

①设计要点　参照《沼气工程技术规范》（NY/T 1220—2006）第Ⅰ部分（工艺设计）设计。

②厌氧池有效容积测算　一般根据容积负荷计算：

$$V=Q_v \cdot q/N$$

式中 V——厌氧系统有效容积，米^3；

Q_v——废水设计流量，米^3/天；

q——废水有机物浓度（以化学需氧量 chemical oxygen demand，COD），克/升；

N——容积负荷率（以 COD 负荷计），千克/（米^3·天），其中 CSTR 常温发酵（15～25℃）取 1.3～2.0 千克/（米^3·天），水力停留时间为 20～60 天；中温发酵（33～35℃）取 3.0～4.0 千克/（米^3·天），水力停留时间为 15 天。

4. 沼气罐

（1）设计原则

①一般可根据要求加工成多种形状和各种规格容积容量，适用于各种场合沼气罐的罐体。

②一般有钢制低压湿式贮气罐和双层膜柔性贮气罐，其中柔性贮气罐采用特殊的 UV 光固化改性 PVDF 膜材制成，罐体由外膜、内膜、底膜及附属设备组成，见图 7-20 和图 7-21。

③可将厌氧反应器与柔性贮气罐进行一体化设计。

（2）设计要点　沼气罐及供气设备设计要点和要求可参照《沼气工程技术规范》（NY/T1220—2006）第Ⅱ部分（供气设计）设计。

图 7-20　钢制低压湿式贮气罐

图 7-21　一体化厌氧反应器与柔性贮气罐

5. 贮液池

（1）设计原则　须根据沼液数量、贮存时间、利用方式、利用周期、降水量与蒸发量确定贮液池容积，应不小于最大利用间隔期内沼液排出量，见图 7-22。贮液池应有防渗设施和浮渣及污泥排除设施。沼液贮存池上方应设防雨棚，防渗、防漏、防雨淋。

（2）设计要点　贮液池高度应高于周围地平，并在四周设截水沟，防止径流雨水渗入。参照《沼气工程技术规范》（NY/T1220.4—2006）第Ⅳ部分（运行管理）设计。

图 7-22　贮液池

第三节　案例分析

一、天津嘉立荷牧业有限公司第十一奶牛场

（一）基本情况

天津嘉立荷牧业有限公司第十一奶牛场，坐落于天津市大港区小王庄镇东7公里，占地面积 19.6 万米^2，拥有员工 60 人，见图 7-23。奶牛混合群 1 036头，其中成母牛 600 头，平均年头单产 9 333 千克，该场奶牛全部为优良荷斯坦奶牛品种，实行机械化挤奶和全混合日粮饲喂，被认定为"天津市无公害牛奶生产基地"。以奶牛存栏 2 000 头为基数，根据产排污系数可测算出日产粪便 33

图 7-23　嘉立荷第十一奶牛场

吨。废水主要为冲圈废水、挤奶废水和粪便稀释水，日废水产生量约300吨。

（二）处理工艺

该场固体粪污主要用于堆制牛场垫料基质，液体粪污沼气发酵处理，沼气用于采暖、燃料和沼气发电，沼液农田利用，工艺见图7-24，实体图见7-25。

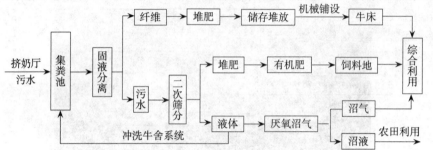

图 7-24　嘉立荷第十一奶牛场粪污处理工艺

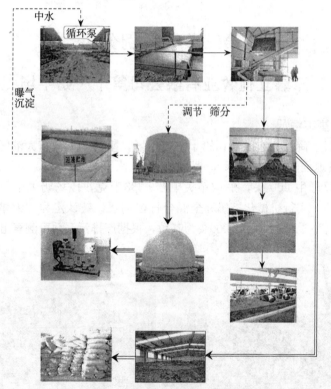

图 7-25　粪污处理工艺流程实景

牛床垫料生产工艺　循环水处理工艺　固体堆肥制作工艺　沼气发电工艺

1. 工艺说明

（1）垫料制作见第二节牛场垫料制作工艺。

（2）有机肥制作见第二节固体堆肥制作工艺。

（3）沼气发电系统工程主要分为进气系统、冷却系统、发电机组及其控制系统、排气及余热系统等。

2. 主要工艺参数　见表 7-13。

表 7-13　主要工艺技术参数

序号	项　目	单位	参数	序号	项　目	单位	参数
1	牛粪含水率	/	80%	5	粪尿混合物 pH	/	7.5～8
2	发酵罐容积产气率	米³/（米³·天）	0.5	6	固液分离后沼渣中含水率	/	70%
3	水力停留时间	天	25	7	有机肥成品含水率	/	14%
4	发酵温度	℃	35～40	8	热电联产发电机组沼电转化率	千瓦时/米³	1.5

（三）设施单元内容和形式

1. 沉砂池（混合搅拌池）　主要是粪污的收集，为钢筋混凝土结构。粪污通过地下管道由场区进入，混合搅拌池的功能是将污水中较大的纤维打碎，混合均匀。

2. 固液筛分　固液筛分器存放地点为钢结构，外边有存放固体的水泥地面。日产固体粪便 33 吨，以 20 天高温堆制测算，场区总固体牛场垫料堆制规模约为 660 吨，其中每天一次筛分出的固体量约 25 吨，其含水率为 70%～78%，二次筛分出的固体量约 8 吨，其含水率为 73%～78%，筛分后液体总量为 300 吨，其含固率约为 4%。

3. 厌氧沼气池

（1）设计参数　粪污以 330 吨/天测算，总固体含量 10%，水力停留时间为 25 天。

（2）厌氧沼气池结构设计　沼气工程为半地下完全混合式发酵工艺，构筑物总容积＝流量×水力停留时间＝8 250 米³，可分为 4 个反应器，单体反应器 2 100 米³，反应器有效高度为 8 米，池底面积为 262.5 米²，底面半径 9.15 米，厌氧池内安装增温管。其示意图见图 7-26。

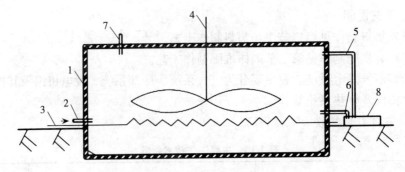

图 7-26　厌氧沼气池
1. 厌氧反应器　2. 进料管　3. 加热管
4. 搅拌器　5. 沼液管　6. 沼渣管　7. 沼气管　8. 沼渣沉淀池

4. 沼气罐　产生的沼气经脱水、脱硫、脱酸后进入沼气储存罐，沼气罐容积为 100 米³。

5. 沼液池　沼液池作防渗处理。经厌氧发酵后的沼肥可农田综合利用，综合利用的主要设施包括管道输送设备和液肥喷灌设施等。

（1）管道输送　选择管道输送的方式，把沼液送到田间。

（2）液肥喷灌　为了使液肥用于农田喷灌，一般田间地下设置直径 100～150 毫米的水泥压力管，每 50 米设喷灌消火栓一组，配 200 米消防水带和消防喷枪，便于液肥的施用。

6. 堆肥场

（1）设计原则　有机肥料的加工需要较为宽敞的工作空间，车间大门的宽度能容纳铲车、卡车等运输工具的进出，因此肥料中心内的主体构筑物占地面积相对较大。

（2）主体构筑物　包括预加工车间、发酵车间、合成车间和仓库，一般为彩钢结构。

7. 发电系统

（1）设计参数　工程日产沼气约 4 000 米³，年产 146 万米³，夏季产量略高于冬季，热电联产发电机组沼电转化率 1.5 千瓦时/米³，平均发电量为 6 000千瓦时/天。

（2）发电机选型　配两台 24 小时工作的发电机，一台发电机为 125 千瓦，一台为 100 千瓦。

8. 其他电力系统

（1）动力系统　电源电压及配电系统：电源电压为 380/220 伏，负荷等级为三级，在控制室中设置总配电柜，主干线采用 YJV-0.6/1 千伏交联电缆，动力配电箱配电线采用全塑铜芯导线，穿钢管沿墙及地面铺设。

配电设备类型：总配电箱选用 GHK-1 型低压固定框，动力配电箱选用 XXL-53 型动力箱。

（2）照明系统　电源电压为 380/220 伏，设置 2 配电箱，配电方式采用放射式。照明配电箱采用 PZ-30 型模数化终端组合电器。照明线采用铜芯导线，穿钢管在墙板和顶板上明铺设。

（3）接地系统　接地形式采用 TN-C-S 系统，在电源进线处设有总等位连接，接地电阻不大于 4 欧姆。

9. 设备设施总汇　粪污处理所需通用及专用设备见表 7-14，主要设施见表 7-15。

表 7-14　通用及专用设备

序号	名　称	单位	数量	序号	名　称	单位	数量
1	水冲阀门	套	1	13	沼气净化系统	套	1
2	阀门控制器	套	1	14	发电机组	套	2
3	一级搅拌输送泵	套	1	15	贮气柜	座	1
4	一级搅拌器	套	1	16	脱水、脱硫机	套	2
5	一级池控制器	套	1	17	低压隔离柜	个	1
6	二级搅拌输送泵	套	1	18	硅整流启动电源柜	台	1
7	二级搅拌器	套	1	19	卧式风扇水箱	套	1
8	二级池控制器	套	1	20	余热回收装置	套	1
9	水冲泵	套	1	21	有机肥翻抛机	套	1
10	水冲系统控制器	套	1	22	有机肥造粒设备	套	1
11	一次筛分设备	套	1	23	沼渣、有机肥运输设备	台	2
12	二次筛分设备	套	1				

表 7-15　主要建筑物、构筑物

序号	名　称	建筑形式	单位	数量
1	过滤池	钢砼	米^3	100
2	沉淀池	钢砼	米^3	100
3	固液筛分车间	钢构	米^2	1 000

序号	名　称	建筑形式	单位	数量
4	有机肥制备车间（含发酵槽）	钢构	米²	500
5	再生牛舍垫料制作车间	钢构	米²	300
6	干化场	水泥面	米²	4 000
7	仓储车间	水泥面	米²	350
8	废水暂存池	砼＋土工防渗	米³	500
9	废水消毒池	钢砼	米³	200
10	场区道路	水泥面	米	1 000
11	绿化照明系统		套	1

二、天津市凯润淡水养殖有限公司奶牛场

（一）基本情况

天津市凯润淡水养殖有限公司是一家生态循环农业产业化示范园，坐落在天津市西青区大寺镇，始建于 1999 年 5 月，2010 年 10 月由西青区政府正式批准成立。该园区占地 366 万 m²，由天津市凯润淡水养殖有限公司和天津市金三农农业科技开发有限公司共同投资建设。目前现有员工 428 人，长期聘有中高级技术职称专家和技术人员 38 人。产品涉及淡水养殖及水产良种繁育、奶牛养殖及肉牛养殖、草腐生菌种植及品种培育、菌种及菌棒制作、生物有机肥制作、蔬菜种植及苗木组培等八大项 80 余个品种。

园区已累计投资 2 702 万元，实施了"沼气工程项目"、"生物肥工程项目"和"生态水产养殖项目"，建成了内部生产养殖用水闭路式循环、净化、再生系统，使奶牛及肉牛养殖、水产养殖、食用菌种植等生产经营所产粪污全部得到无害化处理，对外实现三个零排放，见图 7-27、图 7-28。

图 7-27　凯润淡水养殖有限公司

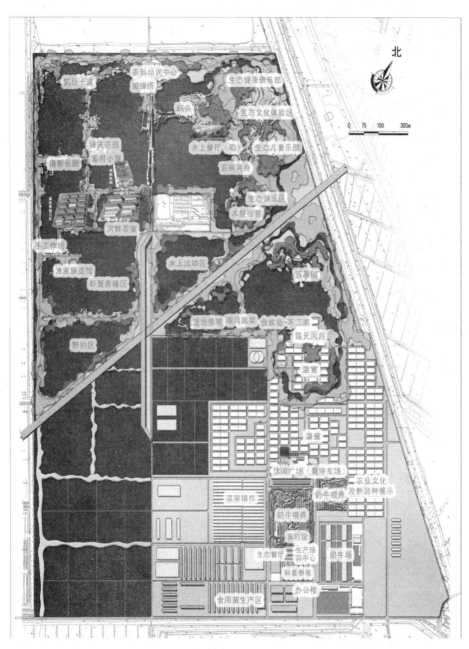

北

0 75 150 300m

翠桥十渡　　农科培训中心
　　　　　　姻缘桥　　生态健康俱乐部
　　　　　　　　　码头　　　　生态文化体验区
婚庆花园　　　　　水上餐厅　船　生态儿童乐园
摄影长廊　蜜月小屋　　百舸竞舟
　　　　　　　　　　　　　　生态游乐区
　　　　河鲜茶室　　　　　水屋宿营
手工作坊
　　　　　　　　　水上活动区
渔家展览馆　　　　　　　　　　百草园
虾蟹养殖区
　　　　　　　　温地景观 观鸟廊架 合欢岛 不沉湖
　　　　　　　　　　　　　　　　露天风吕
野钓区
　　　　　　　　　　　　　　温室

　　　　　　　　　　　温室

　　　　　　　　　休闲广场（兼停车场）
　　　　　　　　　　　　　　　　农业文化
　　　　　　　温室操作　　　奶牛喂养　及新品种展示
　　　　　　　　　奶牛喂养
　　　　　　　　　　　垂钓馆
　　　　　　　　生态餐厅 生产培　奶牛场
　　　　　　　　　　　　训中心
　　　　　　　　科普参观
　　　　　　　　　　　　办公楼
　　　　　食用菌生产区

图 7-28　凯润淡水养殖有限公司平面布置

其中奶牛基地占地 12 万 m^2，存栏奶牛 820 头。建有 TMR 饲料制作搅拌设施、饲喂走廊以及带卧栏奶牛舍等一批较先进的奶牛养殖设施，年产优质生鲜乳 2 900 吨，奶产品一级率始终保持稳定在 100%，为市级无公害牛奶生产基地。

园区建有市级无公害食用菌一体化有机认证产品及产地认定基地，主要有双孢蘑菇、香菇、茶树菇及褐孢菇。食用菌工厂化周年种植车间、常温种植棚室、大型温室等一批食用菌种植生产车间面积达 45 万米^2，年产优质食用菌 8 500 吨。年消化处理牛场粪污 9 000 吨、麦秸 1.12 万吨、稻草 1.12 万吨，满负荷生产可年产优质草腐生菌用腐熟料 6.4 万吨。

(二) 处理工艺

牛场饲养方式为舍式散栏饲养，牛场的粪污处理主要为粪水混合物和干牛粪，以奶牛存栏 1 000 头为基数，根据产排污系数可测算出日产粪便 16.5 吨，废水 165 吨/天，分别以隧道发酵制作食用菌基质和沼气发酵为纽带的农牧结合模式来实现粪污的循环再利用。

1. 沼气发酵系统 具体建设内容包括沉降池、预处理调节池、厌氧发酵罐、膜式储气柜，工艺流程见图 7-29，实景图见图 7-30，工艺参数见表 7-16。

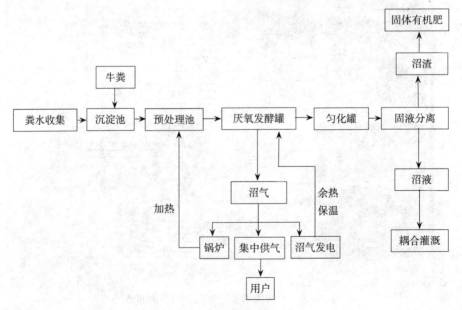

图 7-29　沼气发酵工艺流程

图 7-30　沼气发酵工艺实景

⟶ 沼气制作流程　--⟶ 沼渣制作有机肥　⟹沼液生态塘处理

表 7-16　主要工艺技术参数

项　　目	单　位	参　数
发酵罐容积产气率	米³/（米³·天）	0.8
水力停留时间	天	25
发酵温度	℃	25～35
pH	/	6.5～7.5

2. 食用菌基质发酵和培育系统

（1）发酵原理　将干牛粪与池塘底泥、稻草混合高温发酵，消除粪臭、杀死害虫和杂菌，堆置出适于蘑菇生长、具有良好理化性质的培养基质。

（2）发酵设施　发酵设施为隧道，牛粪制作食用菌基质工艺流程见图7-31，双孢菇工厂化生产流程见图7-32，实景图见图7-33。

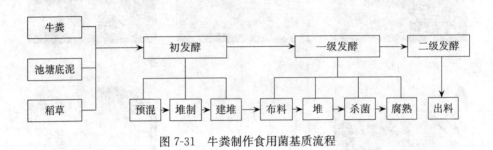

图 7-31　牛粪制作食用菌基质流程

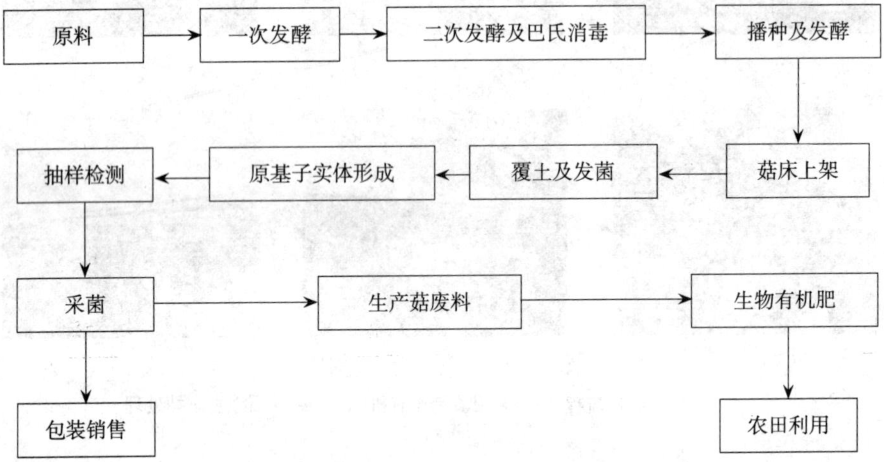

图 7-32　双孢菇工厂化生产流程

3. 沼液沼渣综合利用系统

（1）**沼液利用**　将沼液进行好氧处理后送往温室和果园，用于蔬菜和果树提供有机肥。

（2）**沼渣和废弃菌棒利用**　将沼渣和食用菌废弃菌棒堆置成花肥土，用于蔬菜大棚和花卉苗木资源化利用。

（三）设施设备参数

以1 000头存栏牛为例，提供主要的设施设备参数，见表7-17。

图 7-33 双孢菇生产流程实景

表 7-17 主要设施设计参数表

项　目	序号	名　　称	单位	数量	规模	材　　质
沼气发酵系统	1	三级沉降池	米³	1	200	混凝土，上覆空心面板
	2	调节池	米³	1	40	混凝土
	3	厌氧发酵池器	米³	1	4 500	钢筋混凝土
	4	膜式储气柜	米³	1	100	钢筋混凝土、UV 光固化改性 PVDF 膜
	5	贮液池	米³	1	400	混凝土、钢架薄膜防雨
食用菌基质发酵和培育系统	1	发酵隧道	米²	2	6 000	混凝土
	2	一次发酵车间	米²	1	5 400	钢筋混凝土
	3	二次发酵车间	米²	1	1 200	钢筋混凝土
	4	初发酵池	米²	1	1 500	钢筋混凝土
	5	堆料场	米²	1	23 000	/
	6	废水回收管道	延米	1	400	/

项　目	序号	名　　称	单位	数量	规模	材　　质
食用菌基质发酵和培育系统	7	二次发酵设备	台（套）	8	/	/
	8	附属设备	台（套）	5	/	/
	9	无菌化种植车间	米²	16	11 600	钢筋混凝土
	10	食用菌保鲜库	米²	1	2 000	钢筋混凝土
	11	包装间	米²	1	300	钢筋混凝土
	12	水泵间	米²	1	20	砖混
	13	蓄水池	米²	1	30	混凝土
	14	大型温湿度自动控制仪器等生产设备	台（套）	16	/	/
	15	生产车间	米²	16	10 580	钢筋混凝土
	16	单组菇床	米²	1	165.3	长 19 米×宽 1.45 米＝27.55 米²×6 层
农业利用系统	1	温室大棚	米²	1	82 800	新型联体增效日光温室，120 栋
	2	设施蔬菜大棚	米²	1	133 400	薄膜大棚
	3	耐旱抗碱花卉苗木	米²	1	3 320	/

第八章

经　营　管　理

在畜牧养殖中，奶牛养殖由于投资额度大、生产周期长、技术含量高等特点，经营难度位居首位。因此投资奶牛养殖需持谨慎态度，投资决策必须建立在广泛调查研究的基础之上，否则将会事与愿违、功亏一篑。

第一节　产前决策

一、市场调查

（一）充分了解本行业国家和当地的政策导向

从事奶牛养殖业之前，一定要研究好国家和地区的政策导向。所建牛场的经营定位、饲养规模以及投资模式一定要顺应政策导向和符合法规要求。

国家政策：《国家中长期科学和技术发展规划纲要》、中央1号文件、《全国畜牧业发展第十二个五年规划（2011—2015年）》、《××××年畜牧业工作要点》、《全国奶业发展规划（2009—2013年）》、《全国奶牛优势区域布局规划（2008—2015年）》、《国务院关于促进奶业持续健康发展的意见》、《奶业整顿和振兴规划纲要》、《当前优先发展的高新技术产业化重点领域指南》、《国务院关于支持农业产业化龙头企业发展的意见》、《畜禽规模养殖污染防治条例》和《畜禽养殖业污染物排放标准》（GB 18596—2001）等。

地方政策：《内蒙古2012年畜牧业工作要点》、《2011年安徽省奶牛补贴和扶持政策》、《黑龙江省促进奶业健康发展四项措施》、《河南省人民政府办公厅关于实施千万吨奶业跨越工程的意见》、《天津市污染源排放口规范化技术要求》等。

（二）调查当地与本行业相关的资源情况

奶牛养殖所涉及的资源条件十分广泛，最主要的包括以下几点：

1. 土地　奶牛场占地面积按每亩土地10头规模计算，同时按每头奶牛配套 2～3 亩耕地。

2. 饲草饲料 以干物质计，每头奶牛平均每年消耗饲草饲料 14 吨（粗精各半）。要充分考虑其来源、质量和价格。

3. 劳动力 本行业属劳动密集型行业，行业对劳动力吸引力差，劳动力缺乏是本行业的限制因素。要求劳动力吃苦耐劳，对动物要有爱心，同时要求初中以上文化程度。

4. 技术 本行业也属技术密集型行业。当地是否有奶牛养殖的成功范例？目前有哪些技术在奶牛养殖业得到成功应用？当地是否有奶牛养殖技术服务机构？投资人或经营者是否拥有本行业相关技术？

5. 气候 对当地气象因素和气象资料要有基本的了解，如极端灾害天气及其持续的时间。

6. 基础配套 调查交通、电力、水利、通讯等设施是否齐全便利。

7. 投资构成 调查土地价格、基本建设成本、设备价格、奶牛价格等固定资产的投入。

（三）对市场前景进行分析

1. 当地居民消费水平及趋势 首先，乳品消费量与当地居民的消费水平息息相关。一般来说，乳品消费量与当地消费水平是一致的。同一地区随着消费水平的提高，乳品消耗量也在逐步提高（表 8-1）。

表 8-1 消费水平和乳制品消费量统计表

年份	城镇居民消费水平（元）	城镇居民乳制品消费量（千克/人）	农村居民消费水平（元）	农村居民乳制品消费量（千克/人）
2001	7 161	13.85	1 969	1.2
2002	7 486	18.05	2 062	1.19
2003	8 060	21.71	2 103	1.71
2004	8 912	22.16	2 319	0.82
2005	9 593	21.67	2 657	2.86
2006	10 618	22.54	2 950	3.15
2007	12 130	22.17	3 347	3.52
2008	13 653	26.12	3 901	3.43
2009	14 904	25.31	4 163	3.6
2010	16 546	22.26	4 700	3.55
2011	18 750	23.36	5 633	5.61

注：消费水平数据来源于《中国统计年鉴 2012》。

其次，同一地区，不同收入人群乳品消费量差异显著。例如，有调查结果显示，2001—2007 年我国城镇居民鲜奶消费情况（图 8-1）。

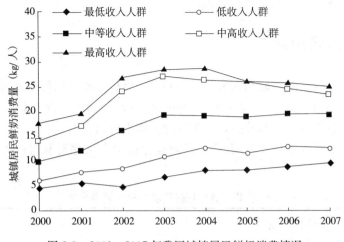

图 8-1 2001—2007 年我国城镇居民鲜奶消费情况

农村和不发达地区与大中城市的市场不同。这些市场地域分散，收入水平差距大，冷链基础条件差，市场开发难度较大，消费水平通常是一个缓慢渐进的过程。但是，随着社会主义新农村的建设和国家对于不发达地区的政策倾斜，受益群体迅速加大，农村和不发达地区乳制品市场潜力巨大。

2. 当地奶牛养殖场、乳品加工厂、屠宰加工厂经营状况 奶牛养殖场之间要相距 2 千米，奶牛养殖场与屠宰加工厂之间要相距 2 千米以上，以满足防疫和资源配置的需要。奶牛养殖场与乳品加工厂要考虑鲜奶的运输半径问题，一般不超过 200 千米，同时，要考察乳制品加工厂和屠宰加工厂的产能是否饱和，信誉是否良好，是否有经济效益。

3. 当地原材料价格、质量情况 所谓原材料是指生产牛奶所需的各种原料和材料。如饲草饲料、疫苗、药品、燃料、维修材料、各种器具、生产工具及低值易耗品等。

疫苗、药品、燃料、维修材料、各种器具、生产工具及低值易耗品等在全国各地的质量和价格各差异不大，可不做重点调查。而饲草饲料质量和价格各地区差异大，奶牛场需要量也大，其成本占牛奶成本比例高达 65% 以上，因此应做重点调查。例如，同样质量的羊草，在产地价格只有 500～600 元/吨，而运至长江以南地区则需 1 300～1 400元/吨。另一方面，同样价格的羊草，质量差异也非常大，有的可作饲料使用，有的则不能作饲料使用。因此，调查当地的饲草饲料质量、价格对于投资决策意义重大。新建奶牛场宜选择饲草饲料质量、价格相对合理、物流成本相对低的地区，同时，货源充足、交通便利可以降低牛奶成本，增加市场竞争力。

二、市场预测

根据行业目前的基础和未来的发展趋势，分析企业的内部及外部环境。进行优劣势分析（strengths weakness opportunity threats，SWOT），可了解企业的优势、劣势、机会和威胁，为正确的决策提供依据。

例如，某投资者投产前用 SWOT 调查分析法对当地资源进行了分析（表8-2）。

表 8-2　奶牛养殖场投产前 SWOT 调查分析

	内部环境		外部环境
优势	1. 充足的符合奶牛养殖场建设的用地 2. 充足的资金来源 3. 拥有专业对口、门类齐全的奶牛养殖团队 4. 水、电、交通、通信条件便利 5. 具有国内一流的奶牛种质资源和充足的饲料资源	机会	1. 国家和地区对奶业大力扶持 2. 广阔的产品销售市场 3. 国内大专院校、科研机构对奶牛养殖场技术支持
劣势	1. 奶牛养殖投资回收期长、见效慢、效益低 2. 招募符合奶牛养殖需要的劳动力困难 3. 技术服务体系不健全	威胁	1. 奶品安全事件频发，影响消费信心 2. 奶牛疫病风险增加 3. 原材料和产品市场不规范 4. 环境压力加剧

从内部环境看，该投资者所具备的优势大于劣势。从外部环境看，有机会，也有威胁，要从两个方面趋利避害：一是与大专院校、科研机构密切合作，加大员工培训，提升自主创新能力，形成核心竞争力；二是争取上级单位和各级政府政策、资金支持，加大基础设施设备投入，完善产品质量控制体系，做好品牌建设。

三、经营定位

经营定位包括奶牛场经营模式、经营规模和经营目标。

（一）选择奶牛场经营模式

1. 原料奶生产。

2．牛奶产、加、销一体化经营。

3．生态观光。

4．试验基地。

（二）决定奶牛场经营规模

按照确定的经营定位，再依据各种资源状况确定规模。一般来说生产原料奶和牛奶产、加、销一体化的奶牛场经营规模不宜超过10 000头；生态观光的奶牛场经营规模不宜超过1 000头；试验基地的奶牛场经营规模不宜超过500头。

（三）确定奶牛场经营目标

奶牛场经营的主要目标依据奶牛场经营模式、规模而设定。以原料奶生产为主的奶牛场经营目标如下：

1．技术指标 单产、繁殖率、淘汰率和牛奶指标等。

2．经营指标 牛奶千克成本，头年盈利额等。

3．生态指标 废气、废水、废渣排放达标率、环境绿化覆盖率等。

只有做好市场调查、市场预测和经营定位，才能进行准确的产前决策。

第二节　经营计划的编制

投资人一旦做出投资决策，奶牛场经营者就要编制初步的经营计划。

一、经营者的选择

生产规模越大，对经营管理水平的要求越高。要求经营者必须懂技术、善管理、会经营，并能统观全局，科学预测和合理组织生产。作为奶牛场经营者应具备如下基本条件：

（一）科技观念

科学技术是发展生产的关键因素。奶牛场经营者必须努力钻研养牛科学知识，并及时注意该领域的科研动态，引入科技新成果，注重引人引智，推动奶牛场的技术进步，向科学技术要效益。

（二）市场观念

正确的经营决策是奶牛场取得效益的前提条件，而正确的经营决策来源于对市场的正确分析和准确把控。因此，经营者应根据市场预测和专家论证结论，及时按市场规律进行经营决策。

（三）科学管理观念

奶牛场要获得尽可能多的经济效益，除良好的市场条件外，还要与强有力的科学管理相结合。所以，奶牛场经营者还要树立科学管理的经营理念，在经营中引入竞争机制，实行绩效管理，做到奖勤罚懒。

（四）效益观念

提高经济效益是奶牛场的根本任务。经营者必须树立经济效益观念，实行严格的经营核算，进行投入和产出的分析，做到增产节约，增收节支，降低成本，增加盈利。

（五）质量观念

生产的牛奶及其制品必须符合消费者需要和国家标准。因此，经营者应树立以质量求生存，以效益求发展的观念，确保奶牛场的经营良性循环。

（六）创新观念

经营者要具有不断创新的意识和能力。创新技术、创新管理、创新经营，提高生产效率。努力创建资源节约、环境友好的现代奶牛场。

（七）卫生防疫观念

经营者必须加强"防重于治"的观念，及时做好对牛群的防、检疫工作，确保生产安全及人员健康。

奶牛场经营者的任务是达到企业利益的最大化，这也是选择奶牛场经营者最基本的标准。

有了以上观念，还不能认定是一个优秀的牛场经营者，还要看其实战素养。那么牛场经营者的实战素养如何考察呢？"四看"定优劣。

一看原经营的牛场的业绩。优秀的经营者所经营的奶牛场，无论规模大小，其业绩都应该是一流的（地区一流、国内一流、国际一流），业绩指标一般要考虑：①奶牛头年单产；②成母牛更新率；③繁殖率；④犊牛成活率；⑤牛均创利；⑥人均创利等。

二看业务素质。作为奶牛场经营者其业务素质是多方面的，概括起来就是要求经营者要具备：一明、二清、三熟、能把关、会管理五项基本功。一明就是是否明确奶牛场具体任务和经济技术指标；二清就是是否清楚奶牛场的家底和经营权限；三熟就是是否熟悉的奶牛场的人、牛和饲料，只有熟悉、才能在一定原则之内灵活运用、整合和优化资源配置，创造佳绩；能把关就是奶牛场生产有许多关键点，执行奶牛场经营责任制就要考察在把握关键点上是否有章法和思路。特别是如何把握住产房关、犊牛成活关、配种关和防疫员方面宜做重点考察；会管理，即看他是否会管理生产财务计划；是否会管理劳动组织；

是否会管理牛场制度；是否会管理技术；是否会管理"钱"。

三看经营者是否有健康的兴趣爱好、积极向上的身心状态和良好的群众基础。优秀的奶牛场经营者应该有广泛的健康的兴趣爱好，无不良嗜好。性格质朴谦和，心态豁达、懂生活、爱生活、崇尚科学、向往文明。同时奶牛场经营者要与员工群众打成一片，具备人本思想和公仆意识。只有这样，才能调动奶牛场各方面的积极性，经营好奶牛场。

四看信誉记录。奶牛场的企业性质就决定了经营奶牛场必须重合同、守信用。奶牛场经营者信任缺失记录，可一票否决。

二、经营计划的编制

（一）经营计划内容

1. 经营定位　如生产原料奶。

2. 经营规模　依据各种资源状况确定，如奶牛混合群头数。

3. 经营目标

（1）技术指标　如繁殖率、淘汰率等。

（2）经营指标　如年单产、牛奶千克成本、头年盈利额等。

（3）生态指标　如绿化覆盖率、"三废"排放达标率等。

4. 编制生产计划　编制牛群周转计划、饲料计划、繁殖计划、淘汰牛计划、产奶计划和防、检疫计划。

5. 确定人力资源方案　建立劳动组织，制定绩效考核、福利安排等方案。

6. 确定物流及安全生产管理方案　建立奶牛场物流信息收集和处理系统。统一管理奶牛场物流，含运输、装卸、搬运和贮存。

建立健全奶牛场各项安全管理制度，确保各项安全措施到位，防火防盗、防疫防病，防灾减灾，保证安全生产。

7. 编制财务计划　编制收入计划和支出计划。

8. 编制全年工作计划。

（二）经营计划编制举例

1. 确定经营定位　生产原料奶。

2. 确定牛群规模　混合群2 000头。

3. 确定经营目标

（1）技术指标　达产后，奶牛年头均单产9 000千克，年繁殖率80%，年淘汰率15%，成母牛年增长率20%，乳蛋白率3.1%，乳脂肪率3.7%，体细胞数 20 万/毫升和细菌数 10 万/毫升。

（2）经营指标　牛奶千克成本 3.5 元，奶牛头年盈利额 5 000 元，人均创产值 50 万元，人均创利润 6.5 万元等。

（3）生态指标　绿化覆盖率达到 40%，"三废"排放达标率 80%。

4. 编制生产计划

（1）牛群周转计划　编制牛群周转计划是编好其他各项计划的基础，它是以牛群规模、繁殖状况以及淘汰率为主要根据而编制的（表 8-3）。

表 8-3　20　年　月牛群周转计划表

牛群种类	期初存栏	增加（头数）				减少（头数）				期末存栏头数 年平均头数	备注
		出生	调入	购入	转入	调出	转出	淘汰	死亡		
成母牛											
青年牛											
育成牛											
犊母牛											
犊公牛											

（2）饲料计划　在牛群周转计划的基础上，根据各阶段奶牛群的饲料配方和其饲养日，计算各阶段奶牛群各种饲料需要量，并将各阶段奶牛群同种饲料需要量相加，计算出各种饲料的需要量；再根据各种饲料库耗比例，计算各种饲料的采购量，制定出各种饲料的采购计划。其计算公式为：

各阶段奶牛群各种饲料需要量（日/月/年）＝各阶段奶牛群各种饲料的日饲喂量（配方）×各阶段奶牛群对应饲养日（日/月/年），然后各个阶段奶牛群同种饲料需要量相加，即各种饲料需要量（日/月/年）。

各种饲料采购量或存储量（日/月/年）＝各种饲料需要量×（1＋各种饲料的库耗比例）。

各种饲料需要量/采购量（日/月/年）计算方法见表 8-4。

表 8-4　饲料需要量/采购量计算表

牛群	饲养日（日/月/年）	配方	玉米（千克）	豆粕（千克）	棉粕（千克）	菜粕（千克）	…	羊草（千克）	苜蓿（千克）	青贮（千克）
泌乳前期群		前期配方								
泌乳中期群		中期配方								
泌乳后期群		后期配方								

牛群	饲养日 （日/月/年）	配方	玉米 （千克）	豆粕 （千克）	棉粕 （千克）	菜粕 （千克）	…	羊草 （千克）	苜蓿 （千克）	青贮 （千克）
…		…								
青年牛群		青年牛配方								
育成牛群		育成牛配方								
犊牛群		犊牛配方								
需要量/牛		—								
头数合计										
库耗比例	—	—	1%	1%	1%	1%		15%	15%	15%
采购量合计	—	—								

制定饲料计划时须考虑：

①自己种植或合同委托种植粗饲料，充分注意歉收年的补充措施，如青贮或苜蓿。

②饲料采购批量因品种不同分年、季、月统筹安排，以最小库存满足奶牛饲养需要，以减少资金占用和饲料库耗损失。

③储存饲料应确保不发生腐烂、霉变、氧化等质量问题。

④各群平均饲养日计算力求准确。

（3）繁殖计划　编制繁殖计划，首先确定繁殖指标。如成母牛繁殖率、产犊间隔（13 个月）、24 月龄青年牛转群率、成母牛淘汰率、成母牛更新率。

当年×月产犊数＝×月 13 个月前月产犊母牛数×（1－淘汰率＋更新率）×繁殖率＋×月达 24 月龄青年牛数×24 月龄青年牛转群率

式中×取 1，2，3……12。

冻精计划是产犊数的 3 倍即可。

提高繁殖率措施：

①采取综合措施减少漏情，积极推广使用电子监控发情设备。

②科学日粮调配，提高奶牛产后抗病力。

③认真执行产后护理方案，促进生殖系统快速恢复。

④积极净化与繁殖相关的传染病。

⑤正确使用程序化配种方案，更多争取配种机会。

⑥推行 B 超早孕及生殖系统检查技术。

（4）产奶计划　编制产奶计划（表 8-5），首先要分析提高产奶量的优势和劣势，然后结合上一年度的月头均单产，设定当年各月头均单产，制定当年产奶计划。月平均单产×月天数×月均成母牛饲养头数＝月产奶量。各月产奶量汇总就是年产奶量。

表 8-5　产奶计划表

月份	天数	头均日单产 （千克）	头均月单产 （千克）	成母牛数 （头）	月产奶量 （吨）	每天产量 （吨）
1	31	26	806	1 200	967.2	31.2
…	…	…	…	…	…	…
12	30	25	750	1 250	937.5	31.2
总计或平均	365	24.7	9 000	1 210	10 890	29.8

5. 劳动力计划

（1）劳动力计划要实现的目标　编制劳动力计划，要以建立专业对口、门类齐全、和谐稳定的团队为目标。要达到此目标应做到：

①明确奶牛场岗位设置和岗位定额。

②考虑岗位人员流动性、年龄、知识结构等因素，根据岗位人员培训周期，采取备岗措施。

③创新生产工艺，用机械替代人工。

（2）劳动岗位设置及定额　奶牛场因规模、饲养模式、自动化程度及员工综合素质不同，其人员配置没有统一的标准，以工人不同作业可管理的奶牛头数进行岗位设置，下列标准仅供参考。

①挤奶工

▲管道式 50～60 头/（人·天）。

▲坑道式 120～150 头/（人·天）。

▲转盘式 250～300 头/（人·天）。

②日粮加工

▲固定 TMR 车 200～300 头/（人·天）。

▲移动 TMR 车 300～800 头/（人·天）。

③饲喂工

▲固定 TMR 情况下 200 头/（人·天）。

▲移动 TMR 情况下 500～1 000 头/（人·天）。

④产房　负责接产、值班、4 月龄以内犊牛饲喂与护理、围产期饲喂与护理、成母牛产后挤奶（1～20 天）等工作任务，人员配备按 100 头成母牛配备 2 名员工。

⑤兽医专员　成母牛 500 头/人；后备牛 1000 头/人。

⑥授精专员

▲人工观察条件下，经产牛 250～400 头/人；育成牛 500～800 头/人。

▲电子监控设备条件下，经产牛 400～800 头/人；育成牛 1 000～2 000 头/人。

⑦环卫人员　混合群 200～300 头/人。

⑧其他人员　场长、副场长、技术员、会计、出纳、值班、食堂、维修工等以实际情况而定。

（3）可替代劳动力的设备配置　劳动力配置一定要考虑机械化和自动化程度。现实工作中，一定要千方百计使用机械化和自动化来替代人工，努力提高工作效率。为了提高工作效率，此处列举了部分机械设备配置（表 8-6）。

表 8-6　机械设备配置

生产设备	生产服务设备
牛颈枷	奶牛电子发情监控设备
精饲料塔	牛床平整设备
自动玉米粉碎装置	犊牛群饲自动哺乳设备
移动式 TMR 搅拌车	B 超仪
散料运输车	连续注射器
小型铲车	干湿分离设备
推料车	翻转式修蹄平台
并列或转盘式挤奶设备	电动修蹄刨
微电脑自动降温系统	自动刮粪板
自动驱赶设备	灌服器
装牛台	局域网 ERP 信息与管理系统

6. 财务计划　财务计划主要是资金收支计划。在生产计划的基础上匹配资金周转，对低成本使用资金意义重大。

（1）收入计划

①原料奶收入　见表 8-7。

表 8-7　出售原料奶收入计划

月份	月计划上市量 （月产量的 97%）	计划单位售价	回收期	到账金额
1			延 1 个月	
…				
12				
总计				

②出售奶牛收入　见表8-8。

表8-8　出售奶牛收入计划

（包括成母牛淘汰、后备牛淘汰、小公牛售出收入）

月份	月淘汰计划数（头）	计划平均售价 （元/千克）	回收期	到账金额
1			即收	
…				
12				
总计				

③地销奶收入　见表8-9。

表8-9　地销奶收入计划

月份	地销数量（千克）	出售单价 （元/千克）	回收期	到账金额
1			即收	
…				
12				
总计				

④牛粪收入　见表8-10。

表8-10　牛粪收入计划

月份	牛粪销售数量 （米^3 或车）	出售单价 （元/米^3 或元/车）	回收期	到账金额
1				
…			即收	
12				
总计				

⑤设备处理收入。

⑥废旧物处理收入。

⑦技术服务收入。

（2）支出计划

①季节性饲料购入　见表8-11。

表8-11　季节性饲料购入计划

序号	品种	数量	单价	支付期	支出金额
1	羊草				

序号	品种	数量	单价	支付期	支出金额
2	青贮				
3	甜菜粕				
…	…				
总计					

②年内多批次饲料购入　见表8-12。

表8-12　年内多批次饲料购入计划

品种	全年购入（千克）	批次	采购时间	采购量	单价	支付额	付款时间
豆粕	10 000	4	1	3 000	3.5		
			4	2 000	3.55		
			7	3 000	3.45		
			10	2 000	3.3		
棉粕							
…							

③装卸费　见表8-13。

表8-13　装卸费计划

品种	全年计划购入量	批次购入量	单位费用	余额支付

④垫料费　见表8-14。

表8-14　垫料费计划

月份	品种	数量	采购时间	价格	支出金额
1	沙子				
2	稻草				
3	玉米秸				
…	…				
总计					

⑤工资　见表8-15。

表 8-15　工资计划

月份	人数	平均	支出金额
1			
…			
12			
总计			

⑥低值易耗　见表 8-16。

表 8-16　低值易耗品支出计划

月份	品种	数量	单价	金额
1				
…				
12				
总计				

⑦兽药　见表 8-17。

表 8-17　兽药支出计划

月份	品种	数量	单价	金额	支出金额
1					
…					
12					
总计					

⑧冻精　见表 8-18。

表 8-18　冻精支出计划

年总量（支）	分次采购时间	数量	单价	金额	支付时间
	1 月				
	3 月				
	5 月				
	8 月				

⑨添置设备器械　见表 8-19。

表 8-19　冻精支出计划

时间	添置设备名称	数量	单价	金额	支付期
总计					

⑩更新改造　见表 8-20。

表 8-20　更新改造支出计划

项目	数量	设备款	人工或劳务费	支付期
总计				

⑪招待费支出计划（占产值的 $0.1\%\sim0.2\%$）见表 8-21。

表 8-21　招待费支出计划

月份	事由	金额
1		
…		
12		
总计		

7. 奶牛场全年工作计划　奶牛场工作千头万绪，要有计划地安排全年工作（表 8-22 至表 8-25）。

表 8-22　第一季度工作计划表

1 月份	2 月份	3 月份
1. 布置本年生产计划，财务核算计划 2. 完善劳动组织架构，落实绩效考核方案 3. 春节准备工作（饲料、劳力、安全、资金） 4. 冬季三防工作检查	1. 检查配种工作，分析解决具体问题 2. 征求绩效考核方案意见 3. 征求职工食堂意见，改进食堂工作 4. 及时发放春节加班补助	1. 春季修蹄环境消毒 2. 安排植树绿化工作 3. 口蹄疫苗注射 4. 绩效考核方案修订，再落实 5. 产房工作小结

表 8-23 第二季度工作计划表

4 月份	5 月份	6 月份
1. 炭疽免疫	1. 拆除挡风设施	1. 防暑降温设施检修
2. 结核春季检疫	2. 检查青贮播种情况	2. 口蹄疫免疫
3. 布苗接种	3. 准备苜蓿收购工作	3. 岗位培训
4. 青贮计划落实	4. 繁殖工作小结，修正年度产犊计划	4. 检查产后酮病检测工作
5. 牛粪出售完毕环境大消毒	5. 开始准备青贮款	5. 夏季配种工作会议，强调措施到位
6. 分析产奶情况，找出原因	6. 后备牛体内外驱虫	6. 招收技术工人
	7. 灭蝇	7. 修缮房舍
		8. 储备青贮款
		9. 储备麦秸
		10. 收购干芦草

表 8-24 第三季度工作计划表

7 月份	8 月份	9 月份
1. 分析上半年计划完成情况，查找存在问题，制订解决方案	1. 组建青贮工作临时班子，做好各项准备工作	1. 检查犊牛饲养管理工作
2. 绩效考核方案微调	2. 防汛预案	2. TMR 配方"四统一"分析会
3. 食堂食品卫生检查	3. 浴蹄，功能性修蹄并治疗	3. 体细胞专题分析会
4. 职工防暑降温，发放劳保品	4. 产房工作进入紧张阶段，注意产后护理工作	4. 强化蹄病预防与治疗
5. 启动奶牛防暑降温	5. 人员防暑降温工作	5. 产房对接产犊高峰
6. 疏通管道	6. 杀灭蚊蝇	6. 免疫口蹄疫苗
7. 储备青贮款		7. 环卫工作小结
8. 检查库房物料，防止发霉变质		8. 抢收青贮
9. 关注干奶牛的饲养管理		

表 8-25 第四季度工作计划表

10 月份	11 月份	12 月份
1. 青贮工作小结	1. 各考核指标完成情况，预计全年情况	1. 总结工作，表彰先进工作者
2. 秋季结核检疫	2. 配种工作小结	2. 制订下一年度各项计划
3. 产量恢复情况分析		3. 制订下一年绩效考核方案
4. 浴蹄修蹄		4. 储备羊草、稻草、甜菜粕
5. 储备秋杂草		
6. 防寒工作		

第三节　奶牛场绩效管理

奶牛养殖特点就是生产周期长、生产环节多，所以经营奶牛场必须重视指标考核和内部管理。同时要养成用数字说话的习惯，用数字指标评判生产经营走势，一旦出现偏差，及时采取措施加以纠正。

一、考核指标

1. 生产指标　成母牛日单产、泌乳牛日单产、4月龄和13月龄体重、后备牛整齐度、成母牛被动淘汰数、平均胎次、犊牛成活率等。

2. 繁殖指标　胎间距、成母牛半年不孕牛、一次情期受孕率、产后100天配种率、情期受胎率、配种后60天直检妊娠率、产活母犊率、繁殖率等。

3. 健康指标　行走指数、体细胞数、临床乳房炎发病率、流产率、真胃变位率、胎衣不下率、酮体阳性率。

4. 经营指标　奶料比、牛奶千克成本、人均创产值、头均毛利润。

二、绩效管理措施

1. 组织架构　合理的组织架构和责任分工是绩效管理的基础和前提（图8-2）。

2. 劳动组织　生产经营目标任务要层层分解到最小劳动组织。

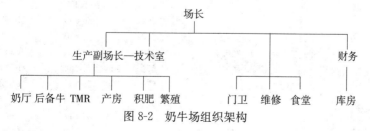

图8-2　奶牛场组织架构

3. 指标设定　要依据历史记录，既要积极又要可靠，要有群众基础，可被基层劳动者接受。

4. 绩效考核　要奖惩分明、说话算数、取信于员工，做到公平、公正、公开，达到鼓励进步、奖励突出的目的。

5. 定期分析总结　广泛听取意见，绝不能"以包代管"，也不能小胜即止。要树立远大理想，勇于赶超先进水平。

附 天津嘉立荷牧业有限公司奶牛场绩效考核方案

(一) 绩效考核原则

以绩效考核部分为基数分不同的权重形成各指标的考核基数进行相应的考核。完成指标任务后兑现绩效考核部分，超额完成或未完成指标任务进行相应奖罚；若某指标未能完成到设定的程度将取消该指标绩效考核部分。力求客观、及时地落实公司的奖勤罚懒的工资分配原则。

考核指标和权重：月平均日单产占5%，成母牛平均胎次占20%，活母犊率占5%，半年不孕牛占5%，流产牛占5%，头均场控利润占35%，除饲料外牛奶场控千克成本占15%，成母牛饲料转化价值占10%。

(二) 指标计划及考核

1. 单产计划及头数（成母牛）A 权重为5%。

（1）计划

成母牛头数：2 670头。

年单产：8 800千克/（年·头）。

牛场依据上述头年单产，分解为年各月生产计划并备案。

牛奶生产计划表

月	天数	日单产（千克）	月单产（千克）	饲养头数（头）	日产量（千克）	月产量（千克）
1	31	26	806	2 670	69 420	2 152 020
2	28	25.5	714	2 671	68 110.5	1 907 094
3	31	26	806	2 666	69 316	2 148 796
4	30	26	780	2 668	69 368	2 081 040
5	31	25	775	2 662	66 550	2 063 050
6	30	24	720	2 660	63 840	1 915 200
7	31	23.5	728.5	2 668	62 698	1 943 638
8	31	23	723	2 672	61 456	1 931 856
9	30	21	630	2 673	56 133	1 683 990
10	31	22	682	2 675	58 850	1 824 350
11	30	23	690	2 679	61 617	1 848 510
12	31	24	744	2 675	64 200	1 990 200
求和或平均值	365	24	8 799	2 670	64 297	1 957 479

注：①必须完成月平均饲养头数后再算单产，完不成月平均饲养头数单产超计划不予递增工资。
②成母牛平均饲养头数连续三个月超额完成任务指标，每增加10头，增加一个临时工用工（一季度兑现一次）。

（2）考核　月平均日单产计算方法同上一年。

实际月平均日单产比计划月平均日单产，每浮动 0.1 千克，权重工资浮动 5 个百分点。

公式：A＝绩效工资总额×5％＋［（实际月平均日单产－计划月平均日单产）÷0.1］×绩效工资总额×5％×5％。

注：①当实际月平均单产低于计划月单产 1 千克及以上时，取消权重工资部分。

②月牛奶总产量＝月上市奶＋生产用奶＋零售奶。

③月上市奶以售奶回单为准。

④月零售奶售价要高于市场售价 0.2 元/千克以上，否则以市场价加 0.2 元还原月零售奶数量。

⑤生产用奶按 50 天断奶饲喂量为 271.1 千克。使用代乳粉的，按 1∶7 的比例从月生产用奶中扣除。

2. 成母牛平均胎次 B　权重为 20％。

（1）计划　计划胎次：2.30。

（2）考核　成母牛平均胎次比计划胎次每浮动 0.01，权重工资浮动 10 个百分点。

公式：B＝绩效工资总额×20％＋［（实际完成胎次－计划胎次）÷0.01］×绩效工资总额×20％×10％。

3. 活母犊率 C　权重为 5％。

（1）计划指标　活母犊率计划为 40％。

（2）考核　活母犊率比计划每浮动 1 个百分点，权重工资浮动 15 个百分点。

公式：C＝绩效工资总额×5％＋（实际活母犊率－计划活母犊率）×绩效工资总额×5％×15％。

4. 不孕牛 D　权重为 5％。

（1）计划指标　成母牛产犊后 6 个月不孕牛（D1）：计划指标为 8％。

青年牛 18 个月未孕即为不孕牛（D2）：指标为参配牛的 1.5％。

后备牛不孕牛月平均指标：14.2。

（2）考核　当 D1 为 8％时，奖励权重工资，公式为：D1＝绩效工资总额×5％×60％。

当 D1 在 8％（不含 8％）以下时，在权重工资的基础上再奖励 20 个百分点，公式：D1＝绩效工资总额×5‰×60％＋（8－实际半年不孕牛）×绩效工资总额×5‰×20％。

当D1在8‰（不含8‰）以上时，进行月环比（当月减上月）考核。环比下降，奖励权重工资，公式：D1＝绩效工资总额×5‰×60％；环比上升，在权重工资的基础上扣罚20个百分点，公式：D1＝绩效工资总额×5‰×60％－（实际半年不孕牛－8）×绩效工资总额×5‰×20％。

青年牛18个月不孕牛（D2）头数，比计划每浮动一头，权重工资浮动20个百分点。

公式：D2＝绩效工资总额×5‰×40％＋（计划不孕牛头数－实际青年牛不孕牛头数）×绩效工资总额×5‰×20％。

公式：D＝D1＋D2

注：不孕牛考核时按60％的成母牛和40％的青年牛的权重进行计算。

5. 流产牛E 权重为5％。

（1）计划指标

成母牛流产头数：13.4。

后备牛流产头数：3.8。

（2）考核 成母牛流产牛头数（E1），完成月平均指标奖励权重工资，若E1比计划每浮动一头，在权重工资的基础上奖罚20个百分点。

公式：E1＝绩效工资总额×5‰×60％＋（计划成母牛流产头数－实际成母牛流产头数）×绩效工资总额×5‰×20％。

青年牛流产牛头数（E2），完成月平均指标奖励权重工资，若E2比计划每浮动一头，在权重工资的基础上奖罚20个百分点。

公式：E2＝绩效工资总额×5‰×40％＋（计划青年牛流产头数－实际青年牛流产头数）×绩效工资总额×5‰×20％。

公式：E＝E1＋E2

注：流产牛考核时按60％的成母牛和40％的青年牛的权重进行计算。

6. 头均场控利润F 权重为35％。

（1）指标 各月头均场控利润计划（元/头）。

1月	2月	3月	4月	5月	6月	平均
600	600	600	750	750	700	667

（2）考核 依据各场上半年利润测算结果，考核指标为750元/（头·

月）。月头均场控利润（F），完成计划场控利润奖励权重工资；每浮动50元，在权重工资的基础上工资再浮动4个百分点。

公式：F＝绩效工资总额×35％＋［（实际场控利润－计划场控利润）÷50］×绩效工资总额×35％×4％。

注：①计划收入构成：牛奶产量×牛奶单价（3.5元/千克）、淘汰成母牛、淘汰小公牛、被动淘汰后备牛。

②计划成本构成：牛奶成本、淘汰成母牛成本、淘汰小公牛成本、被动淘汰后备牛成本、后备牛除饲料和兽药之外的成本。

③计划头均场控利润＝（计划收入－计划成本）/计划平均成母牛头数。

④淘汰成母牛月平均售价不得低于4 500元，一旦低于4 500元，差额用工资总额补齐。

⑤后备牛主动淘汰不计入利润考核；被动淘汰计入利润考核。

⑥奶牛场牛粪收入和废品收入用于员工福利等项目，并予以公示。

⑦小公牛平均售价为350元/头。

7. 牛奶场控千克成本G 权重为15％。

场控成本构成包括：兽药费、办公费、水电费、差旅费、修理费、低值易耗品、燃料动力、业务招待费、设施设备新投资折旧、装卸费、后备牛除饲料和兽药之外的费用及其他。

（1）计划指标

1月	2月	3月	4月	5月	6月	7月	8月	9月	10月	11月	12月
0.28	0.28	0.28	0.25	0.25	0.25	0.27	0.27	0.27	0.30	0.30	0.30

（2）考核　牛奶场控千克成本（G），完成计划牛奶场控千克成本奖励权重工资；再每浮动0.01元，在权重工资的基础上工资再浮动5个百分点。

公式：G＝绩效工资总额×15％＋［（计划牛奶千克成本－实际牛奶千克成本）÷0.01］×绩效工资总额×15％×5％。

注：成母牛TMR下脚料饲喂后备牛，剩余量应小于成母牛每月消耗饲料总量的3％，大于3％的数量加到成母牛饲料成本，其价格为1.00元/千克。

8. 成母牛饲料转化价值H 权重为10％。

成母牛饲料转化价值＝月牛奶总产值/月消耗饲料总成本。

注：①月牛奶总产值＝月牛奶总产量×牛奶单价（3.5元/千克）。

②月消耗饲料总成本＝月消耗饲料原样重量×饲料价格。

③精饲料价格为固定价格，粗饲料如羊草、苜蓿、青贮为进场实际价格。

（1）计划指标

1月	2月	3月	4月	5月	6月	7月	8月	9月	10月	11月	12月
1.444	1.490	1.565	1.567	1.563	1.552	1.491	1.405	1.439	1.509	1.530	1.571

（2）考核　成母牛饲料转化价值完成计划指标奖励权重工资；再每浮动0.01时，在权重工资的基础上奖励5个百分点。

公式：H＝绩效工资总额×10％＋［（实际投入价值－计划投入）÷0.01］×绩效工资总额×10％×5％。

（三）其他指标考核的规定

（1）成母牛在产后60天、后备牛在下发准配通知单后才可以配种，准配前配种，按100元/头次扣罚牛场工资总额；成母牛停奶后，发现无牛按每头500元扣罚牛场工资总额；流产要有可见物，场长签字，否则无效。

（2）认真执行选种选配计划，近交系数要小于3.125％，淘汰群奶牛使用核心群的冻精进行配种，按用错公牛号处理，每头扣罚工资总额100元。

（3）超过预产期25天未产犊的奶牛，按每头200元扣罚工资总额。

（4）误报妊娠牛：通过误报妊娠报告单体现的和初检报孕后又出现配种行为的。误报妊娠牛各场月指标为：按全群可参配牛每1 000头允许月误报1头测算。

依误报妊娠牛数浮动：每浮动1头，工资总额浮动500元。

考核收入＝（计划误报妊娠牛－实际误报妊娠牛）×500。

各场误报妊娠牛月平均指标（头）：误报妊娠牛3.6。

（5）公司规定：成母牛淘汰率为计划成母牛饲养头数的25％，按年计划淘汰数分解为月淘汰计划，比计划每浮动1头，奖罚工资总额3 000元，特殊情况需通过经理办公会讨论酌情解决。

计划淘汰数：淘汰牛数667头。

（6）生产经营指标竞赛项目：牛奶可控千克成本、牛奶（除饲料外）可控其他实际日成本、淘汰成母牛平均售价、牛奶千克工资、小公牛平均售价、

第四节　奶牛场成本核算与利润分析

一、奶牛场成本核算要素

奶牛场会计核算方法，不同时代有不同的归账方式，但万变不离其宗。即利润＝产值收入－成本支出。其成本核算要素构成通常如下：

（一）收支类科目

1. 收入类　包括牛奶收入、淘汰牛收入、粪肥收入、贷款、暂收款等。

2. 支出类　饲料支出、能源支出、管理支出、医疗费支出、配种支出、人工支出、运费支出、折旧支出、用具支出、税金支出、财务费、暂付款、集体提留及公益支出等。

（二）结存类科目

现金、银行存款、固定资产、库存、其他物资等。

二、奶牛场成本核算

（一）奶牛场产值构成

在此处奶牛场产值即收入，构成如下：

1. 牛奶产值　期内牛奶总产量×牛奶期内平均售价。

2. 淘汰牛产值

期内淘汰成母牛数量×淘汰平均价格。

期内淘汰后备牛数量×淘汰平均价格。

期内淘汰小公牛数量×淘汰平均价格。

3. 牛粪　出售牛粪总数量×牛粪单价。

4. 营业外收入　略。

（二）奶牛场成本构成

在此处奶牛场成本即支出，构成如下：

1. 牛奶成本　成母牛工人工资、饲料费、折旧、能源燃料费、奶牛摊销、低值易耗、冻精、兽药、成母牛设施设备修理费、管理费分摊、财务费分摊和营业费分摊。

2. 淘汰牛成本

期内淘汰成母牛平均成本×成母牛数量。

期内淘汰后备牛平均成本×后备牛数量。

期内淘汰小公牛平均成本×小公牛数量。

3. 牛粪 期内牛粪数量×牛粪单位成本。

4. 营业外支出 略。

奶牛场利润＝收入（1～4项）－支出（1～4项）。

（三）后备牛成本核算

1. 犊牛成本构成 人工工资、牛奶、饲料、设备折旧、犊牛笼修理费、管理费分摊、财务费分摊、营业费分摊、能源燃料费和药费。

2. 育成牛成本构成为 人工工资及附加、饲料费、折旧、修理费、药费、能源燃料费、管理费分摊、财务费分摊和销售费分摊。

3. 后备牛按上述成本构成核算后，按各自饲养日累加独立记账。此刻理解为产成品存库。与当期效益核算没有直接关系，但将通过残值、摊销与效益核算发生间接关系。一旦该后备牛产犊，其成本直接增加成母牛生物资产。其后逐月摊销5年至残值3 000元为止；如果某头奶牛没有摊销5年就淘汰，其未摊销成本即为该牛淘汰成本。

三、奶牛场利润分配

一般情况下，牛场如果存在尚未弥补的亏损，应首先用于当年利润弥补亏损，再进行其他分配。奶牛场股东按照实缴的出资比例分取红利，其余的用于再生产、投资和员工福利。利润分配类别及比例：

1. 股东分红占可分配利润的50%。

2. 用于再生产投资占可分配利润的40%。

3. 员工福利占可分配利润的10%。

四、提高奶牛场经济效益的措施

奶牛场能否获得更好的经济效益，除有关经济政策以外，奶牛场的布局设计、资源条件、规模、组织结构、管理制度都是经营好奶牛场的先决条件。此外，为提高奶牛经济效益还应考虑以下几个方面：

（一）引进优秀公牛，改良牛群质量

1. 按综合育种值选择（TPI）优秀种公牛。

2. 特别关注公牛不良遗传性状，如：乳房评分、体躯容积、长寿性等。

3. 为达到牛群整齐度，要在不近亲交配的情况下，尽量减少公牛数量。

4. 淘汰遗传性状不好的奶牛及后代。

（二）强化牛群繁殖管理，提高繁殖水平

1. 追求先进的繁殖目标，如成母牛年平均繁殖率80％以上，24月龄以内转群率95％以上。

2. 培养专职的人工授精技术员，并有适当的激励政策。

3. 充分发挥B超仪在早期妊检及产科疾病诊断等方面的作用。

4. 引进电子检测奶牛发情设备。

5. 加强繁殖技术交流，提高技术水平。

（三）重视牛群健康管理

1. 用平衡的日粮、规范的乳房护理程序、正确的产后护理程序以及护蹄修蹄综合防治方法解决瘤胃、乳房、生殖系统、肢蹄健康问题。

2. 落实科学的防疫措施，切断传染途径、杜绝传染源有效保护易感动物，如有效的消毒、确切的免疫和定期的监测。

3. 严格执行检疫净化方案、不可自欺欺人。

4. 明确防控对象　结核、口蹄疫、布鲁氏菌病、IBR、BVD、流行热和炭疽。

（四）提高单产

成母牛平均单产是增加经济效益的主要途径，也是重要的技术经济指标。要提高单产除与品种、繁殖、营养密不可分以外，还要注意以下几点：

1. 牛群更新率控制在15％～25％。

2. 提高奶牛舒适度。奶牛对温度、湿度、气压、光照、运动、饮食都比较敏感，任何不适都影响产奶量甚至生命。

3. 合理分群，科学调控奶牛膘情。

4. 强化奶牛健康管理。

（五）降低饲料成本

一般饲料成本占完全成本的60％以上，饲料费用的高低直接影响经济效益，因此，第一，利用软件科学评估饲料性价比，选择使用性价比高的饲料。第二，严格执行奶牛各阶段饲养标准。第三，由专业营养师设计日粮配方。第四，根据精料类、青贮类、干草类的特点，科学存储饲料，减少饲料浪费和降

低饲料成本。

（六）提高全员生产效率

1. 精简队伍，增加技能培训、提高员工待遇水平。

2. 加大设施设备投入，扩大自动化、机械化作业范围。

3. 扩大饲养规模。

4. 利用好社会化职业分工，适度购买物化劳动和短期活劳动。

（七）重视记录与记账工作

簿记是经营工作的一面镜子，通过对账簿中资料的统筹分析，不断总结经营过程中的优缺点，扬长避短。奶牛场记录与簿记，一般有以下几种：

1. 财产记录

（1）固定资产类　如土地、建筑物、机械、设备。

（2）流动资产类　如牛群、饲料、低值易耗、器械、兽药。

（3）日杂用品类　如员工伙食、维修原材料、杂用物品、劳保等。

（4）现金信用类　现金、存折、支票、债务、证券。

2. 劳动记录　含固定工、临时工、机械动力出力等适用情况。

（1）饲料记录　各群奶牛每天、每月所消耗各种饲料量及价格。

（2）生产记录　产奶记录、繁殖记录、奶牛转群记录。

（3）奶牛疫病及防治记录

第五节　奶牛场经营模式分析

我国现存的奶牛场经营模式主要有农户家庭散养、奶牛养殖小区、股份制奶牛场、规模化奶牛场。

一、农户家庭散养

以农户家庭为单元，在庭院分散饲养奶牛，一般饲养奶牛几头或几十头。

（一）存在问题

1. 人畜混居，环境污染严重。

2. 没有隔离设施，疫病威胁严重。

3. 饲养管理粗放，科技水平低，经济效益差。

4. 奶牛产业化程度低。

5. 生产方式落后，原料奶质量没有保证。

这类经营模式由于规模小，难以实行机械化挤奶，且污染周边环境，随着奶站的取缔和城镇化建设的加速在大城市周边已经逐渐消失。在农区或农牧结合区，其前途有两个，要么淘汰，要么整合进奶牛养殖小区，或者扩大再生产迅速发展成为家庭牧场。从长远看，如果可以实行农牧结合，就地解决饲草供应和粪污消纳问题，发展为生态循环的家庭牧场是最佳选择。

二、奶牛养殖小区

奶牛养殖小区是由政府部门或投资人统一布局规划，建设牛舍、挤奶厅和服务设施，奶农带奶牛到小区饲养，实施奶牛"集中进区，分户饲养，集中挤奶，统一服务"的管理模式。

（一）存在问题

1. 劳动生产率低，小区生产经营功能难以发挥。

2. 集中散养模式，内部各利益主体权益不平衡，奶牛养殖户利益无保证，科学饲养管理措施难以推行和落实。

3. 环境污染和疫病威胁依然存在。

4. 养殖小区设计规划达不到增产增效的要求。

（二）发展趋势

奶牛养殖小区经营由于以上固有矛盾导致这种模式将不可能长期存在，实际上这种形式是由散户经营向规模化家庭牧场经营的中间过渡形式。最终的发展趋势是由一家或少数几家大户合伙，建立专业合作社经营，将奶牛进行折价入股或托管进行统一经营，按照奶牛场建设标准统一分区规划，对所有奶牛统一分群管理，实行散栏饲养，统一饲喂、统一挤奶、统一处理粪便，而不是实施"集中进区，分户饲养"的管理模式。否则，迟早要被市场淘汰。

三、股份制牧场和规模化奶牛场

股份制牧场和规模化奶牛场具有明显的规模优势和抗风险能力，通过牧场自主经营、自负盈亏的企业化经营方式，实现了责、权、利的统一。饲养管理水平、科技水平和经济效益大大提高。

（一）存在问题

1. 利益主体过于集中，容易形成劳资矛盾，管理监督成本加大。

2. 疾病防控压力大，存在经营风险。

3. 粪污处理难度大，环保成本高。

（二）发展趋势

这类经营模式基本符合现代奶牛经营管理的总体要求，符合市场经济发展的大方向，经营主体责、权、利关系简单而清晰，具有很强的市场竞争力和核心技术。国家要大力扶持和引导个体养殖和小区养殖向适度规模化奶牛场转变。值得注意的是即便是规模奶牛场，也要自觉处理好以下几个问题：一要立足实际处理好适度规模经营的问题，既要树立向规模、向管理、向技术、向质量要效益的理念，又要避免盲目扩大规模带来的风险；二要根据国家和当地有关法律处理好奶牛场粪污排放与环境保护的问题，这是履行国家有关环保法律和维护社会稳定应尽的责任和义务；三要发挥自身的人才和技术优势，不断进行科技创新，通过奶牛品种改良、科学饲养管理，设备工艺改造，不断提高奶牛的福利健康、生产性能和繁育能力，不断增加奶牛场的产值和利润；四要实行现代企业管理制度，建立严格的专业标准和生产规范，通过引入绩效管理和竞争机制，增加职工收入，化解劳资矛盾，从而保障奶牛场的健康、安全、高效、可持续发展。

第六节　奶牛场信息化管理

随着电子工业技术和信息技术的广泛应用，智能化的生产设备开始用于奶牛场的生产，给奶牛场的生产和管理带来极大的便利。同时，按照生产和管理需要而开发的一系列应用软件也越来越贴近生产和管理。

智能设备和相应软件的应用，把奶牛场传统信息运行模式中不及时的、不连贯的、看不到的、记不住的、杂乱无章的信息都能通过电子计算机变为实时的、连贯的、直观的、带有痕迹的、系统的数字信息和影像资料。有些重要信息还可以形成报表、柱形图、曲线图、特殊文件列表等文本资料。同时，还可以通过外网传递到世界各地有互联网的地方，实现奶牛场远程管理。

这样奶牛场就可以实现按照实施的数字信息和视频信息投入技术和管理资源，极大地提高技术和管理的时效性、针对性和可追溯性。从而大大节约技术和管理资源，提高工作效率。大幅度提高奶牛场管理和决策水平。

因此，信息化是奶牛场实现管理现代化的必由之路。

一、奶牛场信息化应具备基础

1. 硬件　包括计算机、计步器、智能化挤奶机、计量式 TMR 搅拌设备、电子地磅、视频监控系统和 GPS 定位仪等。

2. 软件　包括牛群管理软件、挤奶管理软件、物料管理软件、财务核算软件以及人事管理软件。

二、奶牛场信息化应用

奶牛场信息化系统的应用分为以下六个模块：牛群管理、生产管理、物料管理、财务管理、人事管理。

（一）牛群管理

牛群信息管理软件是根据奶牛场对牛群和人员等方面管理的需要所提供的智能化管理系统，是一个包括从信息的登记、管理、自动生成报表的基础功能，到完整的挤奶系统分析、奶牛场未来趋势预测的完整管理软件。

牛群信息管理软件能够准确记录奶牛一生的所有数据，比如：体型评定（泌乳特征、体高、尻角度等），所有胎次产奶量，所有胎次产奶乳脂率、乳蛋白和体细胞，持续力，发病情况，产犊情况（是否难产），繁殖状况（每胎的配次以及繁殖疾病等），生长发育情况（体重体尺变化）等。

1. 牛群规模管理　管理软件通过对计步器、智能化挤奶机、发情监测仪以及工作人员的数据录入数据的归纳分析，可准确无误显示当前牛群统计的详细信息，如图 8-3。

根据管理需要，这些数据可随机绘制成柱形图（图 8-4）、折线图、饼图等图表，直观地显示牛群的详细信息。

2. 牛群繁殖管理　管理软件通过对数据的整理和归纳，可显示所有奶牛的繁殖状况（图 8-5）。每一头奶牛根据其繁殖状况不同显示不同的颜色。简单点击每一个点（奶牛），就可以看到其繁殖的具体状况。

通过计步器可采集奶牛在每个时间段的活动量，对活动量进行分析，配种员可确定配种时间。图 8-6 提示编号为 1679 牛在 15 点 06 分时活动量是最大的，可以让配种员确定准确的配种时间，同时当活动量低时，报表中也会显示出来，提醒我们这头牛是否生病等异常情况。

3. 泌乳曲线管理　通过智能化挤奶设备的数据采集，再经过管理软件分

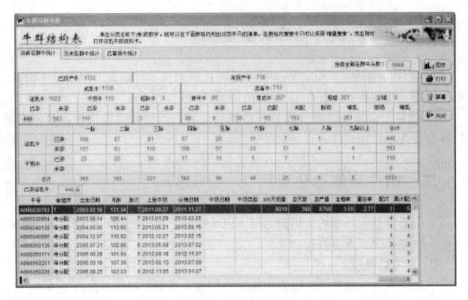

图 8-3　某奶牛场牛群各个阶段的分布状况

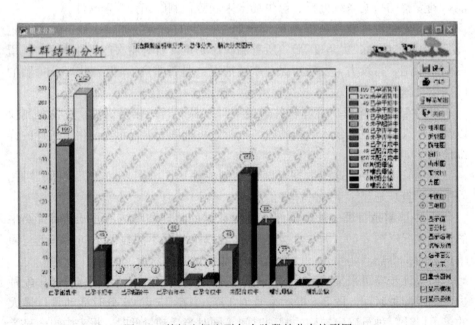

图 8-4　某奶牛场牛群各个阶段的分布柱形图

析，牛场管理者可直观地看到某奶牛场某头奶牛在当前胎次的泌乳曲线（图

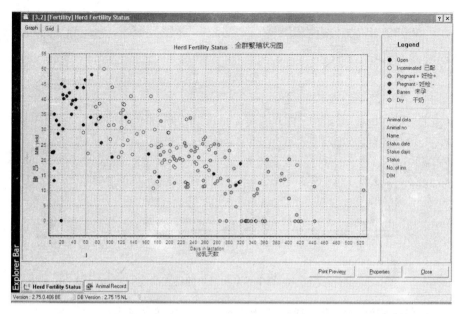

图 8-5　某奶牛场奶牛的繁殖状况

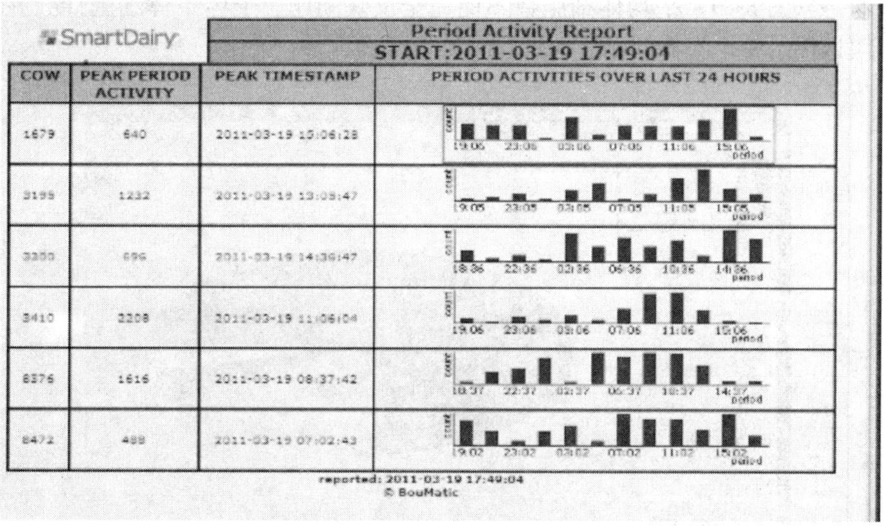

图 8-6　某奶牛场活动量列表图

8-7)，通过与期望理论曲线的比较，分析该牛的泌乳状况，如若出现异常可及时采取措施。

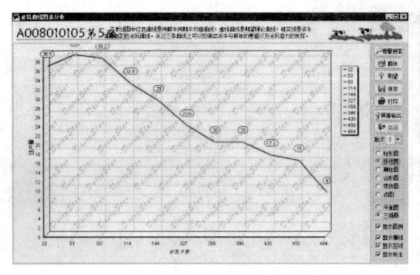

图 8-7　奶牛场某头奶牛的泌乳曲线

4. 体细胞计数分析　通过智能化挤奶设备实现体细胞计数（SCC）的在线采集，再经过管理软件分析，牛场管理者可直观地看到某奶牛场体细胞的分布状态（图 8-8）。平均体细胞数不能完全反映问题。个体牛体细胞计数并分析可以揭示整个牛群问题所在。

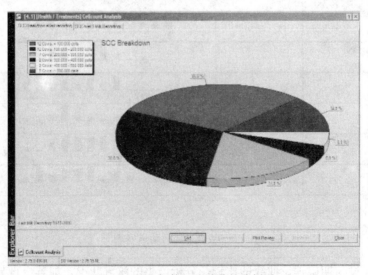

图 8-8　奶牛场体细胞计数的分析图

（二）牛奶生产管理

1. 牛奶数字管理　数据管理软件自动收集挤奶厅智能化挤奶设备的日产奶量数据加上产房上报的日产奶量数据，得出奶牛场的日总产奶量。

日生产用奶量是利用软件令牛群管理系统中犊牛饲养日信息（图8-9）与哺乳方案（图8-10）形成钩稽关系，计算出的哺乳期犊牛日哺乳用奶量（图8-11）。

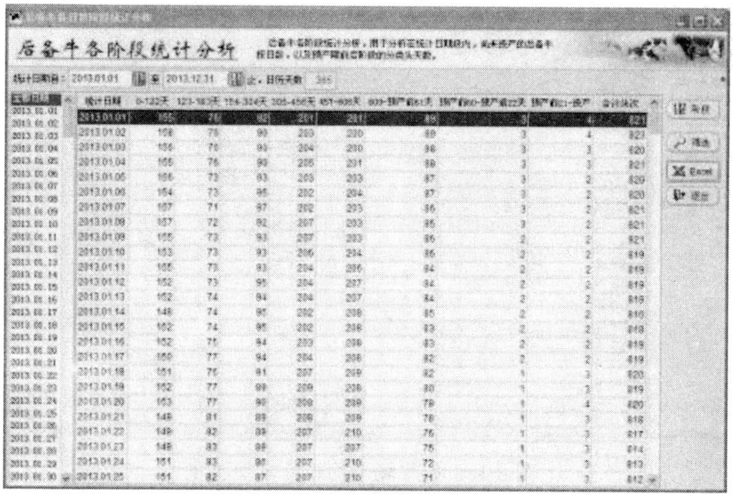

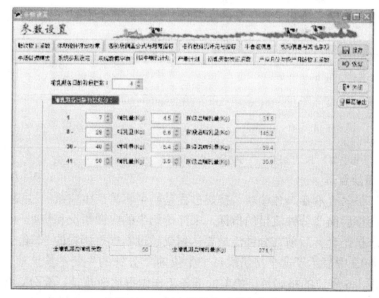

图 8-9　奶牛场奶牛饲养日

图 8-10　奶牛场犊牛哺乳方案

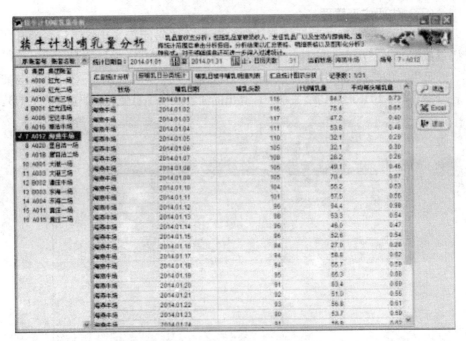

图 8-11　奶牛场平均日计划哺乳量

通过电子磅数据收集，得到地磅痕迹日上市奶量。

通过票据录入得知销售奶量的实际值，即日回票上市奶（表 8-26）。

表 8-26　牛奶数字管理表

日期	奶厅奶量	产房奶量	生产用奶量	废弃奶	应上市奶量*	地磅痕迹上市奶量	回票上市奶
2012/1/1							
...							
2012/12/31							

注：应上市奶量*=奶厅奶量+产房奶量-生产用奶量-废弃奶。

2. 挤奶管理

（1）挤奶台准备工作管理　挤奶过程是奶牛容易产生应激的过程，我们通过挤奶套杯后前 2 分钟流量的指标，来评价奶牛的应激情况和挤奶前的准备情况。要求挤奶套杯后前 2 分钟流量要达到或超过本次挤奶量的 50%。

图 8-12 中显示了这个挤奶段每个牛位前 2 分钟的牛奶平均流速。从图中可以发现 1-6 号位的挤奶员挤奶前的准备工作做得比较规范、充分，牛奶的流速比较高；7-18 号位置的挤奶员，挤奶前的准备工作不是做得太好，需要再

进行规范和培训。

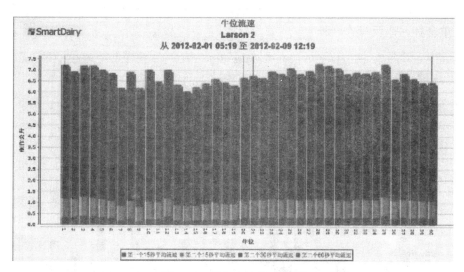

图 8-12　挤奶台牛位流速图

如果该批次全部或多数奶牛，在前 2 分钟流量不足本次挤奶量的 50%，说明奶牛在挤奶前产生了应激反应；或挤奶机性能在问题。

图 8-13 可以用来考核每个班次挤奶前的准备工作是否做得充分。

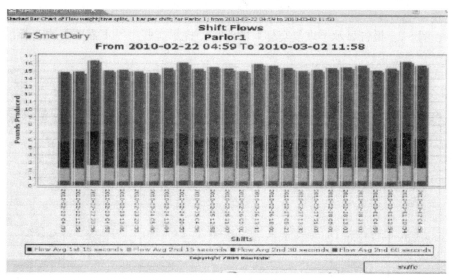

图 8-13　挤奶班次牛位流速图

（2）挤奶台管理

①套杯、脱杯事件　图 8-14 中提示 9 号位和 14 号位有问题。无奶脱杯后又重套杯，违反操作规程。

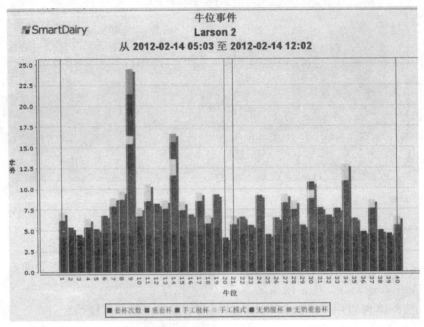

图 8-14　套杯、脱杯事件图

图 8-15 报告显示了重复套杯后的产量，提示有些牛是不需要再次套杯的，

牛号	组号	重套杯	最后套杯产奶量	总产奶量	牛位号
6735	21：21	1	8.8	11.3	1
7023	21：21	1	13.6	14.5	6
7499	21：21	1	1.1	12.1	28
11420	21：21	1	8	9.2	19
6723	22：22	1	12.7	19.1	34
6865	22：22	1	2.1	15.3	22
7339	22：22	1	8.9	12.1	24
6005	23：23	1	6.4	14.8	8
6825	23：23	1	1.1	13.2	15
6844	23：23	1	1.1	8.4	15
7378	23：23	1	7.2	19.2	19
11009	23：23	1	0.2	28.5	11
11150	23：23	1	17.5	18	34
6605	24：24	1	0.2	11.5	14
6812	24：24	1	7	12.9	35

重套杯事件报告
LARSON 2
开始日期：2012-02-14 05:03　结束日期：2012-02-14 12:02

图 8-15　重套杯事件报告

或者有些牛产量很高，可能是挤奶前的准备工作没有做好，影响了牛奶流速。也提示套杯位置不正确。

②挤奶不同阶段时间分布　见图 8-16。

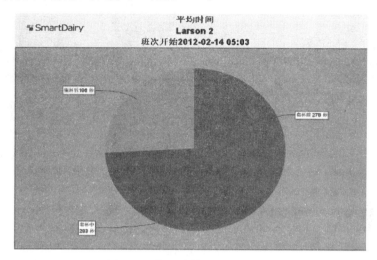

图 8-16　每批次挤奶时间分布图

图 8-16 显示每批挤奶时间为 757 秒（12.62 分钟），也就是说每个小时挤了 4.75 批牛。

▲从第一头识别到第一头牛套杯前用了 278 秒。该时间与挤奶台的位数、奶牛行走的速度有关，没有标准时间。但挤奶前处理时间是按照挤奶操作规程规定 60～90 秒。

▲第一头牛套杯后到第一头脱杯的挤奶时间用了 283 秒（4.72 分钟），一般情况下的平均挤奶时间为 4～4.5 分钟。说明挤奶前的准备工作还需要改进或挤奶参数还需要调整。

▲从第一头牛脱杯到下一批第一头牛识别的时间为 196 秒（3.27 分钟），一般情况下的平均用时为 2.8～3 分钟。说明该阶段用时长，需要再进行分群。

图 8-17 显示了按班次统计挤奶时间分布，据此可分析班次之间的差异情况。

③挤奶台清洗　见图 8-18。

图 8-18 中显示每个挤奶位置的导电率正常，但 29 号位和 38 号位清洗时满杯次数为 0，说明这两个位置清洗有问题：一是管路堵塞；二是漏气。这样可及时发现问题，及时排除故障。

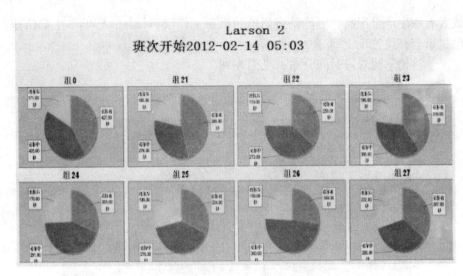

图 8-17　按班次统计挤奶时间分布

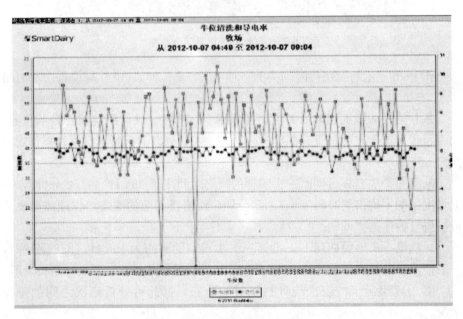

图 8-18　牛位清洗和导电率

④挤奶台综合实况　见图 8-19。

图 8-19 记录了挤奶员在挤奶过程的实况，从图中可以知道每头牛的挤奶时间、重复套杯、每次套杯间隔时间，有针对性地进行管理。

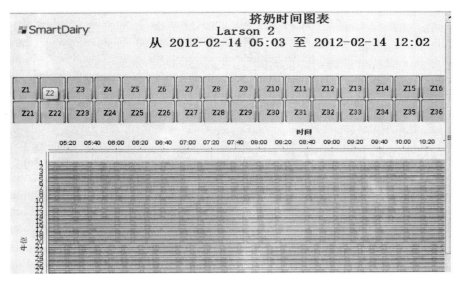

图 8-19　挤奶台综合实况图

（三）饲喂管理

饲喂信息化管理系统：奶牛场以局域网为基础，利用无线信息发射技术进行数据传输，实现饲喂的数据管理，达到三配方统一的目的。饲喂管理流程见图 8-20。

配制 TMR 开始时，配制员用 IC 卡识别登记上车，将配制员信息、开始工作时间等信息发送至后台服务器。配制员点击 TMR 车上任务栏，显示任务清单，同时在 TMR 车 LED 显示屏上显示第一种饲料计划重量，开始加料，加至显示器计划重量值为零时停止。以此类推，加入第二种、第三种……第 N 种饲料。同时，每种饲料的重量和加料时间信息随时通过无线发送器传输到后台服务器。

为了确保 TMR 饲料种类与牛群相匹配，在 TMR 车上安装射频阅读器，在牛舍每组牛的槽位开始处安装电子标签（牛组信息）。当 TMR 车进入该槽位时，TMR 射频阅读器识别电子标签，辨识正确后开始发料。辨识错误时，系统自动发出警示音，如果强行发料，后台形成错误发料痕迹。发料结束，后台系统记录发料重量、时间等信息。

利用以上系统将配料、发料每一环节都留有痕迹，可以避免错配料、错发料等失误。同时，也能有的放矢地对配料员进行业绩考核，为做好奶牛场饲喂管理工作提供了很好的手段和方法。

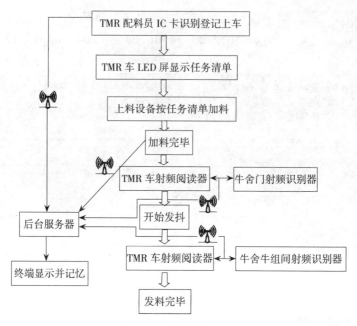

图 8-20　饲喂管理流程

（四）物料管理

奶牛场的物料管理主要包括对饲料、冻精、兽药、低值易耗品、食堂等的管理。实际生产中，包括饲料库、储物仓库和食堂的管理。实现物料管理的信息化主要就是物料"进、销、存"的自动化和一体化（图 8-21）。

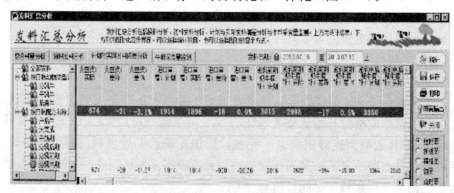

图 8-21　饲料发料总分析界面

购入物料，按照牛场需要编制代码，制成条形码，贴在物料单位包装上。饲料通过智能化地磅使重量等信息直接进入信息化系统；饲料之外的物料通过条形码识别器使数量等信息进入信息化系统。由此完成"进"的过程。

物料消耗时，饲料通过计量式 TMR 搅拌车的自动数据传输进入物料管理软件；饲料之外的物料通过条形码扫描形成出库痕迹。由此完成"销"的过程。

通过物料管理软件的整合和计算，得出库存量，即"存"。

奶牛场的食堂管理数据进入物料管理软件，以进、销、存软件为基础。通过条形码扫描录入每天的原材料消耗量，计算每顿饭的成本。再通过员工饭卡在刷卡机的射频扫描，计算出饭菜的消耗量和饭费收入，可实现每顿饭菜的物料消耗、成本核算和销售情况，进而把经营情况逐天记录，并定期分析。

"进、销、存"的自动化和一体化不仅提高库存物资的管理水平，降低管理人员的劳动强度；还可以加速资金周转，降低库存管理费用；同时可以实时查看各个批次的库存数量，制订计划，从而安排奶牛场的生产经营，有效地提高经营水平。

（五）人事管理

奶牛场的人事管理软件主要分为档案管理、薪酬管理和社保管理模块。

1. 档案管理　通过身份证识别器、指纹识别器录入员工的原始信息。通过档案管理员录入员工的档案材料，形成电子档案册（图 8-22）。

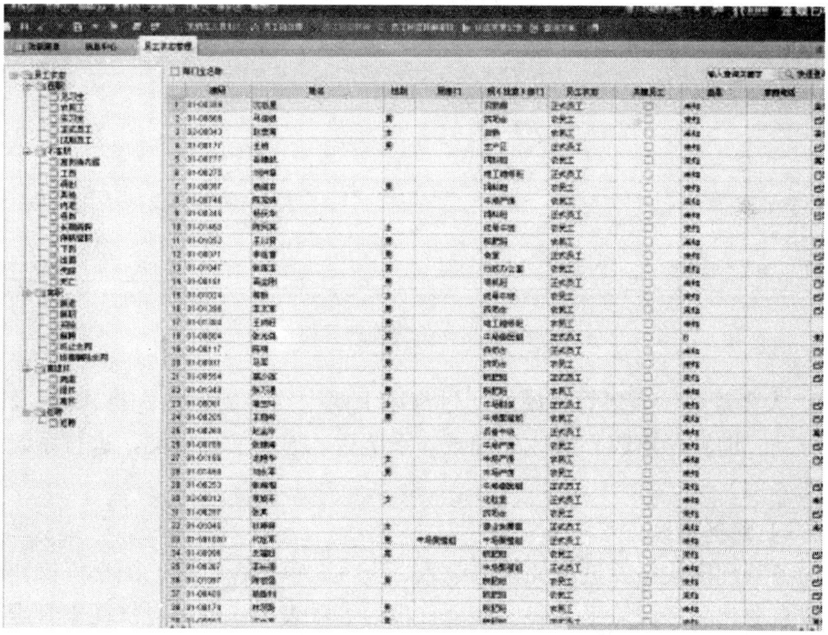

图 8-22　档案管理界面

有人事变动时，还须通过身份证识别器、指纹识别器进行确认后，电子档案才能做相应变化。

2. 薪酬管理　薪酬管理模块的软件通过制定薪酬方案，根据薪酬支付依据，对岗位工资、职务工资、技能工资、工龄工资、薪级工资可通过档案管理信息随时更新；对于绩效工资等非固定工资应通过条形码使系统识别，即可完成薪酬自动核算。同时连接财务软件对薪酬发放进行审核，最终实现薪酬结账（图 8-23）。

图 8-23　薪酬管理界面

3. 人事管理　人事管理模块通过与以上两个软件的连接，将入职、转正、内部异动、助勤、离职、退休处理录入系统后，通过信息分类，进行系统化管理（图 8-24）。

（六）财务管理

财务管理模块主要进行凭证的录入、查询、审核、过账、汇总等操作，自动生成总分类账、试算平衡表、资金日报表等账表等；同时提供往来管理、任意种辅助核算、项目管理、组合查询客户资料等。

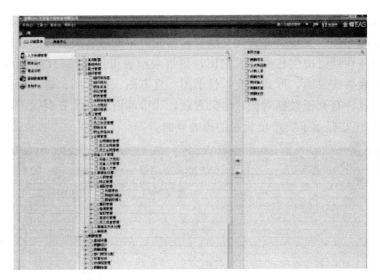

图 8-24　人事管理界面

1. 账簿管理　　财务软件能够将各类明细分类账、数量金额总账、数量金额明细账、多栏账、核算项目分类总账，提供明细账、余额表等账簿管理记录（图 8-25）。

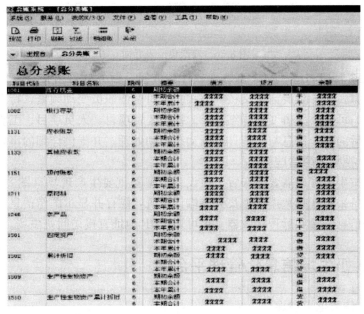

图 8-25　总分类账管理界面

2. 报表 财务软件具有供与 dBASE、Access、Excel、Foxpro 等应用程序和数据库文件、文本文件直接交换资料的能力，通过各类软件的数据交换和分析，财务软件可提供各类报表输出，科目余额表可根据科目级次分级列示，自定义报表格式灵活，形式多变：柱形图、直方图、折线图、饼图等各种图表自定义设置，有利于数据对比，形象直观，比单纯资料显示直观明了，更具说服力。图 8-26 显示了资产负债表的样表界面。

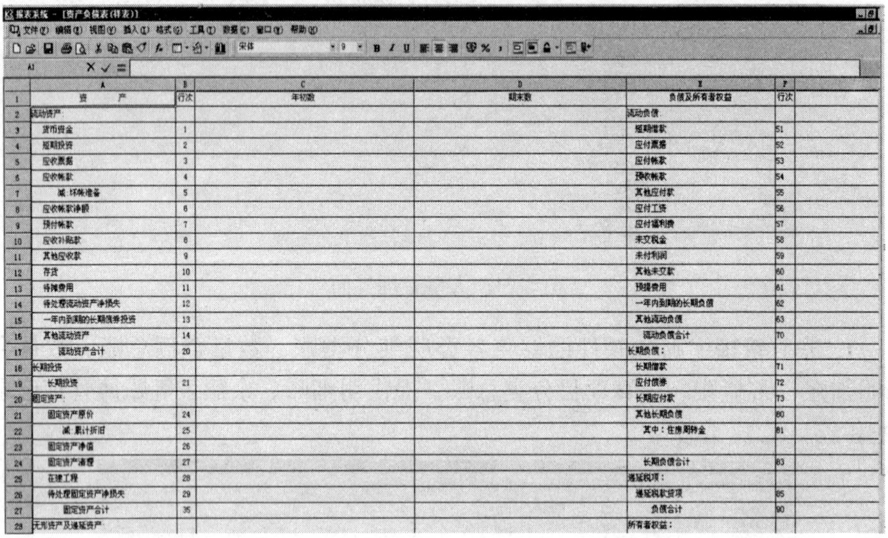

	A	B	C	D	E	F
1	资　　产	行次	年初数	期末数	负债及所有者权益	行次
2	流动资产:				流动负债:	
3	货币资金	1			短期借款	51
4	短期投资	2			应付票据	52
5	应收票据	3			应付帐款	53
6	应收帐款	4			预收帐款	54
7	减:坏帐准备	5			其他应付款	55
8	应收帐款净额	6			应付工资	56
9	预付帐款	7			应付福利费	57
10	应收补贴款	8			未交税金	58
11	其他应收款	9			未付利润	59
12	存货	10			其他未交款	60
13	待摊费用	11			预提费用	61
14	待处理流动资产净损失	12			一年内到期的长期负债	62
15	一年内到期的长期债券投资	13			其他流动负债	63
16	其他流动资产	14			流动负债合计	70
17	流动资产合计	20			长期负债：	
18	长期投资				长期借款	71
19	长期投资	21			应付债券	72
20	固定资产:				长期应付款	73
21	固定资产原价	24			其他长期负债	80
22	减:累计折旧	25			其中：住房周转金	81
23	固定资产净值	26				
24	固定资产清理	27			长期负债合计	83
25	在建工程	28			递延税项：	
26	待处理固定资产净损失	29			递延税款贷项	85
27	固定资产合计	35			负债合计	90
28	无形资产及递延资产				所有者权益：	

图 8-26　资产负债表界面

3. 工资管理 通过与人事管理软件的连接，财务软件可按嵌套定义、多复位义等方式简单且灵活定义核算公式。针对企业职员变动频繁，特提供工资变动处理，可提供人事变动详细记录。提供工资项目、人员项目、工资类别等发生变动后的职员信息与工资计算的动态自动处理。并提供详细的审计记录。

(七) 视频信息管理

牛场按生产管理需要，布置监控设备，覆盖重要生产现场（图 8-27）。通过监控设备采集视频数据，汇集到终端计算机，贮存并显示图像信息。通过网络将视频信息传输到远程接收器。也可通过 IP 地址直接访问奶牛场。

三、奶牛场信息化管理平台

(一) 信息化平台建立

1. 成本管理平台 奶牛场成本管理平台的架构如图 8-28。

图 8-27　饲喂走廊视频界面

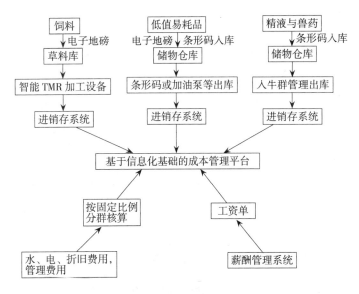

图 8-28　奶牛场成本管理平台架构

2. 生产管理平台　奶牛场生产管理平台的架构如图 8-29。

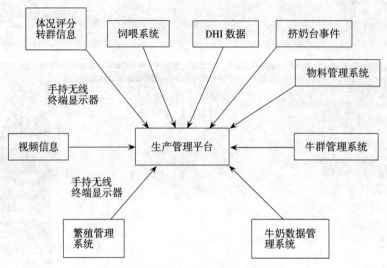

图 8-29 奶牛场生产管理平台架构

3. 综合信息管理平台 奶牛场综合信息管理平台的架构如图 8-30。

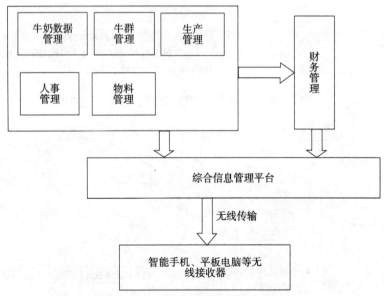

图 8-30 奶牛场综合信息管理平台架构

（二）信息化平台应用

信息化平台通过不间断的录入相关奶牛日常基本资料，以及各种管理软件自动记录。奶牛场可以形成比较全面的横向和纵向相结合的动态电子信息化资料。为决策者提供可靠的管理依据，同时也大大提高了管理效率。

1. 控制饲料成本　CPM 软件、计量式 TMR 搅拌车以及库存管理软件的应用，使得物料投入更加精准，奶牛营养更加平衡，成本投入更加精细，可减少因管理滞后造成的库存积压，也可减少因饲料配比不合理造成的浪费。合理地控制奶牛场的饲料成本。

2. 实现预警功能　信息化平台将每月的配种技术资料的完成比率、成本的耗用速率、产奶量的生产趋势、挤奶工作情况、疾病发生情况等数据进行汇总、分析，同时与设定的预警指标进行比对，实现指标完成情况的预警提示，能够使管理者及时发现问题，查找原因，做出对策。

3. 实现精细化管理　信息化平台通过健全的电子数据资料分析，确定奶牛场的经营指标和技术指标。通过设定较好地把技术指标由年分解到月，由月分解到周，由周分解到天。通过每天指标管理，管理者时刻把握奶牛场的情况，真正做到精细化管理。

一定意义上讲，信息化等同于数据化。运用数据化进行牛场管理就必须首先管理好奶牛场那些庞杂的数据信息。而信息化恰恰提供了管理那些庞杂数据信息的方法和手段。信息化本身是不会产生经济效益，而奶牛场的管理一旦与信息化相结合，其经济效益往往是不可估量的。

总之，本书所推介的各个章节综合在一起便构成了一套完整的规模化奶牛场现代精细管理严密体系，无论是产前的奶牛场规划设计、奶牛选种、饲料配制与质量控制，还是产中的繁殖、饲养、挤奶、疾病防治、粪污处理，甚或是产后的牛奶储运、乳品安全、效益分析等，都是这个体系中重要的组成部分，都必须给予足够重视。只有以牛为本，创新理念、更新技术，才能将奶牛养殖产业推向更高的水平。

仓龙，李辉信，胡锋，等．2002．赤子爱胜蚓处理畜禽粪的最适湿度和接种密度的研究
　　[J]．农业生态环境学报，18（3）：38-42.

陈德牛，张国庆．1997．蚯蚓养殖技术［M］．北京：金盾出版社．

程鹏．2008．北京地区典型奶牛场污染物排泄系数的测算［D］．北京：中国农业科学院．

杜洪祥，张学炜．2006．改善奶牛生态环境，提高原料奶卫生质量［J］．中国乳业（12）：
　　32-34.

杜少林．2009．规模化牛场牛粪生产双孢菇技术［J］．石河子科技（4）：39-40.

樊航奇，张学炜．2014．无公害奶牛标准化生产［M］．第2版．北京：中国农业出版社．

方卫飞．2006．利用牛粪培育双孢菇、草菇的高效栽培技术［J］．现代农业科技，10：42-
　　43.

冯仰廉，陆治年．2007．奶牛营养需要和饲料成分［M］．第3版．北京：中国农业出版社．

蒋爱国．2007．高效生态养殖技术［M］．南宁：广西科学技术出版社．

李伟国．2006．中国学生饮用奶奶源管理技术手册［M］．北京：中国农业出版社，9：127-
　　131.

罗联．2011．不同农业废弃物配比对蚯蚓的影响及蚯蚓堆制物料的效果研究［D］．成都：
　　四川农业大学．

米歇尔·瓦提欧．2004．奶牛饲养技术指南：饲养小母牛［M］．施福顺，石燕，译．北京：
　　中国农业大学出版社．

邵森．2010．奶牛养殖场粪便堆肥处理技术研究［D］．杨凌：西北农林科技大学．

泰勒，恩斯明格．2007．奶牛科学［M］．张沅，王雅春，张胜利，译．第4版．北京：中
　　国农业大学出版社．

尤克强，高玉平．2007．利用奶牛场粪污生产生物有机肥的工艺技术（连载二）［J］．中国
　　乳业，4：70-74.

昝林森．2007．牛生产学［M］．第2版．北京：中国农业出版社，8：214-217.

张学炜．2004．HACCP体系在无公害牛奶生产中应用探讨［J］．中国乳业（9）：24-26.

张学炜，樊航奇，李德林，等．2009．现代奶牛场技术管理体系的建立与探讨［J］．中国
　　牛业科学，35（3）：58-68.

郑金伟．2006．奶牛粪蚯蚓堆制物的特性及其对生菜生长和品质的影响［D］．南京：南京
　　农业大学．

图书在版编目（CIP）数据

规模化奶牛场生产与经营管理手册/张学炜，李德
林主编 . —北京：中国农业出版社，2014.6 （2015.3 重印）
（现代畜牧业生产实用新技术丛书）
ISBN 978-7-109-19290-4

Ⅰ.①规… Ⅱ.①张…②李… Ⅲ.①乳牛－饲养管
理－技术手册 Ⅳ.①S823.9-62

中国版本图书馆 CIP 数据核字（2014）第 127248 号

中国农业出版社出版
（北京市朝阳区麦子店街 18 号楼）
（邮政编码 100125）
责任编辑 颜景辰 肖 邦

北京万友印刷有限公司印刷 新华书店北京发行所发行
2014 年 7 月第 1 版 2015 年 3 月北京第 2 次印刷

开本：720mm×960mm 1/16 印张：22.25 插页：2
字数：392 千字
定价：50.00 元
（凡本版图书出现印刷、装订错误，请向出版社发行部调换）